Speculum Memoriae

Idea editoriale di
Paolo Gosio e Gabriele Chiesa

Gabriele Chiesa e Paolo Gosio

Dagherrotipia, Ambrotipia, Ferrotipia
Positivi unici e processi antichi nel ritratto fotografico

IIª Edizione, revisione 14.21.11
In vendita su www.youcanprint.it

365 pp. ; 176 x 250 mm

ISBN : 978-88-67519-07-1

Il dagherrotipo riprodotto in copertina è nella collezione Paolo Gosio.
L'impaginazione e la grafica sono a cura di Gabriele Chiesa e Paolo Gosio.
Il corredo iconografico originale è proprietà degli Autori.
Testi di Gabriele Chiesa.

Finito di comporre in Brescia il 7 gennaio 2013.

http://www.gri.it   -   http://storiadellafotografia.blogspot.com

Gabriele Chiesa e Paolo Gosio

Dagherrotipia, Ambrotipia, Ferrotipia

Positivi unici e processi antichi nel ritratto fotografico

Prefazione - 1.0.0
Nota introduttiva degli autori

Questa pubblicazione nasce dalla passione di Gianpaolo (Paolo) Gosio e Gabriele Chiesa per la storia degli antichi processi fotografici. Decenni di collezionismo e studio hanno condotto gli autori a raccogliere materiali, sperimentare tecniche di restauro ed approfondire ricerche. L'ambito specifico è quello del ritratto fotografico, particolarmente quello femminile.

L'idea fondamentale è quella di riunire per la prima volta, in una pubblicazione in italiano, una serie di informazioni che costituiscono un'autentica novità nel settore della storia dei processi fotografici che possono essere estensivamente intesi come "a positivo unico".

Di molti procedimenti si è quasi persa la memoria. Di alcuni è ancora nota la denominazione, ma talvolta ne è ignota la natura persino agli esperti ed ai conservatori dei fondi fotografici. Le possibilità di sopravvivenza di importanti testimonianze fotografiche antiche restano legate alla corretta identificazione dei materiali.

Questo testo si propone di contribuire alla conoscenza di tecniche e procedimenti ormai dimenticati, con l'ambizione di rappresentare uno strumento di studio per l'appassionato di storia della fotografia, per il collezionista e per chiunque desideri approfondire un particolare aspetto delle arti figurative e del ritratto fotografico dell'Ottocento in particolare.

Il libro presenta i processi fotografici attraverso cui il ritratto, un privilegio riservato fino al 1839 ai ricchi ed alla nobiltà, divenne testimonianza di vita, presenza e ricordo per la gente comune. Spiegazioni approfondite e schemi per il riconoscimento e la classificazione delle antiche immagini sono accompagnate da un corredo iconografico di oltre 900 immagini inedite.

Le illustrazioni provengono dai fondi collezionistici degli autori. Il libro propone, tra l'altro, una tavola di identificazione e classificazione dei punzoni (hallmark) utilizzati dai produttori di lastre per dagherrotipia e dagli studi fotografici. I riquadri di presentazione europei ed americani sono classificati per tipologia. Sezioni e disassemblati mostrano la successione degli elementi che compongono i montaggi d'epoca.

Un testo di studio e ricerca, come si propone di essere questo libro, non può avere l'ambizione di porsi come un traguardo definitivo. La progressiva disponibilità di nuove e più precise informazioni, l'estensione e l'arricchimento delle fonti, particolarmente grazie alle opportunità offerte dalle rete, comporta necessariamente aggiunte, correzioni ed approfondimenti.

Ciò è particolarmente rilevante per la sezione dedicata alla classificazione dei punzoni, all'identificazione ed all'associazione a fabbricanti di lastre, dagherrotipisti e relative aree di provenienza e periodi di attività.

Gli autori ringraziano fin d'ora tutti gli operatori di storia e cultura fotografica che vorranno collaborare segnalando interventi e modifiche. La loro preziosa cooperazione sarà considerata di grande aiuto per lo sviluppo degli aggiornamenti che si renderanno necessari nelle previste future revisioni di questa pubblicazione. I contributi verranno doverosamente riconosciuti con la citazione della fonte, indicando il nome dell'autore e la titolarità delle illustrazioni eventualmente fornite.

"Mirror with a Memory": lo specchio che ricorda. Questa è l'espressione inglese per definire efficacemente la dagherrotipia. In effetti tutte le fotografie di ritratto a positivo diretto non sono altro che specchi che catturano e cristallizzano per sempre l'immagine della persona che ha posato davanti all'obiettivo. Così, sguardi antichi attraversano il tempo e *ci guardano* dalle profondità degli anni. Dagherrotipo 106.2 x 80.5 mm. Hallmark: codice BFD40I. Benjamin French. Anni precedenti il 1850.

Dal dagherrotipo al digitale - 1.1.0

Impressione ed immagine

L'immagine è un elemento fondamentale della memoria. La sfida del conservarne traccia iniziò quando i primi esseri umani marcarono, con l'impronta della propria mano, la parete della caverna.

Lo sforzo di tradurre la realtà nella sua raffigurazione ha storicamente richiesto complesse mediazioni culturali e tecnologiche.

La padronanza di abilità artistiche e professionali, strumenti, materiali, creatività ed espressione, hanno per millenni permesso ad un'élite di individui di creare visioni fantastiche o di rappresentare eventi e figure concrete.

La fotografia ha invece assegnato alla luce stessa il compito di registrare l'aspetto del mondo e della vita che ci circonda, per mezzo di processi tecnicamente controllabili.

Da questo momento, l'iconografia del ricordo non è più rimasta vincolata al solo ed insostituibile intervento della mano dell'artista: i soggetti stessi si sono trasformati in matrici della loro medesima raffigurazione.

È infatti la presenza fisica dei volumi e delle superfici, della natura inanimata e di quella vivente, che riflette i fotoni destinati a produrre negli occhi la visione.

Sulla retina le figure si dissolvono in un istante, mentre gli stessi fasci luminosi possono produrre effetti permanenti sui materiali fotosensibili. Supporti dei più diversi materiali sono quindi divenuti occhi di duratura memoria: oggetti in grado di cristallizzare la percezione di un attimo, rubandolo per sempre allo scorrere del tempo.

L'effimero istante, catturato attraverso raggi evanescenti, rimane cosi imprigionato con un processo chimico-fisico che definiamo "analogico". I segni delle luci e delle ombre sono perciò tracciati dal diretto riflesso dei soggetti, cosi come un timbro segna per sempre un foglio di carta.

Questa è la specificità della fotografia fondata sulle proprietà dei sali d'argento, immediato disegno della vita stessa sulla superficie sensibilizzata.

La fisicità unica ed irriproducibile dei processi più antichi: dagherrotipia, ambrotipia, ferrotipia... si contrappone in modo originale ed esclusivo all'immagine di cui abbiamo oggi quotidiana esperienza.

Nell'era dell'elettronica una catena complessa di trasferimenti e traduzioni genera l'immagine finale, senza esitazione ed ormai universalmente esclusivamente concepita come digitale.

Proprio nel momento storico in cui la memoria visiva diventa patrimonio affidato alla registrazione mediata dai supporti ottici e magnetici, la magia tattile di un oggetto, esso stesso figura e presenza, torna a dispiegare il fascino antico e palpitante dell'esistenza vera.

Tavola cronologica di alcuni processi fotografici

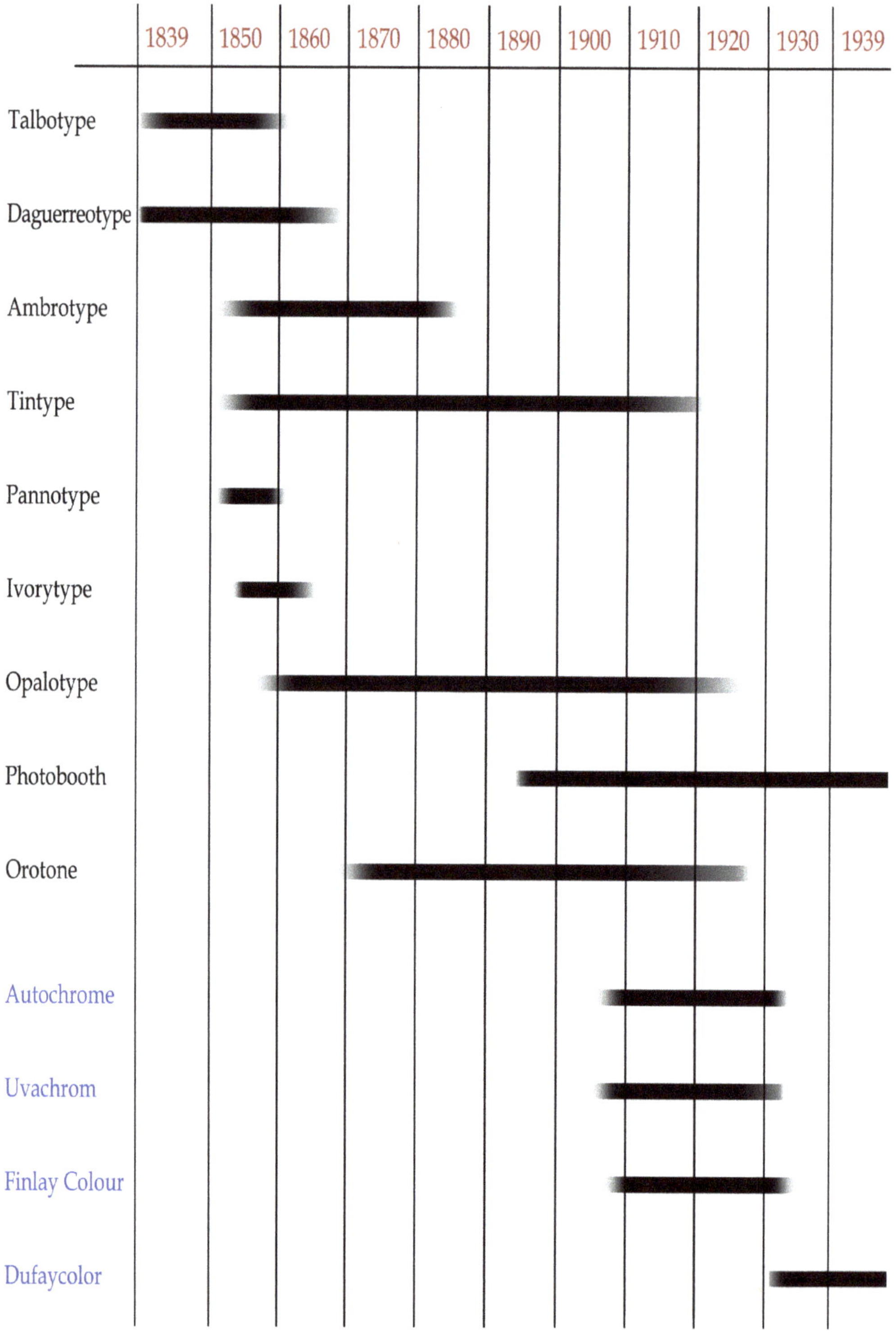

	1839	1850	1860	1870	1880	1890	1900	1910	1920	1930	1939
Talbotype											
Daguerreotype											
Ambrotype											
Tintype											
Pannotype											
Ivorytype											
Opalotype											
Photobooth											
Orotone											
Autochrome											
Uvachrom											
Finlay Colour											
Dufaycolor											

Le origini della fotografia

La comunicazione visuale esiste praticamente da sempre. È forse con il Medioevo che assunse un ruolo in grado di concorrere a determinare rilevanti comportamenti sociali, ma fu con l'invenzione delle tecniche di raffigurazione ottico-chimiche che divenne veramente pervasiva, mutando addirittura i processi di identificazione, riconoscimento e conoscenza.

La realizzazione del desiderio di registrare automaticamente le immagini risale alla preistoria, quando l'uomo primitivo segnò deliberatamente, per la prima volta, una roccia con l'impronta della mano.

La soluzione del problema ha richiesto l'applicazione congiunta di due distinte invenzioni: la proiezione di un'immagine su una superficie e la registrazione stabile ed evidente della figura su un materiale sensibile alla luce. Il risultato finale dell'invenzione fotografica deriva pertanto dall'aggregazione di varie scoperte nei campi dell'ottica e della chimica.

Questo libro si occupa della fotografia in stretta relazione con il ritratto, l'attenzione risulta perciò centrata sulla raffigurazione della persona e sugli usi e le funzioni sociali di tale applicazione.

Considerare l'evoluzione storica della ritrattistica può aiutare a comprendere a quale genere di bisogni si è cercato, attraverso i secoli, di fornire soluzioni e risposte. Non è intenzione degli autori approfondire in queste pagine la storia della fotografia, ma piuttosto di fissare alcune informazioni di base, utili a comprendere i termini fondamentali dell'invenzione fotografica.

L'aspirazione a una forma di immortalità per l'immagine del proprio volto affonda nell'antichità ed originariamente si riallaccia al culto dei morti. In molte culture ed in diverse aree geografiche, sui volti dei defunti di rilevante prestigio sociale, poteva essere collocata una maschera preziosa adatta a richiamare il ruolo e la considerazione, piuttosto che le fattezze del volto della persona scomparsa. Il valore di questo simulacro restava prevalentemente simbolico e non si poneva obiettivi di rappresentazione realistica.

Una fase assolutamente originale nella storia del ritratto è rappresentata dai volti dipinti per i cofani funerari ritrovati nell'area dell'oasi egiziana di *Faiyum* (anche Fayyum, Fayoum o Fayum, in arabo: الفيوم).

Qui, in un periodo abbastanza ristretto, compreso tra il II ed il III secolo dopo Cristo, furono realizzati ritratti di stupefacente realismo "fotografico" da apporre sul sarcofago in corrispondenza del volto.

Questa inconsueta usanza, si manifestò in un'area in cui la cultura greca e romana si fondevano con quella dell'antico Egitto. La sua affermazione restò isolata e si spense con la medesima rapidità con cui si affermò.

L'ipotesi che gli artisti-artigiani che la praticarono utilizzassero qualche genere di strumento ottico per aiutarsi ad abbozzare il lavoro, che molti ritengono effettuato post-mortem, non può in alcun modo essere oggettivamente sostenuta. Tuttavia il misterioso fascino realistico di questi ritratti richiama l'idea di presenza fotografica che oggi per noi è un'esperienza consueta.

I più antichi studi sulla luce e sui fenomeni ottici furono un contributo dell'antica civiltà greca e vanno associati ai nomi di Aristotele, Euclide, Archimede, Tolomeo. I primi studi destinati a gettare le basi scientifiche dell'ottica si svilupparono però nell'area geografica del vicino oriente.

Il filosofo e fisico arabo *Abu Yusuf al-Kanady* (anche conosciuto come Al-Kindi, 185-256 dell'Egira, 805-873 D.C) discusse i fenomeni ottici in un libro dedicato a *"La scienza dell'ottica"*.

Al Hassan Ibn Al-Haitham (matematico, medico, fisico ed astronomo anche conosciuto come Al.-Hacen, Al.Hazen o Al-Hazen, Basra 354, Il Cairo, 430 dell'Egira, 965/1039 D.C.) espose l'esito dei suoi studi nel libro *"L'ottica"*, primo testo a fare menzione della *camera obscura,* in cui descrisse l'immagine capovolta che vi generava. Egli osservò infatti che all'interno di una camera buia, praticando un piccolo e sottile foro su di una parete, si può vedere un' immagine confusa dell'esterno proiettata capovolta sulla parete opposta.

Ibn Al-Haitham scrisse molti libri dedicati all'ottica ed ai fenomeni della visione, costruendo e sperimentando personalmente le apparecchiature necessarie. Nel corso del medioevo, in seguito alle Crociate, molti testi scientifici arabi vennero portati in Europa ed alcuni di essi furono tradotti per opera di *Gerardo da Cremona* (Cremona 1114, Toledo 1187).

Jemme Reinerszoon (Gemma Frisius): probabilmente la prima illustrazione d'impiego di una *camera obscura* si riferisce all'osservazione di un'eclisse solare del 1544. Foglio 31 in *"De Radio Astronomica et Geometrico"*, Antwerp, 1545.

Questo patrimonio di conoscenze fu utilizzato da scienziati europei come *Ruggero Bacone* (*Roger Bacon*, Ilchester 1214, 1294) e *Erazmus Ciolek Witelo* (Borek presso Breslavia, 1230 circa, post 1280/ante 1314), per cui è possibile affermare che il contributo degli antichi studiosi arabi fu il fondamento dell'ottica moderna.

Anche Leonardo da Vinci (Vinci 1452 - Amboise 1519) svolse osservazioni ed esperimenti a questo proposito, ma le sue scoperte non ebbero diffusione pratica.

Le applicazioni del principio della *camera obscura* vennero più frequentemente descritte a partire dal 1500 circa. La prima rappresentazione finora conosciuta dello strumento è la stampa del "*De Radio Astronomica Et Geometrico*", Anversa 1545, foglio 31, con la quale l'astronomo, fisico, matematico e cartografo *Rainer Gemma Frisius* (nato Jemme Reinerszoon, Dokkum, Dongeradeel 1508 - Lovanio 1555) illustra un metodo di osservazione per l'eclisse solare del 24 dicembre 1544.

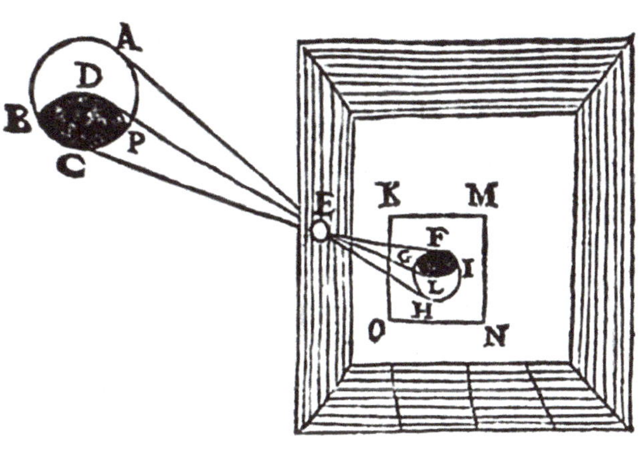

Giuseppe Biancani: schema di una *camera obscura* in "*Aristotelis loca mathematica*", 1615.

Negli anni tra il 1525 ed il 1538 il pittore ed incisore *Albrecht Dürer* (Norimberga 1471, 1528) realizzò manuali di tecnica del disegno e della pittura splendidamente illustrati con dispositivi ottici per lo studio della prospettiva.

Non si tratta di camere oscure, ma piuttosto di strumenti destinati a risolvere il problema della raffigurazione sul piano bidimensionale di corpi tridimensionali.

Ciò dimostra l'attenzione degli artisti del Sedicesimo secolo per l'avanzamento degli studi relativi ad una rappresentazione di una realtà da riprodurre con metodologie scientifiche sempre più rigorose.

Xilografia che presenta uno dei tre metodi meccanici per lo studio e la restituzione della prospettiva illustrati da Albrecht Dürer nel manuale di disegno "*Underweysung der Messung, mit dem Zirckel und Richtscheyt, in Linien, Ebenen und gantzen corporen*", stampato a Norimberga nel 1525. La macchina consiste in un telaio a griglia realizzato sulla base del "*velo*", descritto da Leon Battista Alberti nel "*De Pictura*" del 1518.

Albrecht Dürer: tavola per un trattato di disegno. In questo prospettografo l'immagine viene riportata direttamente su uno schermo trasparente, secondo la descrizione del *"vetro"* di Leonardo da Vinci.

Nel corso del Seicento il semplice buco (*foro stenopeico*), venne rimpiazzato da una lente a menisco e la *camera obscura* si trasformò progressivamente in una scatola con obiettivo, talvolta dotata di uno specchio di raddrizzamento, che proietta l'immagine verso un piano dove è possibile ricalcarla su di un foglio.

La figura risultava ancora piuttosto imprecisa a causa della cattiva qualità degli obiettivi e richiedeva una discreta abilità per essere riprodotta da un disegnatore. Alcuni pittori, il più noto dei quali è forse *Giovanni Antonio Canal*, meglio conosciuto come il *Canaletto* (Venezia 1697-1768), se ne servirono per studiare la prospettiva dei panorami e realizzare tele di grande impatto visivo.

Athanasius Kircher (Geisa 1602, Roma 1680): Incisione raffigurante una *camera obscura* per il disegno prospettico di paesaggio. In *"Ars Magna Lucis et Umbrae"*, 1646, figura 3, folio 812. L'apparecchio poggia su due travi che ne permettono il sollevamento ed il trasporto. L'operatore si posizionava in corrispondenza della botola *"F"*, trovandosi rinchiuso al buio quando la struttura veniva depositata.

Illustrazione tratta da *"Kurze Beschreibung einer ganz neuen Art einer Camerae Obscurae ingleichen eines Sonnenmikroskops"* di Georg Friedrich Brander, 1769. L'apparecchio ottico-meccanico consiste in una *camera obscura* che può essere impiegata, come l'autore spiega, senza rendere buio l'ambiente.

Dalla seconda metà del Settecento l'impiego della *camera obscura* crebbe progressivamente di popolarità tra gli artisti e lo strumento venne prodotto in varie forme e dimensioni, dalla scatola con tiretto per la messa a fuoco, al tavolino di ricalco, alla tenda mobile, fino alla portantina fotografica. Nella *"Encyclopédie ou Dictionnaire raisonné des sciences, des arts et des métiers"*, a cura di *Diderot e d'Alembert*, due tavole pubblicate circa nell'anno 1760, nella sezione riservata al disegno, sono dedicate a illustrare differenti versioni di camera oscura. Quella a portantina, progettata per la riproduzione in esterni, è particolarmente interessante perché mostra un sistema di circolazione dell'aria a tenuta di luce che sarà comunemente adottato in fotografia oltre un secolo dopo la pubblicazione dell'Enciclopedia.

Ancora in epoca prefotografica, nel 1806, *William Hyde Wollaston* (East Dereham 1766, Londra 828) brevettò la *camera lucida*, un dispositivo ottico che produceva la sovrapposizione, sul foglio da disegno, della visione reale, che poteva così essere abbozzata seguendone le linee a ricalco. I problemi ottici a cui era necessario trovare soluzione per l'invenzione della fotografia erano dunque sostanzialmente risolti già nella seconda metà del Settecento. Mancava ancora la scoperta che avrebbe consentito di registrare gli effetti della luce su una superficie, mantenendoli durevolmente inalterati.

Realizzare il sogno di rendere stabile ciò che si poteva osservare sul piano di proiezione della *camera obscura* restava un obiettivo ambizioso, ma i termini del problema risultavano ormai interamente definiti. Si sarebbe potuto eseguire al meglio un lavoro, normalmente difficile e lungo, in un tempo eccezionalmente breve, consentendo così di produrre, con facilità ed a basso prezzo, moltissime vedute.

A testimonianza di questa aspirazione resta un racconto fantastico ideato da *Charles François Tiphaigne de La Roche* (Montebourg, 1722, 1774), medico e scrittore francese.

Nel 1760 egli pubblicò il romanzo utopistico *Giphantie*, traendo il titolo dall'anagramma del proprio nome. Il protagonista viene trasportato in un'isola fantastica nella quale vivono gli spiriti della natura legati all'acqua, all'aria, alla terra ed al fuoco. Uno degli spiriti che governa l'isola, nel capitolo 18, *"La tempesta"*, spiega allo stupefatto visitatore l'invenzione destinata ad essere realizzata quasi 80 anni dopo. Ecco la libera traduzione, non letterale, del brano.

«Gli Spiriti Elementari, proseguì il prefetto, sono esperti di arti fisiche piuttosto che abili pittori: giudicherai tu stesso il loro modo d'operare. Tu sai che i raggi di luce, riflessi dai differenti corpi, divengono immagini dipingendo le figure sulle superfici lucide come, ad esempio, la retina dell'occhio, l'acqua o gli specchi.

Gli Spiriti Elementari, si sono sforzati di fissare queste immagini effimere ed hanno perciò composto una sostanza estremamente sottile, vischiosa e rapidissima a seccarsi e indurire. Grazie a questa è possibile creare un quadro in un istante. Rivestono di questo materiale la tela, rivolgendola verso gli oggetti che desiderano riprendere. Il quadro reagisce inizialmente come uno specchio, registrando tutti i soggetti vicini e lontani per cui la luce genera immagine.

Tuttavia, a differenza di ciò che una lastra di ghiaccio può fare, grazie al rivestimento vischioso, la tela trattiene le figure. Lo specchio restituisce fedelmente la visione degli oggetti ma non può trattenerne l'aspetto. I nostri quadri non rendono meno fedelmente, trattenendo però ogni visione.

Questa impressione delle immagini avviene al primo istante, nel momento in cui la tela l'assorbe. Immediatamente si ricopre, riponendo il quadro a buio. Un'ora dopo il rivestimento risulta asciutto, presentando una matrice delle più preziose: nessun'altra arte può imitarne la verità ed il tempo non può guastarla in alcun modo.

Noi registriamo alla sorgente più pura, attraverso l'essenza stessa della luce, i colori che i pittori ricavano dai diversi materiali che il trascorrere del tempo non manca d'alterare.

La precisione del disegno, la verità dell'espressione, i segni più o meno forti, la progressione delle sfumature, le regole della prospettiva... Noi abbandoniamo tutto ciò alla natura che procede con la sicurezza di non smentirsi mai da sé stessa. Ella traccia sulle nostre tele immagini che si impongono alla visione fino a far dubitare la ragione se ciò che si riconosce come reale non sia altro che un fantasma davanti agli occhi, alle dita, a tutti i sensi insieme.

Lo Spirito elementare si addentrò poi nei dettagli fisici, innanzi tutto sulla natura della sostanza collosa che cattura e conserva i raggi, in secondo luogo sulle difficoltà di preparazione e d'impiego, infine sugli effetti della luce e di questo materiale essiccato; tre problemi che propongo ai fisici d'oggi e che abbandono alla loro sagace ricerca. Ciò nonostante non riuscivo a staccare gli occhi dal quadro.

Uno spettatore sensibile che contempla un mare tormentato dai venti non può ricavarne emozioni più vive: questo è il risultato di tale visione.»

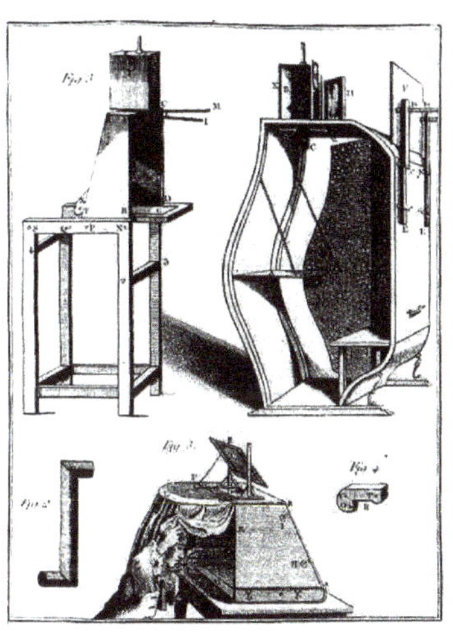

A sinistra:
Tipologie di *camera obscura*, da un'incisione dell'Enciclopedia di Diderot e D'Alembert.

A destra:
Impiego di una *camera lucida* nel disegno di un ritratto, da un'illustrazione del 1834.
La *camera lucida* è un ausilio ottico per il ricalco dell'immagine apparente.

L'invenzione della fotografia, una volta risolto il problema ottico della proiezione sul supporto primario dell'immagine, richiedeva la soluzione del problema legato alla sensibilità di una sostanza in grado di registrare permanentemente l'immagine.

La fotosensibilità di vari materiali era conosciuta fin dall'antichità. Presso gli antichi Egizi e gli antichi Greci era già stata osservata l'azione della luce sui pigmenti, con l'effetto di produrre attenuazione nel vigore delle tinte. Per questo lo studioso latino Vitruvio raccomandava di non esporre le pitture alla luce diretta del sole.

Diversi pigmenti di origine organica subiscono alterazioni se esposti alla luce per un tempo sufficientemente lungo. Le foglie verdi dei vegetali e la pelle umana divengono più scure. Tutto ciò era stato ampiamente osservato fin dall'antichità.

Abu Musa Jabir Ibn Hayyan (in arabo جابر بن حيان latinizzato in Geber, 721-815 circa), fu forse il primo a condurre esperimenti sui composti dell'argento e sulle proprietà fotosensibili del nitrato d'argento.

Le sue osservazioni furono utilizzate dagli alchimisti europei e dagli scienziati che nei secoli successivi sperimentarono gli effetti della luce sugli alogenuri d'argento.

La fotosensibilità degli alogenuri d'argento fu riconosciuta e documentata da *Robert Boyle* (Lismore 1627, Londra 1691), *Johann Heinrich Schulze* (Colbitz 1687, Halle 1744), *Carl Wilhelm Scheele* (Stralsund 1742, Köping 1786), *Thomas Wedgwood* (Etruria, Staffordshire 1771, 1805), *Humphry Davy* (Penzance, Cornwall 1778, Ginevra 1829).

A partire dalla fine del XVIII secolo si moltiplicano testimonianze e relazioni su esperimenti in grado di generare figure impresse dalla luce su pellame e su carta trattati con sali d'argento. Le ombre, scure, generavano però zone più chiare, mentre l'illuminazione produceva annerimento.

Ciò non era importante per la raffigurazione di semplici profili. Il nocciolo del problema, allora senza soluzione, consisteva invece nella labilità della figura, destinata a scurirsi progressivamente in modo uniforme con l'osservazione necessariamente condotta alla luce.

L'invenzione della fotografia era ormai otticamente matura ma ancora mancava, all'inizio del XIX secolo, la padronanza dei processi fisico-chimici in grado di fissare in modo permanente le figure proiettate dalla luce.

Encyclopédie ou Dictionnaire raisonné des sciences, des arts et des métiers. A cura di Diderot e D'Alembert, circa 1760. Tavola della sezione dedicata al disegno con esempi di *camera obscura*.

Origini della fotografia - 1.3.0

Il ritratto meccanico   *(1785 - 1840 ca.)*

L'antica origine dei ritratti generati seguendo il contorno delle ombre di un soggetto in posa risale ad un mito della classicità: un racconto di *Plinio il Vecchio* (Como 23, Stabia 79) contenuto in *Naturalis Historia* (XXXV, XV).

«...il vasaio Butade Siconio scoprì per primo l'arte di modellare i ritratti nell'argilla; questo avvenne a Corinto per merito di sua figlia, innamorata di un giovane. Poiché quest'ultimo doveva partire lontano, essa delineò l'ombra del suo volto proiettata sul muro dalla luce di una lanterna; su questi segni il padre impresse l'argilla riproducendone il profilo; fattolo seccare con il resto del suo vasellame lo mise a cuocere in forno».

Dunque la consapevolezza del valore di una raffigurazione in grado di registrare come permanentemente impresso il segno di una presenza destinata a dissolversi nel tempo e nello spazio è antichissima. Quest'azione grafica cristallizza l'esistente, trattenendone "per sempre" la memoria. Singolarmente le figure sono prodotte dalla luce, ma sono le ombre a definirne le forme e la profondità. Il mito della fanciulla di Corinto resta alle origini dell'arte del ritratto, ma la figura umana intesa come impressione di immagine si manifesta anche attraverso modelli iconografici che sopravanzano la comune esperienza umana per sconfinare nel soprannaturale.

Iniziando dai primi secoli dopo Cristo, varie immagini "non eseguite da mano d'uomo" (*acheïropoïetos*) furono oggetto della venerazione popolare. Il velo della Veronica (*vera-eikon*) con l'impronta del Salvatore costituisce uno dei più noti esempi. Non a caso Santa Veronica è patrona dei fotografi.

La Sindone resta invece il più straordinario prototipo di fotografia. La sua natura fisica non è stata ancora adeguatamente spiegata. Gli esami scientifici su questo telo di lino non hanno potuto rilevare la presenza di pigmenti e l'immagine appare piuttosto prodotta da un'azione chimico-fisica, proprio come lo sarebbe una fotografia. L'effetto è probabilmente dovuto ad una radiazione termica, elettromagnetica o fotonica, come risulta ipotizzato dalle ricerche condotte dal team scientifico STURP (*Shroud of Turin Research Project*). La natura di matrice negativa della reliquia torinese venne per la prima volta rilevata dal fotografo *Secondo Pia* (Asti 1855, Torino 1941) il 25 maggio 1898. Egli, trattando una lastra ripresa a Torino in occasione dell'ostensione della Sindone, osservò che l'immagine appena sviluppata appariva indubbiamente come positiva, dimostrando con immediata evidenza l'aspetto negativo dell'originale.

Riesce difficile comprendere come un eventuale falso confezionato in epoca medievale potesse presentare una caratteristica in grado di essere correttamente interpretata solo molti secoli dopo. La cosa è tanto più stupefacente in considerazione del fatto che i pionieri della fotografia ritennero l'annerimento dei sali d'argento alla luce uno sfortunato accidente ed un inutile risultato, dal momento che l'obiettivo restava quello di ottenere un'immagine positiva. Fu solo con la geniale intuizione dello scienziato inglese sir *John Frederick William Herschel* (Slough 1792, Collingwood 1871) che fu possibile comprendere il procedimento negativo-positivo, fondamento della fotografia moderna.

Dunque la misteriosa impressione bruna del corpo di un Uomo su un telo di lino è forse da ritenere la prima fotografia della storia dell'umanità. Ancora oggi non risulta possibile realizzare un'icona seriamente comparabile con le caratteristiche formali e tecnologiche dell'immagine sindonica.

Per quasi un secolo, nell'arco di tempo che precedette l'invenzione della fotografia, il ritratto ottico-meccanico prefotografico coincise con l'*arte nera della silhouette*. L'origine del termine che identifica le figure che rappresentano il contorno dei soggetti, quasi fossero un'ombra netta senz'altro dettaglio interno, è associata al nome di *Étienne de Silhouette* (Limoges 1709, Bry-sur-Marne 1767). Costui fu ministro generale delle finanze del re di Francia *Luigi XV* nel 1759 e promotore di una riforma delle finanze destinata a tassare con maggior forza sulla base di oggettivi indici di ricchezza. Il rigore delle misure gli valse il rancore dei benestanti ed il sarcasmo degli intellettuali.

Gli attillatissimi pantaloni senza tasche, allora di moda, vennero beffardamente battezzati "à la Silhouette" proprio per sottolineare l'inutilità di avere un posto in cui riporre il denaro. Il termine passò all'asciutto profilo di una semplice sagoma nera. Si ritiene che Silhouette stesso amasse praticare l'arte del profilo ritagliato a mano, con le forbici, come dilettante.La moda della *silhouette* si affermò inizialmente presso le raffinate corti reali e l'aristocrazia europea. Essa trasse supporto culturale anche dal rinnovato interesse per il classicismo che caratterizzò i decenni successivi alla seconda metà del XVIII secolo. I ritratti di profilo richiamavano infatti le forme di medaglioni, sigilli e bassorilievi che l'arte neoclassica aveva ripreso dalle antichità artistiche romane e greche. Questo genere di figure ricorre anche nelle decorazioni del raffinato vasellame antico diffuso in tutta l'area mediterranea. Il semplice disegno piatto e lineare divenne perciò gradevole ed apprezzato nel quadro di un'estetica che amava rievocare i modelli del passato.

L'illuminismo tendeva contemporaneamente a fondere aspetti idealizzati dell'antichità con la modernità delle innovazioni meccaniche e scientifiche che ormai si sviluppavano con forza, per trovare infine la sua pienezza nella rivoluzione industriale. L'ambiente culturale era dunque pronto ad accogliere soluzioni espressive che unissero arte e meccanica. Artisti di particolare abilità manuale erano in grado di ritagliare direttamente con le forbici i profili, ma una macchina in cui il ritratto potesse nascere dall'azione della luce stessa sul soggetto possedeva un'innata presunta garanzia di realtà oggettiva che poi divenne connotazione specifica della fotografia. Il più noto di questi procedimenti è il *Physionotrace*.

Inventore del procedimento fu *Gilles Louis Chrétien* (Versailles 1754, Paris 1811), violoncellista alla corte di Versailles. Il dispositivo integra il sedile per il soggetto con il pannello di registrazione della sagoma, dotato di pantografo. Il ritratto direttamente prodotto con l'ausilio del dispositivo poteva essere realizzato a grandezza naturale. In questo caso era denominato «*grand trait*». Più frequentemente il profilo veniva eseguito in riduzione grazie ad un pantografo che consentiva di concludere il lavoro con rapidità e precisione. Il volto in primo piano veniva generalmente arricchito con i dettagli del viso e dell'acconciatura attraverso un intervento artistico soggettivo da parte dell'artista che poteva valorizzare il ritratto aggiungendo tinte con pastelli colorati o acquerelli. L'intero procedimento poteva essere completato in pochi minuti.

Questa immagine unica può essere considerata l'originale autentico di un procedimento semiautomatico. Il passo successivo poteva essere la produzione di una placca di rame che veniva incisa grazie ad un pantografo che ricalcava la figura iniziale. Con questa matrice era poi possibile ottenere tirature, anche limitate ad una dozzina di copie, del ritratto iniziale.

Chrétien iniziò a produrre ritratti al physionotrace intorno al 1785, associandosi nell'aprile del 1788 con il miniaturista *Edme Quenedey des Riceys* (Riceys-Haut 1756, Paris 1830), che aprì uno studio in rue des Bons-Enfants a Parigi. Quenedey si occupava della ripresa mentre Chrétien, rimasto a Versailles, si dedicava all'incisione. Per un *grand trait* il costo era di 6 *livre tournois* (lire tornesi di quel tempo). Dodici copie ridotte e stampate costavano 15 *livre*, mentre la colorazione di ogni incisione costava 3 *livre*.

«Antoniette de Chevannes, épouse de Jacques Auguste de Poilloüe de St. Mars, député aux États-Généraux de 1789». "Dess. par Fouquet et gravé par Gilles Louis Chrétien, inv. du physionotrace, Cloitre Saint Honoré, à Paris en 1791".

Con la rivoluzione Chrétien perdette il suo impiego a corte e si trasferì a Parigi, aprendo uno studio per conto suo nell'agosto del 1789. In ottobre si associò con Fouquet, con studio a Cloître Saint-Honoré, passage Saint Honoré et cour Saint Honoré. I due rimasero in società sino al 1798, quando Chrétien riprese nuovamente a lavorare da solo.

Chrétien non ebbe solo soci ma anche concorrenti che utilizzavano l'apparecchio da lui inventato. Gli studi più noti di Parigi furono quelli di Fouquet, Fournier, Quenedey, Bouchardy, Gonord, Godefroy. La moda del physionotrace fu apprezzata e seguita dalla nobiltà e dalla ricca borghesia fino all'avvento della dagherrotipia.

Nel Nuovo Mondo l'invenzione fu portata dal francese Charles Balthazar Julien Fevret de Saint-Memin, emigrato nel 1793. Egli ritrasse i protagonisti dell'indipendenza americana.

In America vennero prodotti physionotrace dallo stesso Saint-Memin, da Valdenuit e da Roy. René Hennequin, storico e catalogatore del procedimento *physionotrace*, valuta in un quantitativo compreso tra i 4 ed i 6 mila i ritratti eseguiti grazie a questa invenzione ottico-meccanica. La Biblioteca Nazionale di Francia ne conserva circa 2800 esemplari.

I ritratti physionotrace si presentano in forma tonda. Una scritta a penna che segue un'ampia curva sul margine inferiore del cerchio fornisce i dettagli sugli esecutori.

Le copie ricavate dalla matrice incisa in rame mostrano il contorno dei margini della placca con gli spigoli smussati: segno della pressione del torchio da stampa.

Alcuni esempi di iscrizione sono:

«Dess. av. le phys. inv. par Chr.»

«Dess. et gr. p. Chrétien, inv. du Physionotrace rue St-Honoré en face l'Oratoire n° 152 à Paris»

«Dess. p. Quenedey gr. p. Chrétien inv. du phys.»

«Dess. p. Quenedey av. le phys. inv. p. Chr. »

«Dess. p. Fouquet gr. p. Chrétien inv. du Physionotrace rue St-Honoré n° 45 et 133, à Paris, vis-à-vis l'Oratoire.»

«Dess. et g. par Bouchardy succr de Chretien inv. du Physionotrace Palais Royal n°82 à Paris»

«Dessin au physionotrace et gravé par QUENEDEY à Hambourg»

Infine può essere indicato l'anno di esecuzione. Raramente è presente anche l'indicazione del soggetto raffigurato.

Così come poi accadrà con la fotografia, questi ritratti costituiscono una preziosa fonte di informazioni per ricostruire la storia dell'abbigliamento e dell'acconciatura francese ed americana dell'epoca rivoluzionaria.

Il physionotrace è l'automa da disegno ritrattistico in profilo più noto, ma diverse altre macchine furono inventate e utilizzate per produrre disegni di profilo e registrare le figure dei volti.

Altri apparecchi sono noti con i nomi di prosopografo (Prosopographus), ediografo (Ediograph), pasigrafo (Pasigraph), profilografo (Profilograph), proporzionometro (Proportionometer), limomachia e delineatore (Delineator) di Charles Schmalcalder. Da ricordare anche un apparecchio brevettato nel 1778 da William Storer: il Royal Accurate Delineator e infine il brevetto per penna delineatrice di William King.

Si trattava comunque di dispositivi che dovevano essere manovrati da un operatore dotato di una certa capacità artistica e di buon controllo dei movimenti fini della mano. Il soggetto andava mantenuto perfettamente immobile con qualche genere di artificio che ne fissasse la posizione.

Sostegni di varia natura erano già stati largamente impiegati nella tradizionale ritrattistica pittorica per tenere fermamente appoggiate testa e spalle. La loro applicazione non era destinata a suscitare particolare meraviglia nei soggetti che si facevano ritrarre; anzi erano probabilmente ritenuti un essenziale elemento tecnico del rito iconografico.

Le diverse apparecchiature per il ritratto meccanico, apparentemente così lontane dal carattere specifico della fotografia, condividono come elemento unificante, oltre il prodotto ritrattistico, la necessità della presenza fisica del soggetto all'origine dell'atto raffigurativo.

Questa è la condizione che assimila l'arte nera del profilo alla fotografia: il porsi come testimonianza di una presenza. La registrazione artistico-meccanica fu una soluzione tecnica di raffigurazione, ma questo automatismo anticipò la specificità della fotografia che mostra come presente l'assente, come attuale il passato.

Per la prima volta nella storia del ritratto, la raffigurazione umana superò con le silhouette la funzione rituale e di pura affermazione religiosa, sociale e politica per assumere il carattere di asserzione di identità individuale.

La presa di coscienza della centralità del diritto al rispetto e del valore univoco della persona si affermò proprio nella seconda metà del Settecento, insieme alla consapevolezza liberale illuministica.

La fotografia condusse a compimento l'espressione della democrazia iconografica attraverso l'accesso popolare alla rappresentazione del proprio volto e della realtà quotidiana, ponendola a disposizione di chiunque e non solamente di un'elite aristocratica, potente e ricca, in grado di pagare artisti che eseguissero raffinate ma costose pitture.

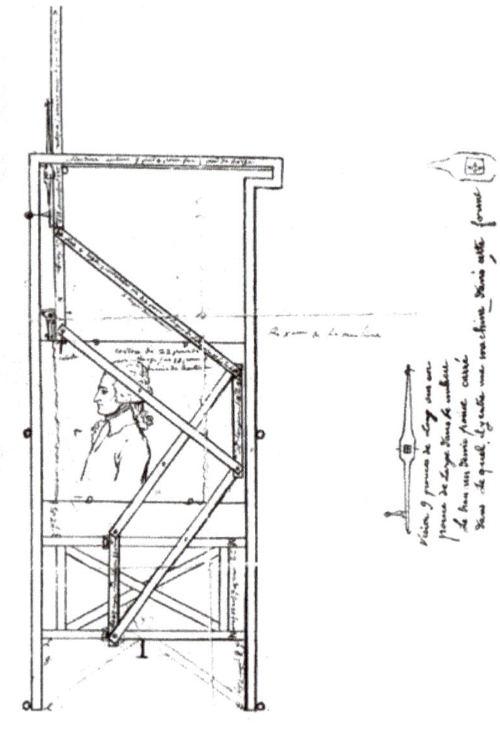

Schema costruttivo del sistema di riproduzione meccanica a pantografo del Physionotrace di Gilles Louis Chrétien per la produzione di ritratti di profilo.

Il ritratto meccanico risulta singolarmente accostato all'inventore del ritratto ottico-chimico in un annuncio pubblicato in un anno fondamentale per la storia della fotografia: il 1826. Il settimanale inglese *"THE EXAMINER"*, domenica 30 aprile 1826, pubblicò, una accanto all'altra, due inserzioni che preannunciano l'alba dell'invenzione fotografica.

Proprio in quei giorni, *Joseph Nicéphore Niépce* (Chalon-sur-Saône 1765, Saint-Loup-de-Varennes 1833) era impegnato ad allestire i materiali che gli avrebbero permesso di realizzare, poche settimane dopo, quella che è ritenuta la prima fotografia al mondo. Daguerre era a Londra per esibire il suo Diorama. L'annuncio recita:

THE EXAMINER.

No. 952. SUNDAY, APRIL 30, 1826.

DIORAMA, Regent's Park.—Two New Views now Exhibiting, viz. the Interior of Roslyn Chapel, painted by M. Daguerre; and a View of the City of Rouen, taken from Mount St Catherines, painted by M. Bouton, with various effects of light and shade, producing the most extraordinary illusion to the spectators.—Open daily, from Ten till Four o'clock.
N.B. The dimensions of each Picture are 70 feet by 50.

EXHIBITING at No. 161 STRAND, facing the New Church, PROSOPOGRAPHUS, the AUTOMATON ARTIST! which is a beautiful little mechanical Figure, that draws the likeness of any countenance that may be presented, producing an outline in a few moments without touching the features; thus performing more perfect resemblances than is in the power of any living hand to trace: thousands have already witnessed the fact, and thousands, it is presumed, are yet forthcoming; for who possessing common curiosity will suffer the opportunity to pass of sitting for their Picture to an Automaton! The singularity of such an event must surely stamp an additional value on the Portrait.—To witness this extraordinary performance, but One Shilling is required from each visitor. A bonus of their own Likeness being granted, additional charges made only when the performances are more highly finished.—Hours of attendance from Ten till Dusk.

Annuncio dell'esibizione londinese del Diorama di Daguerre su *"THE EXAMINER"*.

«*DIORAMA, Regent's Park. – Due nuove vedute sono ora in esibizione: l'interno della Cappella Rosslyn, dipinta da M. Daguerre ed il panorama della città di Rouen, preso dal monte St. Catherine, dipinto da M. Bouton, con diversi effetti di luci ed ombre che producono le più straordinarie illusioni per gli spettatori. Aperto tutti i giorni, dalle dieci fino alle quattro in punto. N.B.: le dimensioni di ogni tela sono di 70 piedi per 50.*»

«*ESIBIZIONE al N° 161 STRAND, a fronte della Nuova Chiesa, il PROSOPAGRAPHUS, the AUTOMATON ARTIST! Questo è un meraviglioso piccolo dispositivo che disegna ritratti di qualsiasi aspetto sia presentato, producendo un profilo in pochi momenti senza dover toccare il soggetto. Con ciò si ottiene la più perfetta rappresentazione che sia possibile tracciare a mano vivente. Migliaia di persone hanno già constatato questo fatto, migliaia ancora, si presume, faranno lo stesso. Chiunque sia dotato di comune curiosità vorrà provare l'opportunità di una seduta per ottenere la propria raffigurazione con Automaton! La singolarità di tale evento aggiunge sicuramente un ulteriore valore al ritratto. Per essere testimoni di questo straordinario risultato è richiesto uno scellino ad ogni visitatore. Ai ritratti individuali è garantito uno sconto, una maggiorazione sarà dovuta solamente per esecuzioni di alta rifinitura. Orario di apertura dalle dieci al tramonto.*»

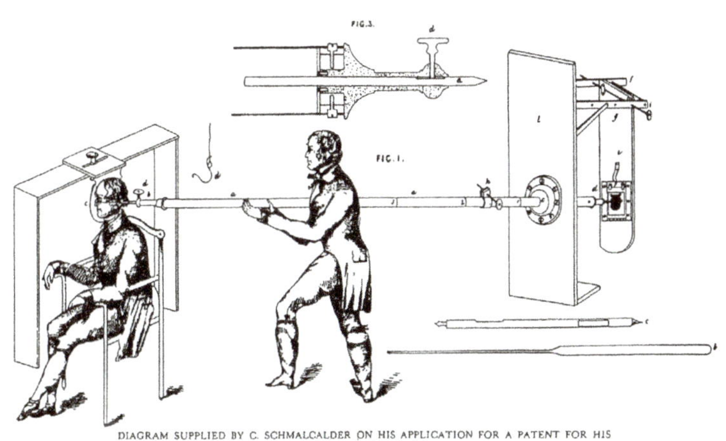

Macchina da disegno di *Charles Augustus Schmalcalder* (Stuttgart 1781, London 1843) per la tracciatura di profili.
Sebbene dalla seconda metà del Settecento e fino all'inizio dell'Ottocento siano stati brevettati diversi apparecchi meccanici per il ricalco dei profili, alcuni maestri dell' *"Arte Nera"* continuarono a produrre con successo ritratti eseguiti esclusivamente a mano, ritagliandoli con le forbici su carta nera.

Ritratto di profilo a *silhouette* prodotto con "Prosopographus the Automaton Artist".
Eseguito a Londra, 161 Strand, intorno all'anno 1826. Dimensioni dell'ovale in carta 72.5 x 89 mm.

Ritratti meccanici e *silhouette* continuarono ad essere eseguiti anche in epoca fotografica; questo è
su vetro con fondo in porporina oro e lacca di fissaggio sul dorso. Dimensioni lastra: 46.5 x 61 mm.

Questa coppia di *silhouette* pre-annuncia l'invenzione fotografica nella forma e nel gusto.

La posa è quella medesima che caratterizzerà la ritrattistica di studio.

L'estetica e la composizione precorrono lo stile essenzialmente raffinato dei primi dagherrotipi.

Il cartiglio sul verso del montaggio recita:

Silhouettirt von Josef Aumüller
LITHOGRAF U. SILHOUETTEUR
in MAINZ
Clarastrasse D 332

Die Zeichnung dieser Silhouette ist aufbewahrt, und kann zu jeder Zeit, selbst nach Jahren nachbestellt werden, ohne dass die Person gegenwärtig ist

Die Aufnahme zu einem Portrait weiche Minuten dauert kann zu jeder Stunde des Tags in meiner Wohnung vorgenkomen ? werden Preis derselben; von 24 Kr. bis 1 F?

L'incisore inglese Thomas Holloway fu un precursore del ritratto meccanico.
Con questa illustrazione presentò una versione semplificata del physionotrace
"A Sure and Convenient Machine for Drawing Silhouettes".
L'apparecchio non utilizzava un pantografo, ma solamente uno schermo translucido per il ricalco.

Il processo fotografico

Già verso la fine del Settecento la conoscenza dei dispositivi meccanici ed ottici adatti alla realizzazione di un processo di riproduzione automatica delle immagini era perfezionata. Le proprietà dei sali d'argento ed il loro comportamento, quando sottoposti all'azione della luce, erano altrettanto noti.

Mancava ancora la soluzione di due determinanti problemi: la restituzione in positivo e la stabilizzazione dell'immagine.

I pionieri della fotografia furono inesorabilmente frustrati dalla registrazione in negativo nei loro esperimenti con i sali d'argento. L'effetto che in seguito sarebbe stato considerato fondamento stesso della fotografia moderna fu inizialmente percepito come un ostacolo insormontabile alla restituzione della ripresa.

In una lettera scritta del 15 maggio 1816, *Joseph Nicéphore Niépce* (Chalon-sur-Saône 1765, Saint-Loup-de-Varennes 1833) scrisse al fratello:

« È accaduto quello che prevedevi: lo sfondo dell'immagine è nero e gli oggetti sono bianchi, cioè più chiari dello sfondo... Forse non sarà impossibile alterare questa disposizione dei colori... ».

In una missiva successiva di un paio di settimane tornò ancora sulla questione della difficoltà nella "trasposizione dei colori" associandola alla difficoltà di fissare l'immagine.

In una terza lettera insistette nel rammaricarsi dei risultati ottenuti: « L'effetto sarebbe più considerevole se... si potesse invertire la disposizione delle luci e delle ombre; questo è il lavoro al quale mi dedicherò prima di cercare di fissare i colori, e non è facile ».

La delusione lo condusse infine a scartare il cloruro d'argento, allora noto come *"muriato d'argento"*, decisione comunicata al fratello il 20 aprile 1817. Niépce si arrese con ciò anche di fronte alla difficoltà di stabilizzare l'immagine ottenuta: «Questo tipo di immagine, credo, si altera nel tempo anche se non la si espone alla luce... ».

La resa invertita delle luci che Niépce considerava assolutamente innaturale lo spinse a cambiare completamente direzione, sperimentando materiali fotosensibili che tendessero a schiarirsi sotto l'azione della luce.

Questa decisione lo condusse a risultati molto parziali ed oggettivamente insoddisfacenti, anche se determinanti nel percorso che successivamente portò alla scoperta dei procedimenti fotomeccanici.

Il *"bitume di Giudea"* è una sostanza che si avvicina molto alle caratteristiche desiderate da Niépce, infatti è fotosensibile e normalmente solubile nell'olio di lavanda. Se esposto alla luce per un periodo di tempo adeguato diviene però insolubile, consentendo di ottenere, nelle speranze dello scienziato francese, una sorta di matrice inchiostrabile adatta a moltiplicare l'informazione visiva con la riproduzione a stampa con inchiostro.

Tutto ciò che gli fu possibile ottenere sono alcune lastre in cui si intravede debolmente, solo osservandole con una certa angolazione di illuminazione, un'immagine piuttosto confusa.

Joseph Nicéphore Niépce,
Chalon sur Saône 1765, St. Loup de Varennes 1833.

La ripresa dei tetti che poteva osservare dalla finestra della sua abitazione di campagna di *Le Gras* resta la testimonianza più antica dei suoi sforzi e viene generalmente considerata come "la prima fotografia".

L'osservazione di questa lastra di peltro è comunque ardua e va effettuata in un ambiente scuro e con luce radente: dunque qualcosa di piuttosto lontano da ciò che oggi consideriamo una ripresa fotografica accettabile.

Comunque questo primo risultato, una lastra eliografica di circa 20 x 25 cm, è comunemente datato intorno al 1826, così come sostenuto dallo storico e collezionista fotografo *Helmut Erich Robert Kuno Gernsheim* (Monaco, 1913 - Lugano 1995).

Tuttavia esiste una lettera di Niépce al nipote *Claude Félix Abel Niépce de Saint-Victor* (Saint-Cyr, 1805, Parigi 1870) datata 16 settembre 1824 in cui si legge:

« ... Ho potuto ottenere un'immagine della natura talmente buona che non potrei desiderare migliore, tuttavia non oso rallegrarmi perché finora ho ottenuto solo risultati ancora incompleti. Questa immagine è stata ripresa nella tua stanza, rivolta verso Le Gras, ho adoperato la mia C.O. (camera obcura n.d.t.) più grande e la mia lastra maggiore. L'immagine degli oggetti è raffigurata nitidamente, con fedeltà sbalorditiva fino ai minimi particolari, con le sfumature più tenui.

Dato che questa matrice è tinta molto debolmente, l'effetto si può valutare soltanto osservando la pietra obliquamente; così diviene visibile all'occhio, con effetti di ombre e riflessi di luce e questo risultato, ti posso assicurare caro amico, è veramente qualcosa di magico ».

Come si può capire, l'entusiasmo di Niépce era notevole, ma il prodotto ancora insoddisfacente, tanto è vero che non ebbe pratici effetti se non quello di sollecitare l'attenzione e la curiosità di un altro sperimentatore: *Louis Jacques Mandé Daguerre* (Cormeilles-en-Parisis 1787, Bry-sur-Marne 1851).

Nell'autunno del 1825 Niépce acquistò un obiettivo da *Vincent Jacques Louis Chevalier* (Parigi 1770-1841), titolare di un antico laboratorio di ottica parigino.

Non esistevano ancora obiettivi espressamente studiati per la ripresa in *camera obscura* ed i pionieri della ricerca fotografica dovevano servirsi delle ottiche allora reperibili.

La persona incaricata di ritirarlo per conto di Niépce riferì forse incautamente dei progressi ottenuti e così *Charles Louis Chevalier* (Parigi 1804 – 1859), figlio del titolare ed ottico egli stesso, finì col parlarne a Daguerre.

Anche Daguerre si serviva da Chevalier per gli strumenti che gli erano necessari per realizzare le tele prospettiche del *Diorama* e per i suoi esperimenti "fotografici".

Incisione d'epoca che illustra un incontro tra l'ottico parigino Chevalier e Daguerre.

Da questo fatto nacque il travagliato contatto e la successiva infruttuosa collaborazione tra i due, sancita da un complesso contratto notarile, ma destinata ad interrompersi con la morte di Niépce.

Fortunatamente Daguerre ebbe l'intuizione di proseguire le sperimentazioni con le lastre argentate, direzione che era stata ormai abbandonata dal socio.

La scoperta decisiva consistette nella *mercurializzazione,* effetto di sbiancamento prodotto sulle aree della piastra meno esposte all'azione della luce. La lastra argentata preventivamente sottoposta all'azione dei vapori di iodio resta rivestita da uno strato sottilissimo di molecole di ioduro d'argento e dunque può essere debolmente impressionata alla luce. È però il vapore di mercurio che si lega con l'argento libero, rilasciato per riduzione nelle aree illuminate, che produce un amalgama biancastro.

Questo processo costituisce una sorta di sviluppo o più propriamente di una inversione evidente che rende visibile l'immagine in positivo. Il mercurio ha invece un effetto quasi nullo sulle zone meno esposte.

A questo punto il problema del fissaggio cessò di risultare critico perché le aree non impressionate, cioè buie nella scena originale, tendono naturalmente a scurirsi con l'esposizione alla luce della lastra sottoposta alla normale osservazione ed illuminazione.

Ciò è destinato ad accentuare la differenza con le zone chiare di amalgama. Le aree biancastre in cui il mercurio si è legato con l'argento non sono invece soggette a successive determinanti alterazioni.

La sensibilità dei sali d'argento diminuisce inoltre con l'aumento della presenza di cloro. Il cloruro d'argento in "eccedenza di cloro" risulta infatti poco fotosensibile.

Incontro tra Daguerre e Niépce che stipulano un accordo di collaborazione.

Daguerre scopre l'effetto dei vapori di mercurio sulla lastra di rame argentato.

Dunque il lavaggio delle piastre in acqua salata equivaleva a una sorta di procedimento di stabilizzazione, piuttosto che ad un fissaggio vero e proprio.

Questa fu la soluzione inizialmente adottata da Daguerre, anche se il trattamento al vapore di mercurio rendeva piuttosto marginale l'esigenza di fermare l'annerimento delle aree fotosensibili non esposte in ripresa.

Daguerre raccontò in seguito che la scoperta avvenne in modo del tutto fortuito, quando osservò l'immagine in positivo di un cucchiaio dimenticato appoggiato su una lastra dentro ad un armadio.

In seguito ripose nel medesimo armadio altre lastre esposte, notando con meraviglia che queste apparivano "svilupparsi" misteriosamente.

Con un processo di esclusione, togliendo dall'armadio i diversi contenitori di sostanze chimiche che vi erano riposte, si rese conto che l'effetto era dovuto alla presenza di un recipiente contenente mercurio.

Fu così che i pericolosi vapori di questa sostanza divennero, insieme alla iodurazione delle lastre argentate, i protagonisti di una rivoluzione iconografica lungamente attesa. Con la dagherrotipia iniziò l'era dell'immagine ottico-chimica.

L'annuncio pubblico dell'invenzione ebbe luogo il 7 gennaio 1839 all'Accademia delle Scienze di Parigi, con la lettura di una relazione davanti ai membri della prestigiosa istituzione scientifica. Il relatore fu *François Jean Dominique Arago* (Estagel 1786, Parigi 1853), estimatore ed amico di Daguerre.

Arago insistette ripetutamente, nel suo resoconto, sul successo rappresentato dalla positività del procedimento:

«L'estrema sensibilità delle sostanze di cui il sig. Daguerre fa uso, non costituisce la sola caratteristica per la quale la sua scoperta si distingue da tanti esperimenti imperfetti ai quali ci si era già dedicati nel disegnare silhouette su supporti al cloruro d'argento.

Questo sale è bianco, la luce lo annerisce, la parte bianca delle immagini diviene perciò nera, cosìcché le parti nere rimangono, al contrario, bianche. Sulle placche del sig. Daguerre il disegno ed il soggetto sono assolutamente simili: il bianco corrisponde al bianco, le mezze tinte alle mezze tinte, il nero al nero.»

Nel frattempo altri ricercatori proseguirono gli esperimenti nel tentativo di realizzare immagini positive dirette su carta. *Jean Louis Lassaigne* (Parigi 1800, 1859) dette relazione di un processo positivo diretto l'8 aprile 1839, come risulta dai *Comptes Rendus* dell'Accademia delle Scienze francese.

Andrew Fyfe (1792-1861), lettore di chimica all'università di Edimburgo, aveva presentato un resoconto simile alla Società delle Arti della medesima città. Questi procedimenti si limitavano però alla stampa per contatto e non si riferivano a riprese in *camera obscura*. Entrambi i procedimenti si fondavano sull'effetto di inversione/solarizzazione già osservato da Daguerre nel 1831.

In pratica si trattava di preparare un supporto cartaceo su cui i sali d'argento venivano preventivamente lasciati annerire in modo completo alla luce. Il seguente trattamento in ioduro di potassio li rendeva nuovamente sensibili per una successiva esposizione che produceva schiarimento in corrispondenza delle luci. Il 29 maggio 1830 Mungo Ponton (Edinburgh 1801, Clifton 1880) presentò alla Society of Arts of Scotland una relazione sulla sensibilità del bicromato di potassio che tuttavia necessitava di esposizioni troppo lunghe per un possibile impiego di ripresa.

Louis Jacques Mandé Daguerre. Da una tavola incisa da H.Davidson, tratta da un dagherrotipo di Henry Meade e pubblicata sul *Century Magazine*.

Tuttavia questa scoperta fu la base di successivi miglioramenti che portarono in seguito *Edmund Becquerel, Alphonse Poitevin* e *John Pouncey* a svilupparne applicazioni fotografiche.

Hippolyte Bayard (Breteuil-sur-Noye 1807, Nemours 1887) fu in grado di ottenere negativi fino dall'inizio del 1839 e di mostrare copie positive a Biot e Arago nel maggio di quell'anno. Addirittura esibì trenta sue stampe positive in occasione di una mostra di beneficienza effettuata nel giugno del 1839, ben prima che il procedimento di Daguerre fosse reso pubblico, il 19 agosto 1839, con una relazione di Arago all'Accademia delle Scienze. Le influenti personalità politiche e scientifiche francesi, in primo luogo Arago stesso, che tanto si stavano impegnando per dare riconoscimenti pubblici ed economici a Daguerre si trovarono a disagio nell'imbattersi in un altro inaspettato inventore della fotografia e non fecero nulla per valorizzarne il lavoro.

François Jean Dominique Arago.
Scienziato e uomo politico amico di Daguerre.

Louis Jacques Mandé Daguerre in un dagherrotipo ripreso da Jean-Baptiste Sabatier-Blot nel 1844. Courtesy of George Eastman House Museum.

La mattina dell'8 marzo 1839, Daguerre si recò in visita da *Samuel Finley Breese Morse* (Charlestown 1791, New York 1872), inventore del telegrafo, venuto a Parigi per promuovere il suo dispositivo elettrico di comunicazione. Verso mezzogiorno, il teatro Diorama, attività da cui Daguerre traeva tutto il suo reddito, fu divorato da un incendio ed andò completamente distrutto.

Questo evento indusse Arago a considerare con maggiore urgenza l'opportunità di trovare un sostegno economico per Daguerre, anche al fine di proseguire gli esperimenti e giungere ad ulteriori miglioramenti del processo. Egli riteneva che rivendicare l'applicazione di un eventuale brevetto presso ogni singolo dagherrotipista al mondo sarebbe stata un'impresa disperata.

La questione poteva invece trovare una brillante soluzione con l'acquisto dei diritti da parte del governo Francese.

In questo modo la Francia avrebbe potuto gloriarsi della generosa donazione dell'invenzione al mondo intero. Arago formulò quindi la proposta che i diritti sul processo fossero acquisiti dalla Francia in cambio di un vitalizio a favore di Daguerre e Isodore Niépce (1805 - 1868), figlio del socio originario di Daguerre, subentrato nel contratto di sfruttamento dell'invenzione. La legge fu promulgata il 7 agosto 1839.

Le notizie relative agli straordinari risultati ottenuti da Daguerre giunsero in Inghilterra fino dalle prime settimane del 1839, causando notevole apprensione in un altro pioniere della fotografia: *William Fox Henry Talbot* (Melbury House, Dorsetshire, 1800 - Lacock Abbey, Wiltshire, 1877). Egli dedicava da anni molti sforzi nell'intento di ottenere la riproduzione di immagini con la *camera obscura* su supporto cartaceo ed era ormai quasi pronto a rendere noto il processo che aveva elaborato.

L'ipotesi di vedersi precedere proprio sulla linea del traguardo era scoraggiante. Talbot si era appassionato a ricerche che consentissero di riprodurre immagini di panorami con l'aiuto della *camera obscura* in occasione di un viaggio in Italia, nel 1833, nel corso del quale aveva constatato la difficoltà di registrare le figure a mano. Egli aveva seguito il percorso di sperimentazione già tentato da *Thomas Wedgwood* (Etruria Hall, Staffordshire, 1771 - Eastbury, Dorset 1805) e da Sir *Humphry Davy* (Penzance 1778, Ginevra 1829) che erano riusciti ad ottenere disegni fotogenici grazie all'azione della luce sui sali d'argento, pur non riuscendo a renderli stabili nel tempo. Talbot si rese conto che la luce aveva effetti molto diversi sul cloruro d'argento a secondo delle proporzioni tra sale di cloro e argento. Fino ad allora si era ritenuto che il cloruro d'argento con l'esatta proporzione chimica non possedesse caratteristiche di fotosensibilità diverse da quello prodotto con un'eventuale eccedenza di argento oppure di cloro.

William Fox Henry Talbot nella riproduzione di una stampa *carte de viste* del fotografato da John Moffat, Edinburgo, 1864.

Il contributo determinante di Talbot fu quello di avere constatato che l'eccedenza di argento accresceva in modo determinante la sensibilità, mentre l'eccedenza di cloro ne abbassava la sensibilità al punto di stabilizzare l'immagine.

I suoi *disegni fotogenici* erano ancora a tonalità invertita ma il processo di ripresa in camera oscura era ormai delineato.

All'inizio del 1839 egli non poteva conoscere i dettagli della soluzione ideata da Daguerre, ma non voleva essere battuto sul tempo. Decise pertanto di affrettarsi a presentare pubblicamente i risultati finora ottenuti per stabilire una priorità. La sede prescelta fu la *Royal Institution*, istituzione filantropica dedita alla divulgazione scientifica fondata da Sir *Benjamin Thompson,* Conte di Rumford (Woburn 1753, Parigi 1814).

Si trattava sostanzialmente dell' equivalente scientifico di un salotto letterario, punto di riferimento di letterati e scienziati.

Michael Faraday (Newington Butts 1791, Hampton Court 1867), che ne era allora l'animatore, il 25 gennaio 1839 annunciò sia la scoperta di Daguerre che quella di Talbot, presentando alcuni esemplari dei suoi disegni fotogenici ed alcune riprese negative effettuate con la *camera obscura* intorno al 1835. Ma, come risulta ancora nel resoconto presentato da Talbot la settimana successiva, il 31 gennaio, parla dei suoi esperimenti constatando che «La luce, agendo sul restante del foglio, lo avrebbe naturalmente annerito, mentre le parti in ombra sarebbero rimaste bianche».

Dunque Talbot era giunto a realizzare riprese su supporto cartaceo in *camera obscura* ed a stabilizzarle in eccesso di cloro con il lavaggio in acqua salata, ma ancora non era in grado di presentare prove positive.

A questo punto è necessario fare un passo indietro di pochi giorni per comprendere come e dove i percorsi delle scoperte fotografiche di Daguerre e di Talbot si incrociano con quelle scientificamente determinanti di Sir *John Frederick William Herschel* (Slough, Buckinghamshire, 1792 - Collingwood, Kent 1871).

Costui era un astronomo, matematico e chimico, estremamente preparato e curioso verso ogni novità scientifica. Il 22 gennaio 1839 ricevette una lettera dell'amico scienziato geografo Sir *Francis Beaufort* (Navan 1774, Hove 1857) che riferiva brevemente dell'invenzione di Daguerre. Delle ricerche di Talbot era perfettamente a conoscenza, in quanto suo personale amico. La curiosità di comprendere su quali principi potessero fondarsi le nuove scoperte era per lui fortissima.

Decise perciò di prendersi la soddisfazione di sperimentare soluzioni per le quali già possedeva tutte le competenze necessarie. Le sue prove sono ben documentate dai diari che teneva scrupolosamente aggiornati. Il 29 gennaio 1839 annotò:
« Esperimenti tentati nei giorni scorsi dopo aver saputo del segreto di Daguerre, e che anche Fox Talbot ha scoperto qualcosa dello stesso genere ».

Nel corso della medesima giornata annotò:
« Esperimento 1012... annerimento di sali d'argento stesi su carta ».

Proseguì poi con l'esperimento 1013:
« Provato iposolfito di soda per fermare l'azione della luce, eliminando con il lavaggio tutto il cloruro d'argento o altro sale argentato ... riuscito perfettamente ... carta metà esposta e metà protetta dalla luce grazie a schermo di cartone, poi nascosta alla luce e spruzzata con iposolfito di soda e poi lavata bene con acqua pura ... fatta asciugare poi esposta di nuovo all'illuminazione. ... La metà oscurata rimane scura. La metà bianca rimane bianca dopo qualsiasi durata di esposizione, come se la carta fosse stata intonata in seppia ».

Per Herschel l'idea di utilizzare questo sale di sodio dell'acido che lui allora chiamava "iposolfito" era immediata e naturale, dal momento che era una sua scoperta del 1819 e ne conosceva perfettamente le proprietà. Herschel impiegò la denominazione di *iposolfito di soda* perché si sbagliava a valutare l'esatta composizione chimica della sostanza, che più precisamente va denominata *tiosolfato di sodio*. I termini chimici della questione divennero chiari solo nella seconda metà dell' Ottocento, in seguito ad una scoperta del chimico francese Paul Schützenberger (1829, 1897). Ormai però il termine *iposolfito* era talmente radicato nella terminologia fotografica che restò nell'uso comune a dispetto dell'errore.

La proprietà di questa sostanza di sciogliere i sali d'argento ancora non alterati dall'azione luce risultò determinante per il fissaggio fotografico. Il problema che aveva sbarrato la via alla registrazione ottico-chimica delle immagini era radicalmente e definitivamente risolto dallo scienziato inglese.

Senza il fissaggio di Herschel la fotografia moderna non avrebbe potuto sussistere, rimanendo confinata nel vicolo cieco della dagherrotipia che per sua natura non necessitava di un autentico fissaggio.

Il giorno successivo, Herschel realizzò la ripresa negativa di un telescopio, probabilmente il "Great Forty-Foot" di Slough, fissandola come aveva imparato a fare.

In seguito annotò ancora:
« ... Tentata una reinversione. È riuscita ma non bene; in ogni caso non ci sono dubbi, una volta che ci si impratichisce dei dettagli ».

Sir John Frederick William Herschel.

John Frederick William Herschel. Stampa del 1873.
*"Likeness from a recent photograph from life.
Johnson, Wilson & Co., Publishers, New York".*

Questa fu la seconda e decisiva intuizione con la quale il processo negativo-positivo fu in grado di affermasi definitivamente. Il negativo costituisce infatti la matrice di moltiplicazione dell'informazione visiva che Niépce aveva testardamente ricercato, ottenendo solo risultati imperfetti.

Il venerdì primo febbraio 1839 è una data cruciale per comprendere due fatti fondamentali nella storia delle origini della fotografia.

Quel giorno Talbot andò a trovare Herschel a Slough. Herschel era uno scienziato puro e assolutamente indifferente a procurarsi vantaggi personali, stabilendo qualche genere di primato. Per questo, in quell'occasione, mostrò a Talbot *«un'incisione appena riprodotta in carbonato d'argento e lavata con iposolfito di soda ed anche un'immagine del telescopio appena formata. ... Spiegato tutti i miei processi».*

L'amicizia e la stima di Herschel per Talbot lo spinsero ad offrire all'amico le poche fondamentali informazioni che servivano per rendere completo e perfettamente definito il processo fotografico.

Invece di essere Talbot a prendere l'impegno di non presentare come proprie le scoperte di Herschel, fu quest'ultimo a fare un passo indietro testimoniato dalle parole riportate in una lettera del 12 febbraio: *« ... Non parlerò più del processo di lavaggio con l'iposolfito se lei non approva esplicitamente. Attenderò pazientemente la rivelazione del suo metodo di fissaggio, che immagino essere un autentico gioiello chimico».* Si comprende perché Talbot abbia mantenuto il riserbo sulla sua soluzione: egli si rendeva probabilmente conto che la sua parziale stabilizzazione in acqua salata costituiva un espediente provvisorio ed inadeguato.

A quel punto la controstampa del negativo rappresentava una sorta di "uovo di Colombo" applicabile da chiunque ne fosse a conoscenza: il negativo di un negativo era evidentemente un positivo! Infine il cosiddetto iposolfito di sodio e successivo lavaggio rappresentavano la soluzione finale di ogni problema di fissaggio. La fotografia era una realtà definitivamente acquisita. Alla fine di febbraio, Talbot chiese ad Herschel il permesso di comunicare agli Accademici di Francia le informazioni relative all'uso dell' iposolfito come fissaggio. Herschel, non solo lo incoraggiò disinteressatamente, ma fornì pure campioni da allegare, insieme allo storico consiglio di impiegare le parole *fotografato* e *fotografia*, che lui stesso aveva coniato per definire esattamente il processo. La parola *fotografia* (*photography*) appare infatti su una nota di Herschel del 10 febbraio 1839.

La missiva di Talbot fu letta da *Jean-Baptiste Biot* (Parigi 1774, 1862), ed ascoltata da Arago. Il suggerimento di usare il fissaggio di Herschel fu immediatamente raccolto da Daguerre. Il fissaggio in tiosolfato di sodio è tutt'oggi ancora in uso per le immagini fotografiche tradizionali ai sali d'argento in bianco e nero.

L'autentico originale contributo di Talbot alla fotografia maturò addirittura due anni dopo, quando il 5 febbraio 1841, annunciò alla *London Literary Gazette* (*The Literary Gazette, and Journal of Belles Lettres, Arts, Sciences*) di avere scoperto un nuovo rivoluzionario procedimento che consentiva di ottenere con la posa di un solo minuto il medesimo risultato che fino ad allora aveva richiesto un'ora di esposizione.

In realtà non si trattava semplicemente di una nuova tecnica di sensibilizzazione, ma piuttosto della scoperta dell'immagine latente e dello sviluppo fotografico.

La riproduzione di questo ritratto in talbotipia mostra la base fotografica, non ritoccata a mano, che eccede i limiti dell'area su cui il pittore-fotografo è intervenuto con il ritocco manuale a pennello. Si rileva facilmente la deformazione prodotta dall'obiettivo grandangolare sulle braccia e sulla mano. Gli occhi restano chiusi in fase di ripresa, a causa della lunghezza della posa: in talbotipia vengono ricostruiti col ritocco a mano.

Talbot si rese cioè conto che il materiale fotosensibile steso sul supporto subiva un'alterazione occulta, non rilevabile visivamente, ma comunque decisiva.

Anche solo una breve esposizione, del tutto insufficiente a generare un annerimento evidente, era in grado di stabilire i presupposti chimici per poter produrre un'immagine perfettamente formata. Si trattava semplicemente di svilupparla con l'azione di un reagente adatto a rivelarla. Fino ad allora i disegni fotogenici erano a diretto sviluppo evidente e richiedevano un'azione decisamente prolungata ed intensa della luce.

Nella medesima lettera al periodico londinese di divulgazione scientifica ed artistica, propose la denominazione del nuovo processo: *calotype* (calotipo). Il termine composto era di derivazione greca: *Kalos*, bello e *typos*, stampa.

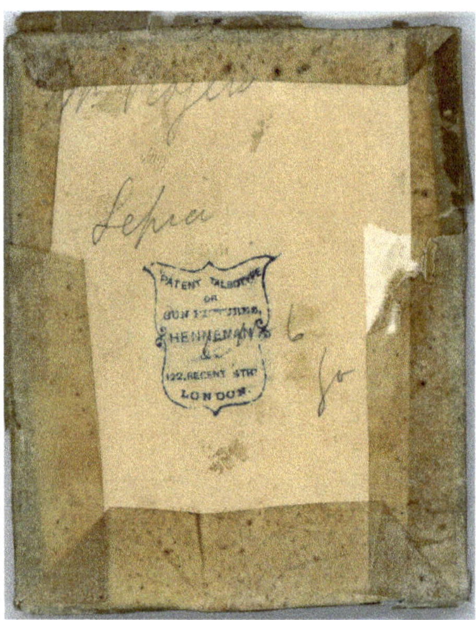

Dorso in cartoncino di una talbotipia con il timbro che attesta il possesso della licenza originale di Talbot: «PATENT TALBOTYPE OR SUN PICTURES, HENNEMAN & Co 122 REGENT STR.LONDON».

Il giorno 8 febbraio 1841, Talbot brevettò il procedimento e si sentì libero di descriverne tutti i dettagli alla comunità scientifica.

Si trattava di preparare la carta con una soluzione molto diluita di nitrato d'argento. Una volta asciutta, il foglio veniva immerso in una soluzione di ioduro di potassio.

L'eccesso di ioduro conferiva al materiale caratteristiche di fotosensibilità estremamente ridotte e ciò ne consentiva una conservazione prolungata prima di procedere all'impiego in ripresa.

Per l'impiego era necessario spennellare il supporto con una miscela chiamata da Talbot *gallo-nitrato* d'argento e preparata al momento, unendo volumi eguali di una soluzione composta da nitrato d'argento e acido acetico con una soluzione satura di acido gallico.

Stampa ai sali d'argento da probabile negativo in carta cerata. Photographie, Boulevard Béranger 6, Tours. Successivamente vi risultano operanti i fotografi Bailly & Maurice.
L'immagine è qui riprodotta con miglioramento di contrasto per renderla più leggibile, La lunghezza della posa è evidente dalla postura dei personaggi, tutti saldamente appoggiati e con occhi chiusi.

Questa sensibilizzazione della carta precedentemente iodizzata andava effettuata quasi al buio, con la sola illuminazione di una candela. La carta era pronta all'uso una volta che fosse rapidamente asciugata.

Dopo l'esposizione era necessario procedere allo sviluppo dell'immagine latente che si era formata, pur restando invisibile all'osservazione.

Il rivelatore era costituito dalla medesima mistura di *gallo-nitrato* precedentemente usata per sensibilizzare la carta iodizzata. Lo sviluppo era accelerato dal calore di un lume.

La composizione spettrale della luce emessa dal fuoco è costituita da colori inattinici per cui la carta non risulta ulteriormente impressionata.

Il negativo su carta con la ripresa fotografica originale doveva poi essere stampato per contatto su un altro foglio trattato allo stesso modo.

Per poter servire da matrice negativa doveva essere reso sufficientemente translucido, effetto che si ottenne con la ceratura.

Nonostante ciò, il foglio conserva tuttavia una certa opacità granulosa prodotta dalle fibre di cellulosa.

Talbot descrisse il commosso stupore che ogni volta si rinnova nella meraviglia di vedere comparire l'immagine, prima con l'annerimento delle parti più illuminate, poi progressivamente in tutti i dettagli. Lo storico della fotografia Ando Gilardi ben descrisse questa sorprendente manifestazione con i termini "epifania grafica". Il processo calotipico si diffuse con la denominazione di *Talbotype* (talbotipia).

La talbotipia non arrivò mai a competere con il livello di consenso della dagherrotipia, nemmeno nella stessa Inghilterra, anche a causa dei vincoli posti dal brevetto e dal costo della relativa licenza d'uso. I suoi maggiori limiti tecnici erano diversi e non trascurabili: la ridotta sensibilità, che costringeva a pose più prolungate di quelle richieste dalla dagherrotipia e la definizione inferiore, causata dalla trama della carta. Inoltre, per ottenere una fotografia, era necessario seguire due passaggi di esposizione: quello negativo e quello positivo.

Chimicamente ed operativamente le operazioni risultavano relativamente complesse, presentando numerose variabili di tempi, temperature, concentrazioni… che risultava difficile controllare per ottenere risultati assolutamente costanti. Infine la densità delle immagini tendeva ad indebolirsi progressivamente con il trascorrere del tempo, mostrando problemi di conservazione a lungo termine.

Tutti questi erano svantaggi che la dagherrotipia non presentava. D'altra parte, gli inconvenienti che rendevano più indeterminata la calotipia, a causa della specificità fisica del supporto cartaceo, potevano essere considerati pregi dal punto di vista artistico.

La dagherrotipia rappresentava una tecnologia fotografica in grado di porsi come specchio fedele del reale; la talbotipia lasciava invece largo margine a modifiche creative ed interpretazioni espressive.

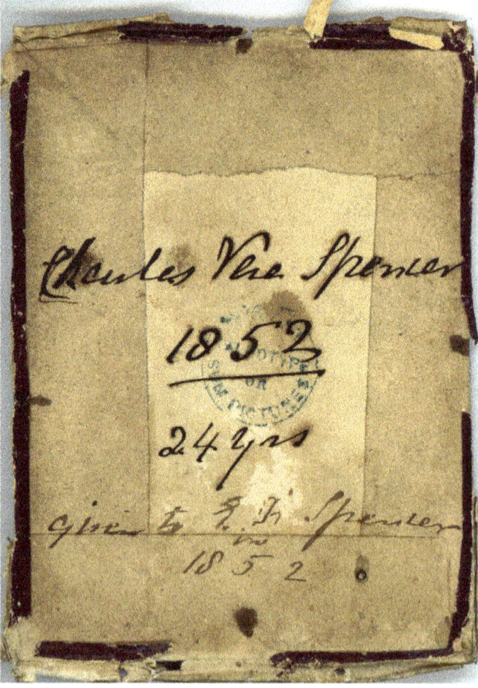

Talbotipia tinta, datata e certificata sul verso con il timbro che i fotografi licenzatari
del brevetto di di Talbot erano legittimati ad applicare per attestarne l'originalità.
La dicitura del timbro tondo è: «PATENT TALBOTYPE OR SUN PICTURES».

Il supporto cartaceo rendeva semplici ed immediate le operazioni di ritocco, disegno, pittura, ritaglio, montaggio e riassemblaggio.

Le copie su carta potevano essere ristampate in modo relativamente agevole e risultava naturale maneggiarle senza particolari precauzioni. Invece la superficie del dagherrotipo si danneggia irrimediabilmente anche solo sfiorandola: le impronte delle dita restano indelebili e non può essere pulita se non con interventi estremamente delicati e professionali.

Comunque furono i toni caldi di stampe che possedevano il fascino indistinto di antiche arti, insieme ad un supporto tradizionale su cui si poteva lavorare con matite, carboncino e pennelli, a decretare il favore di tanti artisti per il talbotipo. In fondo la dagherrotipia si poneva con la sua crudezza di specchio oggettivo della realtà e ciò ne costituiva la forza, ma anche il limite espressivo.

I primi mesi dell'anno 1839 furono singolarmente densi di eventi paralleli, tutti legati al fiorire di sperimentazioni fotografiche condotte in luoghi diversi, da persone che spesso ignoravano i risultati ottenuti da altri nelle medesime ricerche.

Nell'edizione del periodico edimburghese *The Scotsman Advertisement*, il 13 Aprile 1839, a pag. 3 comparve un annuncio che testimonia il fervore delle iniziative:

«DISEGNO FOTOGENICO: T & H SMITH, chimici, hanno preparato carta e materiali necessari per l'elegante novità d'arte di cui al titolo, completi di istruzioni per l'impiego; se ne può fare acquisto presso il loro laboratorio al n. 21 di Duke Street, Edimburgo».

«PHOTOGENIC DRAWING: T & H SMITH, CHEMISTS, have prepared the paper and other materials for the above elegant and newly-discovered art, with instructions for their use, which may be had at their Laboratory, No 21, Duke Street, Edinburgh».

Dunque erano trascorsi solo tre mesi dal generico annuncio di Talbot e già si faceva commercio di una sua applicazione: addirittura quattro mesi prima della pubblicazione del processo fotografico di Daguerre!

Peraltro, anche i primi successi di Hippolyte Bayard nell'ottenere positivi diretti su carta, furono ottenuti quasi contemporaneamente a Talbot, sul procedimento del quale non aveva ancora alcuna notizia.

Dunque il primato dell'invenzione fotografica, come procedimento ottico-chimico, maturo per rappresentare la realtà, va probabilmente assegnato, in proporzioni diverse, a protagonisti che svilupparono ricerche individuali, nell'ignoranza dei progressi ottenuti dai concorrenti.

Il 14 agosto 1839 la dagherrotipia venne brevettata in Inghilterra e Galles attraverso il rappresentante legale di Daguerre in Inghilterra, Mr. Miles Berry.

È interessante notare che i diritti sulla dagherrotipia furono acquisiti dal governo francese su indicazione di François Arago e che l'applicazione del processo restò implicitamente liberalizzata per il mondo intero, ma non per le nazioni per cui Daguerre avesse eventualmente richiesto un brevetto. In effetti Daguerre dichiarò verbalmente che l'invenzione era di libera applicazione in seguito alla legge che lo beneficiava, ma evidentemente ebbe un ripensamento. Non a caso ciò accadde quando Talbot sollevò la questione di priorità sull'invenzione della fotografia.

Antoine François Jean Claudet (Lione 1797, London 1867) fu il primo licenziatario inglese. Egli si recò personalmente a Parigi, dove apprese il procedimento direttamente da Daguerre. Il suo studio londinese raccolse un successo immediato e presto fu seguito da altri.

Il buon esito economico e la popolarità associati alla denominazione *daguerreotype* furono probabilmente il motivo che indusse Talbot a preferire il termine *talbotype* a quello originario di *calotype*, in quanto più appropriato per distinguere e valorizzare in modo specifico il nome dell'inventore.

Questo libro si occupa di storia della fotografia in relazione prevalentemente alla ritrattistica. Pertanto consideriamo qui alcuni rari esempi di applicazione di questo processo che riguardano la fotografia della figura umana.

L'impiego della talbotipia in questo settore resta in stretta relazione con il disegno, il ritocco e l'impiego del colore, caratterizzato da scelte estetiche assimilabili alla tradizione miniaturistica. La fotografia vera e propria appare come una sorta di canovaccio sulla base del quale è stato eseguito un lavoro di carattere artistico.

Probabilmente l'immagine di base era volutamente tenuta piuttosto leggera, in modo da consentire maggiore libertà d'intervento all'artista.

La limitata stabilità nel tempo di questo tipo di immagine ha fatto sì che l'evanescenza risulti frequentemente così accentuata da rendere scarsamente riconoscibile il substrato fotografico.

L'intervento artistico appare generalmente come una maschera coprente sotto alla quale è quasi impossibile riconoscere la figura originale prodotta dall'esposizione.

Il riconoscimento di un talbotipo diventa agevole quando il pittore-fotografo ha limitato il suo intervento all'area effettivamente destinata alla presentazione.

Il ritratto veniva infatti solitamente montato riquadrandolo con un passpartout a forma di finestra ad arco, ovale o in altra forma adatta alla presentazione, che inevitabilmente andava a mascherare e nascondere una parte dell'immagine.

Un talbotipo, inteso come stampa positiva da negativo cartaceo, può essere identificato grazie all'osservazione di un complesso di indizi convergenti: decisiva è la presenza del timbro di licenza.

Timbro di licenza tondo.

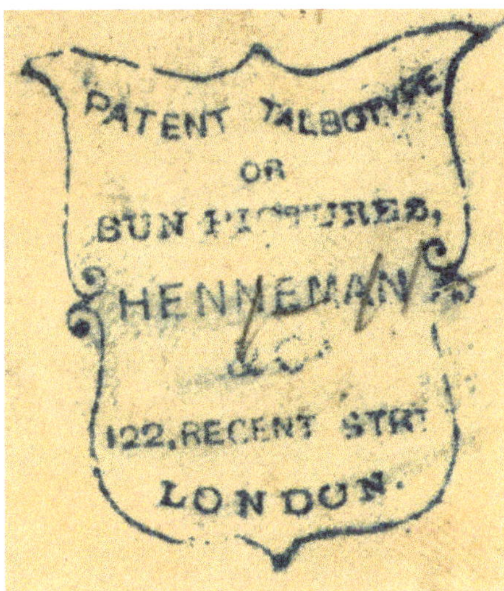

Timbro di licenza a scudo sagomato.

J. ABBOT,
Calotypist,
DUNDEE.

Timbro generico di fotografo calotipista.

Estendere il ritocco e la coloritura su tutta l'area, comprendendo anche le parti che poi sarebbero risultate nascoste dalla riquadratura, costituiva una perdita di tempo ed un'inutile fatica.

Ne consegue che spesso è possibile osservare la traccia dell'immagine fotografica di un talbotipo una volta che sia stato rimosso il riquadro *mat*.

La necessità di ottenere la riduzione del tempo di posa e dei possibili movimenti del soggetto faceva propendere il fotografo per la scelta di obiettivi piuttosto grandangolari. Ciò imponeva una ripresa molto ravvicinata del soggetto. Inevitabile conseguenza era la deformazione degli elementi a seconda della loro distanza dall'ottica.

Un grandangolo tende a ingrandire tutto ciò che si trova più vicino all'obiettivo, come i braccioli delle sedie, le ginocchia e le mani poggiate su di esse. Il busto ed il volto, più arretrati, restano invece meglio proporzionati. Per il talbotipista non era un problema mascherare le parti sproporzionate ai limiti dell'inquadratura, né eseguire un ritocco adatto ad armonizzare l'insieme.

L'immagine talbotipica è caratterizzata da una certa indeterminatezza prodotta nel processo di stampa positiva dalla diffusione della luce attraverso la trama cellulosica del foglio negativo. La figura positiva non appare semplicemente sulla superficie del supporto, ma piuttosto si presenta come se fosse affondata nelle fibre della carta.

Le talbotipie dipinte si distinguono dalle normali albumine acquerellate a mano per l'aspetto della superficie e per la indefinibile corposità del supporto primario, in cui le fibre di cellulosa risultano impregnate a fondo dai sali d'argento.

Il riconoscimento può essere confermato dalla presenza di un timbro o di una stampigliatura che dichiara espressamente la natura del lavoro fotografico, attestando eventualmente anche il luogo ed il nome dello studio che lo ha eseguito. La dicitura normale, per un regolare licenziatario del brevetto di Talbot era:

«PATENT TALBOTYPE OR SUN PICTURES».

I timbri originali più antichi sono in forma tonda e non riportano ulteriori indicazioni.

Il negativo su carta di Talbot era inadatto per ottenere stampe a contatto ben definite. Tale caratteristica poteva essere considerata esteticamente pregevole, ma costituiva comunque un limite. Inoltre la densità della carta richiedeva necessariamente esposizioni prolungate per la stampa della copia positiva. Diversi pionieri della fotografia si misero immediatamente a sperimentare la possibilità di impiegare il vetro come supporto delle sostanze fotosensibili. La sua limpida trasparenza lo rendeva perfettamente adatto allo scopo. Tuttavia non era possibile applicare direttamente gli alogenuri d'argento sulla sua superficie. Occorreva un materiale che potesse essere steso in modo uniforme sulla lastra, mantenendo stabile aderenza nel tempo, che fosse in grado di assorbire le soluzioni dei sali utilizzati in fotografia.

Claude Félix Abel Niépce de Saint-Victor (Saint-Cyr, Saône-et-Loire 1805, Parigi 1870) fu tra i primi ad utilizzare l'albume d'uovo sulle lastre, a partire dal 1841. La sensibilità era molto bassa ma la trasparenza era decisamente soddisfacente per molti impieghi, tra cui la realizzazione di positivi da osservare in trasparenza. Questa peculiarità rendeva le lastre all'albume particolarmente adatte per la produzione di immagini da proiettare con la lanterna magica.

Stendere con la massima uniformità di spessore l'albume su tutta la superficie della lastra era però difficile e l'operazione poteva produrre aree di differente densità d'immagine. Insomma non era semplice ottenere un negativo perfettamente omogeneo. Diverse sostanze e miscele prevalentemente di origine organica, come le gelatine, erano adatte allo scopo, ma la soluzione ottimale per la tecnologia disponibile a quel tempo fu trovata da *Frederick Scott Archer* (Hertford 1814, Bloomsbury 1857). Egli pubblicò sul numero di marzo del 1851 del periodico di divulgazione *"The Chemist"* una dettagliata relazione sull'impiego del collodio applicato alle lastre fotografiche.

La sostanza base è il cotone fulminante, sostanza esplosiva scoperta nel 1845, ottenuta della nitratazione del comune cotone in nitrato di cellulosa, con acido nitrico e solforico. Il prodotto va poi sciolto in alcool, etere e ioduro di potassio e si ottiene un composto sciropposo che presenta una elevata adesività sul vetro.

Ritratto a figura intera, posa in esterno, circa 1860.
Carta salata 95x144 mm su cartoncino 203x253 mm.

Una volta steso lo strato sulla lastra, il collodio veniva sensibilizzato con nitrato d'argento. L'esposizione fotografica doveva avvenire su lastre appena preparate secondo questa procedura, per cui il processo è denominato a *collodio umido*.

La sensibilità alla luce è decisamente elevata rispetto al calotipo e la posa può essere ridotta ad una manciata di secondi. Le lastre al collodio presentano numerosi pregi operativi accanto a una decisiva convenienza economica.

Altri prima di Archer avevano prospettato l'impiego del collodio in fotografia, come *Gustave Le Gray* (Villiers-le-Bel 1820, Il Cairo 1882), ma senza descriverne compiutamente l'applicazione come supporto per i materiali fotosensibili in ripresa. Archer era un artista fotografo entusiasta e forse un po' bohémien, tant'è che morì poveramente senza aver ricavato profitto dalla sua invenzione, che non si preoccupò di proteggere con alcun brevetto.

Il processo al collodio fu accolto con entusiasmo dai fotografi e si affermò rapidamente, probabilmente anche grazie alla libertà dal pagamento di onerose licenze, e fu applicato con numerosissime variazioni e miglioramenti. Questo fervore non passò inosservato a Talbot che tentò con azioni legali senza successo di rivendicare l'estensione del suo brevetto anche su questo procedimento.

Ambrotipia: processo a positivo diretto su lastra.
1/9 di lastra con coloritura artistica manuale.
Area di provenienza: Wilmington, Delaware, U.S.A.
Dimensioni della lastrina: 52 x 62 mm.

L'iniziativa fu infelice anche perché assunta nel 1854, quando ormai l'impiego del collodio umido si stava affermando in modo indiscusso.

I giudici riconobbero a Talbot la priorità della sua specifica invenzione, ma non ritennero che il brevetto da lui registrato potesse considerarsi esteso a qualsiasi supporto ed a qualsiasi sviluppo.

L'idea che indirizzò il verdetto fu quella che un brevetto tutela tecniche specifiche e non principi generali.

La sentenza decretò implicitamente il dilagare dei procedimenti fotografici più diversificati, applicati ad ogni genere di supporto: dalla tela, alla ceramica, ai metalli.

I pionieri della fotografia si spinsero a sperimentare le soluzioni più originali, proponendo tecniche innovative e talvolta talmente ardite, complesse o costose da limitarne la pratica applicazione a pochi anni di produzione.

Stampa fotografica su carta ai sali d'argento, tinta artisticamente ad acquerello, poi protetta con una vernice trasparente che si è screpolata con il tempo. La coloritura è stata effettuata in corrispondenza dell' ovale esposto alla visione; nella restante area si osserva il debole positivo fotografico originale.
La coloritura fu un intervento manuale molto apprezzato dalla clientela benestante perché accresceva il realismo dell'immagine, ma richiedeva una particolare abilità ed incrementava, talora anche sensibilmente, il costo della fotografia.
Il fotografo che applicava questa raffinata miglioria, si definiva senza esitazione "pittore-fotografo".
Dimensioni del supporto primario: 115 x 140 mm.

La coloritura nei processi antichi

La fedele resa della realtà, con tutti i suoi colori, fu una preoccupazione prioritaria dei pionieri della fotografa. L'illusione di avere a portata di mano il medesimo successo che le scoperte iniziali avevano consentito di raggiungere con relativa facilità durò a lungo. Il progresso nella comprensione dei princípi della percezione del colore incoraggiava queste speranze che tuttavia per decenni risultarono frustrate dalla mancanza di risultati concreti.

I miniaturisti non erano condizionati da limiti tecnici e potevano proporre ritratti dalle tinte accattivanti, rendendo i soggetti in modo persino più gradevole di quanto potessero oggettivamente apparire. Il volto poteva essere reso con un incarnato attraente e perfettamente privo di difetti. Capelli ed ogni altro dettaglio potevano essere tinti con delicata attenzione adulatoria, sottolineando riflessi che connotavano salute e condizione, soddisfacendo agevolmente le aspirazioni narcisistiche della committenza.

Constatata l'impossibilità di competere con processi colore in grado di registrare i colori per effetto ottico e fisico-chimico, attraverso la diretta impressione fotografica, tutta la cura dei fotografi fu allora posta negli interventi artistici di coloritura manuale.

La fotografia diveniva in tal modo un prodotto ibrido, prevalentemente fotografico, ma arricchito da contenuti di carattere finemente artigianale, al confine con la pittura miniaturistica. Questo tipo di produzione fotografica non fu adottato universalmente, ma qualificò piuttosto un livello di superiore raffinatezza che implicava competenze che non tutti i fotografi possedevano e che comportava costi elevati.

La produzione più popolare si accontentò di procedimenti di intonazione sostanzialmente monocromatica, risultato che si otteneva facilmente con i viraggi: primo tra tutti quello al cloruro d'oro.

Certamente un'immagine fondamentalmente in bianco e nero non poteva essere comparata con il risultato estetico di un'immagine sapientemente tinta con delicate sfumature di colore. Qualità dei risultati e costi commerciali furono quindi gli elementi su cui si giocò la discriminazione tra fasce di clientela dotate di differente potere di acquisto.

Quando si considera il colore nelle immagini fotografiche, è necessario rendersi conto che le tinte non hanno generalmente corrispondenza con l'aspetto effettivo del soggetto ripreso. I materiali sensibili, per decenni, furono caratterizzati da una resa ortocromatica. Le prime emulsioni pancromatiche, in grado di riprodurre i colori come scala di luminosità corrispondenti alla visione dell'occhio umano, vennero commercializzate all'inizio del Novecento.

Fino ad allora fu necessario adattarsi al fatto che le lastre fotosensibili mostravano una spiccata sensibilità per i colori dello spettro della luce che generalmente riteniamo scuri, come il blu ed il violetto, ed una bassa sensibilità per le tinte che normalmente consideriamo brillanti.

In pratica, questa peculiarità comportava che l'azzurro ed il blu risultassero in positivo particolarmente chiari, mentre l'arancio era restituito in tono molto scuro, fino a giungere al rosso, che veniva registrato in tonalità talmente cupa da apparire simile al nero.

Ne conseguì che i colori, per risultare naturalmente modulati, dovevano essere scelti già in ripresa con cura, prevedendone l'effetto fotografico, ai fini di una eventuale successiva coloritura.

L'efficacia del risultato nell'applicazione delle tinte dipendeva infatti largamente dalla luminosità dell'area che andava trattata, a meno che si volessero utilizzare vernici opache che avevano, per loro natura, un effetto coprente che cancellava il sottostante dettaglio fotografico.

In una fotografia monocromatica, un capo di abbigliamento azzurro può diventare agevolmente rosa intenso con la coloritura manuale, mentre il contrario è quasi impossibile da ottenere.

Una vivace camicia rossa, di certo non aveva quel colore quando fu effettuata la posa.

Ritratto in dagherrotipia, colorato a mano, anni intorno al 1850.

Per rendere un incarnato particolarmente etereo, si poteva applicare cipria azzurrata. Il rossetto fu bandito nel ritratto femminile perché avrebbe prodotto un effetto innaturalmente cupo. I fotografi che effettuavano riprese destinate alla coloritura erano abituati a fornire i consigli necessari per la buona riuscita del prodotto finale. In vista di ciò era necessario prendere accordi sull'aspetto finale che l'immagine doveva presentare.

Mentre in pittura i colori possono essere agevolmente ottenuti miscelando pochi colori primari, le immagini fotografiche ottenute con i processi più antichi venivano trattate con una gamma di colori già pronti.

Combinazioni di tinte si ottenevano seguendo le consuete regole di miscelazione, ma comunque si partiva da una scelta più estesa di tinte fondamentali, sulla base delle quali si inserivano limitate variazioni. Manifatture specializzate producevano confezioni di coloranti in boccette di vetro, pronti all'uso e completi di pennelli ed accessori.

La gamma di base era costituita da finissime polveri secche: carminio, blu di Prussia, bianco, giallo cromo, giallo mostarda (*gamboge*), giallo ocra, rosso brillante, indaco (*indigo*), terra di Siena bruciata, terra d'ombra bruciata (*bistro*), nerofumo.

Per i gioielli si impiegavano polveri argento e oro. Le confezioni più estese offrivano flaconi pronti nei colori: carminio, bianco, lilla, blu cielo, rosa, giallo, rosa carne, arancio, marrone, porpora, blu oltremare, verde chiaro e scuro. I manuali di metà Ottocento erano fonte di preziosi consigli sulle combinazioni di pigmenti da impiegare per ottenere la migliore resa degli incarnati, dei capelli, delle labbra, degli occhi.

Grande attenzione era dedicata anche a tappezzerie, tessuti e pellicce. In ogni caso la trasparenza dell'applicazione era elemento fondamentale per la qualità e la brillantezza delle luci e richiedeva elevata esperienza e finissimo controllo manuale.

Il desiderio di ravvivare con le gradazioni tonali della natura le figure, e particolarmente i ritratti, ha sempre costituito un pressante incentivo a intervenire sui supporti delle immagini. Tale impulso non è restato circoscritto agli operatori che producevano gli oggetti fotografici, ma si è esteso anche ai fruitori che ne sono stati in possesso.

Al di là delle principali e consolidate procedure in uso, accadde certamente che isolati artigiani volessero tentare sistemi personali, eventualmente servendosi di strumenti e sostanze di cui avevano disponibilità del tutto occasionale. I risultati potevano rivelarsi talmente scadenti da indurre alla distruzione della prova fotografica, oppure riuscire sostanzialmente accettabili anche se qualitativamente scadenti.

Coloriture *naif*, ingenuamente grossolane o caratterizzate da difetti tecnici, quali screpolature, alterazioni tonali, diffusioni di colore... sono talvolta da attribuire a improvvisati esperimenti individuali, dalla difficile attribuzione. Non è quindi detto che ogni tecnica osservata possa essere, di per sé, elevata al rango di autentico procedimento formale di colorazione.

Le immagini su supporto cartaceo, per loro natura, si prestano particolarmente alla coloritura ed al ritocco. Fu dunque su queste che si esercitò più estesamente l'arte della coloritura.

Dettaglio di stampa fotografica su carta ai sali d'argento dipinta ad acquerello.

Le carte più adatte restano ovviamente quelle che presentano una superficie grezza e collante, adatta a mantenere stabilmente aderenti i pigmenti.

I calotipi e le carte salate furono immediatamente apprezzate per queste doti. Ottime per la coloritura risultarono poi le carte all'albume ed alla gomma, da colorare prima di procedere a qualsiasi trattamento di lucidatura e ceratura.

L'acquerello si affermò immediatamente come tecnica ideale per questi interventi di abbellimento artistico. Comodo, economico, inalterabile, L'acquerello permetteva di variare a piacimento le proporzioni dei pigmenti e dei leganti, usando semplice acqua come solvente.

Gli additivi impiegati per regolare l'adesività, la stabilità e la fluidità dell'emulsione furono numerosi e diversificati; tra questi: destrina, gomma arabica, miele, fiele di bue, glicerina, sciroppi zuccherini, birra.

La facile disponibilità di prodotti commerciali di qualità rese immediatamente accessibile questa tecnica di coloritura senza la necessità di provvedere a particolari accorgimenti, se non l'attenzione ad evitare la tendenza del colore ad addensarsi sui bordi della pennellata. Dunque la qualità del lavoro rimase affidata all'abilità manuale dell'acquarellista ed alla precisione e finezza del tocco.

Negli studi fotografici, ed ancor più negli stabilimenti manifatturieri in cui si producevano grandi serie di vedute stereoscopiche su carta, l'operazione di coloritura ad acquerello era affidata quasi esclusivamente a maestranze femminili, apprezzate per l'accuratezza di un lavoro così delicato.

Le diverse aree dell'immagine fotografica presentano variazioni rilevanti nella densità di argento metallico, in corrispondenza dei chiaroscuri. Ciò comporta un diverso grado di assorbimento dei colori e dunque si rivela opportuno il trattamento preventivo con una vernice di rivestimento trasparente ed adesiva. Tale preparazione assume importanza diversa anche in dipendenza del tipo di colore che si intende applicare.

Le vernici ad olio, per esempio, sono molto adesive e non necessitano dunque di particolari preparazioni del supporto.

Tuttavia le proprietà coprenti di questa pittura la rendono poco adatta per un impiego fotografico, dal momento che l'immagine sottostante viene interamente nascosta dove viene applicato il pigmento.

Gli acquerelli si stendono in modo uniforme e controllabile su superfici opportunamente trattate, mentre sono difficili da usare sulle carte albuminate.

Queste ultime non necessitano invece di particolare preparazione nel caso si impieghino tinte all'anilina.

La fotografia a colori divenne una realtà solo quando fu possibile disporre con pienezza delle competenze scientifiche e tecnologiche che ne costituiscono la base.

Questo passo richiedeva capacità e strutture industriali sostenute da rilevanti capitali finanziari.

Ciò avvenne solo alle soglie del Novecento con i processi diapositivi che questo libro considera in un apposito capitolo.

Stampa su carta ai sali d'argento tinta ad acquerello.
Formato: 11 x 13 cm circa, in astuccio 13 x 15 cm.

Origini della fotografia - 1.6.0

Il positivo unico

Non tutti gli storici della fotografia si trovano concordi nel ritenere la dagherrotipia un processo propriamente fotografico. Alcuni tendono infatti ad identificare la fotografia con i processi in negativo-positivo, considerandone la specificità di costituire una matrice di riproduzione dell'immagine originale.

Qui si vuole piuttosto considerare la fotografia dal punto di vista dell'origine letterale dei termini in antica lingua greca, φώς (luce) e γραφίς (scrittura), che Sir John Herschel fuse per formare la nuova parola fotografia.

La fatalità e la competenza hanno voluto che a coniare il termine fosse proprio lo scienziato inglese che stabilì le basi della fotografia moderna, fondate sul procedimento negativo-positivo e sul fissaggio dell'immagine. Tuttavia la denominazione che egli scelse non ha in sé nulla di restrittivo ed anzi si estende implicitamente a qualsiasi forma di scrittura generata dalla luce.

Qui ci occupiamo di un aspetto particolare della fotografia: quello che la lega alla rappresentazione della figura umana. Il ritratto fotografico racchiude in sé tutto il fascino misterioso rappresentato dalla possibilità di imprigionare "per sempre" la luce riflessa da una presenza di vita reale.

A differenza dei procedimenti iconografici classici, la fotografia non richiede una mediazione operativa che traduca la realtà attraverso una manipolazione arbitraria di materiali e di segni esternamente assunti, con lo scopo di raffigurare secondo convenzioni, raccontando per interposizione.

Essa, come ogni altra arte, rappresenta ed esprime, ma il suo specifico consiste nel trovare sempre origine dalla registrazione di un fenomeno ottico verificatosi in un determinato istante: la fotografia è essenzialmente un'impronta.

L'esistenza fisica di un soggetto effettivamente presente, in quel preciso momento, in quel determinato luogo, è condizione assoluta della sua esistenza.

Là, in quell'esatto istante, un fascio di fotoni ha illuminato un viso, una mano, una materia concreta e ne è stato riflesso, imprimendone direttamente l'effetto su un supporto adatto a registrarne permanentemente l'esito fisico.

Senza presenza non ci può essere fotografia.

La percezione di corrispondenza tra soggetto e rappresentazione fotografica deriva dall'indeterminata consapevolezza di equivalenza e sostituzione tra raffigurazione e realtà. L'artificio rituale, che rese possibile all'uomo primitivo la surroga del bisonte vivo con quello dipinto sulla roccia della caverna, si è rinvigorito e moltiplicato nella fotografia, nel cinema e nella multimedialità. La lancia scagliata contro il dipinto è assimilata alla caccia dell'animale vivo. Allo stesso modo la disponibilità dell'immagine tende a confondersi con il possesso di un concreto livello di controllo e contatto fisico.

La coscienza di questo equivoco è costantemente confermata dalla pratica nella ripresa fotografica e video: il soggetto si rende conto che gli si sta prendendo qualcosa di personale di cui poi non avrà più diretto controllo. Per questo può irrigidirsi, opporsi oppure concedersi per amicizia, affetto, gioco o divertita esibizione.

L'identificazione tra l'impronta ed il soggetto che la genera, con la luce da esso stesso riflessa, rende possibile un livello di associazione emotiva che può essere rafforzato nel suo ruolo di reliquia da testimonianze concrete di presenza fisica.

In area centroeuropea ed anglosassone fu usanza non rara racchiudere negli astucci fotografici, oppure nelle spille o nei medaglioni, un ciuffo dei capelli della persona ritratta. Artigiani raffinati erano in grado di realizzare intrecci estremamente eleganti che potevano essere inseriti in una minuscola teca sul verso del ritratto, così che il volto amato potesse restare unito a un frammento fisico autentico, indissolubilmente congiunto all'intima identità personale.

Questi singolari oggetti mantengono intatto il fascino di un magico suggello che unisce sguardi che ci giungono attraverso il tempo, insieme alle reliquie che conservano ancora il DNA di chi fu ritratto.

Ritratto di bambina realizzato su ambrotipo da ¹/6 di lastra delicatamente colorato a mano. In basso a destra, una ciocca di capelli ritrovata all'interno della confezione in astuccio.

Portare in tasca o addirittura esibire come un gioiello sull'abito, oppure ancora custodire nel salotto buono questi oggetti fotografici di ritualità quasi tribale e pagana è, per la sensibilità contemporanea, percepito come un'assurda esibizione di macabre suggestioni.

Tuttavia un'usanza così stravagante del passato ci consente di riflettere sulla forza evocativa dell'immagine fotografica.

Non si può comprendere cosa realmente sia un ritratto fotografico senza avere chiara la coscienza che questo è un oggetto in cui l'impronta reale e diretta di una figura, di una persona, è stata cristallizzata nel tempo, sospendendone per sempre la presenza in un momento indefinito che è insieme *passato* e contemporaneamente *presente*.

Con la stampa di un negativo si aggiunge una mediazione.

Il segno impresso sul supporto non è più quello originariamente tracciato dalla luce che materialmente proveniva dal volto di chi ha posato per quell'impronta fotografica. Si tratta piuttosto dell'impronta di un'impronta: insomma più propriamente della stampa di una matrice, non della diretta testimonianza ottico-chimica di un'autentica presenza fisica.

I processi fotografici a positivo diretto come la dagherrotipia, l'ambrotipia e la ferrotipia, con tutta l'estesa molteplicità di varianti che giungono fino agli autoritratti istantanei dei chioschi fotografici (*photobooth*) ed alle pellicole autosviluppanti positive *Polaroid,* sono forse da considerarsi i più immediati strumenti di cattura e sospensione del momento fotografico.

La definizione che qui si intende dare di *positivo unico* è però più estensiva e considera i procedimenti che comportano la produzione di un oggetto fotografico originale ed irripetibile. Ciò include i processi che attraversano fasi di lavorazione complesse, compreso eventualmente il passaggio negativo-positivo, anche con l'intervento creativo di un operatore.

L'azione di interpretazione artistica o più umilmente artigianale può sovrapporsi ed integrare soggettivamente ed in modo creativo l'immagine fotografica, producendo effetti espressivi in grado di arricchire o addirittura trasformare la ripresa originale. Il risultato non cessa di essere fotografico, ma subisce uno sviluppo che riassume la stratificazione degli interventi di rielaborazione, fondendoli in una nuova originale immagine, unica e non riproducibile.

Albumina dipinta a mano. Studio "W.L. Germon's Temple of Art 914 Arch St. Philadelphia".
Una nota a penna precisa che se ne possono richiedere copie.
Tuttavia ogni copia resta un unicum artistico.

La riproduzione fotografica di queste immagini resta per definizione impossibile.

Si può infatti nuovamente rifotografare e stampare l'aspetto esteriore dell'immagine, così come è possibile registrarlo sul piano bidimensionale del fotosensore.

Tuttavia la sua specifica materialità di oggetto è per sempre perduta, per quanto raffinata possa essere la tecnologia di mediazione impiegata per la ripresa.

Tra una fotografia a positivo unico e la sua raffigurazione, digitale a video oppure a stampa su un libro, rimane la stessa distanza che separa la *Monna Lisa* di *Leonardo da Vinci* dalla migliore delle sue riproduzioni su carta.

Una buona fotografia su carta fotografica può essere identica a sé stessa in tutte le copie: una fotografia a positivo unico è invece definitivamente irripetibile.

Se ne possono certamente produrre altre, con il medesimo procedimento, ma anche qualora fossero eseguite dalla stesa mano, anche un profano sarebbe in grado di riconoscerne le differenze, una volta messe le due copie l'una accanto all'altra.

Gli elementi che fanno di una fotografia un positivo unico sono due: l'unicità della ripresa; l'unicità del risultato. Queste due condizioni posso essere congiunte, oppure può avverarsene anche solamente una.

Nei processi a positivo unico, cioé in dagherrotipia, ambrotipia, ferrotipia e nelle loro variazioni, l'immagine si forma sulla lastra inserita nella fotocamera, per divenire poi evidente ed infine essere resa stabile con il successivo trattamento.

Ciò significa che è la lastra stessa, esposta all'azione della luce riflessa dal soggetto, a risultare supporto di una figura irripetibile. Duplicare questa immagine richiede pertanto un altro e disgiunto processo, destinato a produrre un nuovo oggetto fotografico.

Dagherrotipo di dagherrotipo: praticamente la riproduzione di un oggetto fotografico unico, teoricamente non moltiplicabile. Si tratta di un unicum fotografico tratto da un unicum ancora preesistente. Il fotografo ha ripreso il dagherrotipo originale montato nel suo riquadro mat, marcato J.-E. CARPENTER.

Possono perciò esistere dagherrotipi di dagherrotipi oppure ambrotipi di dagherrotipi. Quando infatti familiari o amici desideravano copie del ritratto di una persona cara, già immortalata in una irripetibile ripresa a positivo unico, essi dovevano servirsi dell'opera di un fotografo per ottenere la riproduzione dell'originale.

Estremamente rara fu la produzione di calotipie ricavate da dagherrotipi. A questo proposito è degna di nota l'attività del fotografo americano James W.Williams, che operò in Philadelphia, al n. 37 di North Sixth Street "AT THE ARTIST EMPORIUM". Egli offriva talbotipie riprodotte da dagherrotipi, normali o colorate :

«Chi desidera ottenere un CORRETTO RITRATTO, sia singolo che di gruppo, può averlo lasciando il dagherrotipo all'indirizzo di cui sopra, unito alla descrizione del colore degli occhi, capelli ed aspetto generale.

Il vantaggio del Talbotipo sul Dagherrotipo è che esso può essere osservato in ogni condizione di luce, resta permanente e quando è colorato risulta naturale come vivo e può essere prodotto in qualsiasi numero di copie, tutte egualmente perfette, in qualsiasi momento successivo, dato che il negativo viene conservato dall'operatore fino a quando gli venga richiesto di distruggerlo. Recandosi all'indirizzo indicato, possono essere osservati esempi e conosciute le modalità».

In effetti la raffinata tecnica di coloritura implica, per la natura stessa dell'abilità artistico-artigianale richiesta, l'impossibilità oggettiva di realizzare copie colorate identiche. Si possono dunque teoricamente avere copie simili, ma l'applicazione dei pigmenti sulla carta del positivo talbotipico conduce necessariamente a risultati realmente differenti, anche nel caso che sia la medesima mano a svolgere il lavoro. A ciò si aggiunga che l'intervento di coloritura, tanto più per un ritratto di gruppo, richiedeva molte ore ed un procedimento soggetto a variabili non controllabili e scelte di volta in volta assunte soggettivamente.

Quando le stampe da negativo su carta divennero comuni e convenienti, l'epoca del delicato e costoso positivo unico tramontò. A quel punto, al fotografo fu richiesta l'abilità professionale necessaria per ricondurre a nuova vita, con la riproduzione, originali sbiaditi, rigati oppure addirittura rotti. Il ritocco, arte che il buon ritrattista fotografo doveva quasi necessariamente conoscere e saper eseguire con perizia, fu praticato fino agli inizi della seconda metà del Novecento.

L'unicità di un oggetto fotografico può derivare, oltre che dalla specifica tecnica di ripresa, anche da un trattamento individuale non ripetibile. Una successione di lavorazioni complesse, come distacchi e trasporti di gelatina, inversioni e collaggi, applicazioni di pigmenti, procedure di spoglio o di applicazione... tutte queste operazioni, largamente soggette all'abilità manuale dell'operatore e spesso non totalmente controllabili perché soggette all'azione di troppe variabili, conducono a risultati sempre diversi e talvolta sorprendentemente originali.

Stampa ai sali d'argento artisticamente tinta a mano. Area di provenienza: Regno Unito.
Anno circa 1865. Supporto primario 160x215 mm. su cartoncino 178x238 mm.
Trattamento originale di protezione con vernice trasparente.

La semplice coloritura a mano non può essere considerata un elemento che determina di per sé un'autentica singolarità del prodotto fotografico, anche se può certamente concorrere a renderlo unico. Per esempio le stereoscopie stampate in serie su carta albuminata, per quanto dipinte singolarmente a mano, presentano varianti sostanzialmente irrilevanti, che non consentono di riconoscere individualità autonoma a ciascuna delle copie.

Ciò che rende esclusivo un positivo unico è la specificità della ripresa fotografica su un supporto fotosensibile, che coincide con quello di presentazione finale, oppure la successione di peculiari lavorazioni, in cui la componente artistico-espressiva introdotta dall'operatore gioca un ruolo determinate come effetto di particolari abilità manuali e competenze artigianali.

Dall'alto a sinistra, tre finestre di stereoscopie *tissue* dipinte a mano sulla velina interna. Per riflessione si osserva il positivo monocromatico all'albumina, in trasparenza si vede per sovrapposizione il colore.
Qui è ovviamente riprodotta una singola veduta per ciascuna delle coppie di immagini stereoscopiche.
In basso a destra, una finestra di stereoscopia opaca: albumina tinta con montaggio su cartoncino.

La magia della raffinatezza e della rarità che distinguono le fotografie a positivo unico della seconda metà dell'Ottocento doveva essere sottolineata dall'aura di sacralità e mistero conferita da montaggi di presentazione, caratterizzati da un'eleganza talvolta addirittura sontuosa.

Un astuccio fotografico non è infatti altro che uno scrigno destinato a rinnovare la meraviglia della sorpresa fotografica in ogni osservatore che torni ad aprirlo.

Stampa su carta ai sali d'argento, finemente tinta ad acquerello.
Montaggio in astuccio, formato $^1/6$ di lastra.

Cliché tipografico su lastra in rame, montato in cartoncino come presentazione fotografica.
Matrice unica di immagine a positivo apparente. Si tratta di un oggetto fotografico destinato alla stampa con inchiostri. Confezionamento originale e decisamente inconsueto di inizio Novecento.

I processi a supporto cartaceo

I processi fotografici con stampa su supporto cartaceo sono teoricamente riproducibili in multiplo. L'invenzione del processo negativo-positivo realizzò il sogno di Niépce, alla ricerca di una soluzione per moltiplicare in modo semplice e rapido l'informazione visiva delle visioni prodotte dalla *camera obscura*. I procedimenti che comportano l'impiego di una matrice originaria per riprodurre molte immagini positive dovrebbero essere estranei ad un libro che si occupa di fotografie caratterizzate dall'essere oggetti unici e irripetibili.

La moltiplicazione di un oggetto fotografico a partire dalla medesima matrice negativa è tuttavia spesso più un'opportunità astratta che una pratica concreta. Il negativo viene generalmente prodotto per ottenere "LA" fotografia. Ben raramente si stampa immediatamente un certo numero di copie per una particolare necessità. Solo in occasionali e rari momenti successivi si riprende il negativo originale per ricavarne nuove copie: questa è l'eccezione e non la regola.

L'esperienza pratica dimostra addirittura che risulta spesso più pratico eseguire una riproduzione di un positivo, piuttosto che ricorrere al difficile recupero di un negativo che spesso è abbandonato alla dispersione, una volta che ha esaurito l'immediato utilizzo.

Carte de visite. Albumina del fotografo
G. Rossetti, Pittore e Fotografo in Brescia.
Operante in Corso Magenta al n. 638.

Gli antichi studi fotografici conservavano con cura scrupolosa le lastre negative anche per decenni, in modo che fosse possibile ricavarne copie eventualmente riordinate dalla clientela.

Quest'uso fu però sempre marginale dal momento che il trascorrere del tempo ha le note ed inevitabili conseguenze sul volto di ogni persona. Da ciò consegue che l'esecuzione di un ritratto aggiornato è generalmente preferito ad un nostalgico legame con anni ormai perduti.

L'eventuale disponibilità di un negativo originale dimostra la sua convenienza in casi piuttosto inconsueti, per esempio nell'occasione di un decesso. Tuttavia i familiari potevano trovare più sbrigativa la riproduzione di un positivo.

Gli studi fotografici professionali si trovavano così ad accumulare ingombranti quantitativi di lastre di dubbio impiego, difficili da gestire nei casi di cessione o trasloco dell'attività.

Il normale esercizio di ripresa ritrattistica tendeva a produrre una mole di supporti di apprezzabile valore economico che si dimostrava poi sostanzialmente improduttiva. Ne conseguì che, dopo un periodo più o meno lungo, il fotografo poteva decidere di sciogliere il collodio e ripulire le lastre per un nuovo impiego.

Questo genere di osservazioni conduce a considerare i positivi fotografici prodotti per stampa da negativo in una prospettiva di singolare individualità che spesso è sottovalutata. Il multiplo costituito dalla produzione delle *carte de visite* è invece una prassi, dal momento che questi oggetti fotografici nascevano proprio per soddisfare necessità di distribuzione.

Le CdV (carte da visita) venivano quindi normalmente richieste ed acquistate a dozzine e non è impossibile che ad un collezionista accada di ritrovare più copie dell'identica ripresa, ancora conservate nel fondo fotografico della stessa famiglia.

Resta pur vero che la selezione distruttiva di oltre un secolo di vicissitudini sui fondi fotografici privati ha diradato in modo drammatico i ritratti, in quanto i volti hanno progressivamente perso significato e identità per chi ne disponeva.

Tutto ciò impone di riconsiderare con realismo la presunta moltiplicabilità del positivo fotografico tratto da negativo.

Carte de visite di fotografo anonimo.
La stampigliatura "Marion imp. Paris" indica
il produttore del cartoncino di montaggio.

Carte de visite del fotografo Henri Le Lieure
de l'Aubepin (Nantes 1831, Roma 1914).
Sul cartoncino di montaggio: "H. Le Lieure
Photographe de S.M. Jardin Public TURIN".

Ogni riproduzione infatti, qualunque sia il procedimento ed il supporto scelto, può incrementare a piacere la quantità delle figure simili, ma produce inevitabilmente qualcosa d'altro e di sostanzialmente diverso.

Inoltre è opportuno distinguere tra i metodi di moltiplicazione meramente ottico-meccanico-chimici, che consistono in una sequenza di interventi predeterminati in cui l'abilità dell'operatore assume un ruolo del tutto marginale, ed i sistemi di creazione dell'immagine che concedono all'operatore un largo margine di creatività artigianale e persino artistica.

I processi antichi a supporto primario cartaceo possono essere classificati in un esteso e complesso elenco di tipologie, con denominazioni di brevetto e commerciali che si riferiscono a procedimenti talvolta molto simili tra loro oppure nati da reinterpretazioni, aggregazioni e contaminazioni di metodologie già precedentemente applicate.

Segue una lista esemplificativa e non esaustiva dei più importanti e diffusi processi di stampa fotografica a supporto primario cartaceo.

Stampa al platino (platinotype)
dei primi Anni Novecento,
montata su cartoncino misura *imperial*.

Stampa al carbone
dei primi Anni Novecento,
montata su cartoncino misura *imperial*.

Elenco alfabetico dei principali processi fotografici a supporto cartaceo

Albumina (*Albumen*): procedimento all'albume *(L. Blanquart-Evrard, 1850)*

Aristotipia *(Aristotype)*: processi al collodio-cloruro d'argento; celloidina, cellofix, papier leptographique *(G. Wharton, Simpson, c.1889)*

Bromolio *(Bromoil)*: stampa agli inchiostri grassi; bromolio, collotipia
(E.J. Wall and C. Welborne Piper, Hewitt, c.1907)

Callitipia *(Kallitype)*: Kallitipia, Argentotype, Brownprinting, VanDyke print
(W W J. Nicol, c.1890)

Calotipia, Talbotipia *(Calotype, Talbotype)*: Sun Pictures *(W.H.Fox Talbot, 1840)*

Carbone *(Carbon print)*: processi al carbone; Carbro, Autotype, Chromotype, Hydrotype, Lambertype, Mariotype, Artigue paper, Fresson paper, Pinatype, Anthrakotype
(M.Ponton, 1839; W.H.Fox Talbot, 1852; A.Pointevin, 1855; Sir J.Swan, 1864, A.H.Cros, 1889)

Casoidina *(Casoidin paper)*: Carta alla caseina, Protalbin paper *(O. Buss, 1903)*

Carta salata *(Salted-paper print)*:
procedimenti ai sali d'argento; carta iodizzata, salt print, papier salé
(Hippolyte Bayard, 1839; W.F.H.Talbot, 1840; L.D.Blanquart-Evrard, 1844; A.Brébisson 1854)

Ceroleina *(Ceroleine, Wax-paper)*: processo alla carta cerata *(G.LeGray, 1851)*

Cianotipia *(Cyanotype)*: Processi al *ferrocianuro di potassio; Cianografia*
(J.Herschel, 1842; H Pellet, 1878; Pizzighelli e Valenta, 1897)

Citrato, carta al *(Silver-citrate paper)*:
carte al citrato; gelatine silver, gaslight papers, Velox paper, Solio
(Mawdsley, 1872; Eder&Pizzichelli e W. de Wiveleslie Abney, 1882; Eder, 1883)

Collotipia (*Collotype*): Albertype, Heliotype *(Joseph Albert, 1868; E. Edwards, 1870)*

Gelatino-bromuro *(Gelatine silver-bromide)*: carte al bromuro d'argento
(Peter Mawdsley, 1872)

Gelatino-cloruro *(Gelatine silver-chloride)*: carte al cloruro d'argento; gaslight, Velox, Solio, Azo, Aristo *(J. M. Eder e G. Pizzichelli 1882)*

Gelatino-clorobromuro *(Gelatine silver-chlorobromide)*: carte al clorobromuro
(Joseph Maria Eder, 1883)

Gomma bicromata *(Gum-bichromate process)*: procedimenti alla gomma bicromatata
(John Pouncy, 1858; A.Marion e A. von Hübl, 1873; Kessler, 1900)

Palladiotipia *(Palladiotype)*: procedimento ai sali di palladio *(William Willis,1880)*

Platinotipia *(Platinotype)*: procedimento ai sali di platino *(William Willis, 1873)*

Woodburytipia *(Woodburytype)*: Woodburytype, Stannotype, Fotogliptia,
(W. B. Woodbury,1864)

Le carte ai sali d'argento possono essere classificate in relazione alla sostanza che incorpora gli alogenuri d'argento e che costituisce lo strato fotosensibile steso sul supporto cartaceo o sullo strato di sfondo e contrasto che lo ricopre: albume, collodio, gelatina, amido, caseina.

Le carte non argentiche sono invece prevalentemente caratterizzate dall'impiego di sali di ferro e, più frequentemente, bicromato di potassio o bicromato d'ammonio.

Gli alogenuri d'argento non sono facilmente solubili e vanno quindi dispersi in sospensione in una sostanza facile da stendere, con buona adesività, omogenea quando asciutta. L'albume d'uovo, si rivelò immediatamente adatto allo scopo: semplice da reperire, economico, facile da manipolare. Per decenni le carte all'albume dominarono la scena fotografica. Progressivamente furono sostituite dalle gelatine, con il diffondersi di prodotti commerciali pronti per l'uso.

Questo capitolo non si occupa di approfondire aspetti tecnici e metodologie fotografiche relative ai procedimenti di stampa su carta ottenuti con il sistema negativo-positivo. Qui vengono presentati solo alcuni campioni esemplificativi di immagini positive da negativo fotografico, teoricamente esemplari di multipli fotografici, ma che costituiscono verosimilmente casi di unicum fotografico.

CdV del fotografo AUG.te MEYLAN Place Château N° 26. TURIN.

CdV, G. Trainini Fotografo, Fisico-Macchinista. Brescia, Sotto i Portici al N° 1239.

Stampa ai sali d'argento con coloritura artistica manuale. Anno 1865 circa.
"Photographed by BROADBENT & Co. 912-914-916 Chestnut St. Philadelphia".

Stampa ai sali d'argento con coloritura artistica manuale. William Edward Kilburn. Anno 1850 circa.
Positivo da probabile negativo cartaceo (calotype). Formato immagine: 19 x 15 cm.

A sinistra: *Carte de Visite* del fotografo bresciano Fiori.
Impresso a stampa sul dorso del cartoncino di supporto secondario si legge:
FOTOGRAFIA F.o FIORI E COMP.o
Via Dosso n. 1268 BRESCIA
con ingresso anche dalla Piazzetta Paganora.

Questo fotografo operò per pochi anni sul finire dell'Ottocento. La sua scarsa produzione consiste in albumine CdV.

Qui un esempio di stampa colorata lievemente a mano. La posa è abbastanza inconsueta in quanto presenta un'inquadratura da angolazione alta. La realizzazione dei ritratti segue solitamente canoni piuttosto ripetitivi nella produzione corrente.

Solo i migliori artisti fotografi erano in grado di proporre soluzioni di ripresa caratterizzate da composizioni che sapessero unire originalità ed eleganza, particolarmente adottando espressive soluzioni di illuminazione del soggetto.

A destra una stampa fotografica in montaggio *Cabinet* dello studio "Emblemi e Ballarini" di Trieste presenta una insolita luce-finestra.
L'illuminazione laterale e radente conferisce alla scena un indecifrabile fascino emotivo, accentuato dalla direzione dello sguardo delle persone ritratte.

La figura femminile sullo sfondo, appoggiata in atteggiamento quasi premuroso allo schienale della figura del vecchio canuto, si perde nell'ombra in un profilo appena accennato. Si direbbe piuttosto una fotografia d'arte piuttosto che un comune ritratto di famiglia.

Albumina circa Anni 'Ottocentonovanta.
Sul verso del cartoncino:
Emblemi e Ballarini, Pittori
Preminato con Medaglie d'Oro
Trieste, Piazza della Borsa 7, P III

In area italiana prevalgono in modo assoluto le immagini fotografiche su carta. Le fotografie a positivo unico dei processi più antichi trovarono diffusione decisamente limitata, ristretta alle maggiori città.

In alto: dettaglio di una stampa aristotipica con viraggio blu in montaggio cartoncino formato *Cabinet*.

Studio fotografico di Carlo Mayer, Riva (Trento).

Il viraggio al cloruro d'oro fu una consuetudine generalizzata per le stampe fotografiche fino agli inizi del Novecento.

Per questo l'intonazione calda, con toni che variano dal color sanguinaccio, al mattone, alle varie gradazioni dei colori marrone e crema sono così comuni nelle fotografie antiche.

In epoca contemporanea, il gusto per queste modulazioni ha trovato modo di rivivere nei viraggi seppia, spesso proposti nella fotografia di matrimonio.

Viraggi in toni di colore freddo si osservano piuttosto raramente. In questo caso il trattamento ha potuto conservare una qualità di contrasto eccezionale per un'immagine d'epoca.

A fianco:
Stampa al carbone in montaggio
Cabinet eseguita dallo studio di
Egisto Codognato in Verona.

Albumina montata su cartoncino *Cabinet*. Costume regionale sardo.
Stabilimento Fotografico R. Canzani. Via Osterie N°6. CAGLIARI.

La stampa cianotipica (*Cyanotype*) fu un processo che trovò scarsa applicazione nella ritrattistica professionale a causa della scarsa modulazione tonale. Tuttavia si tratta di un procedimento economico e relativamente semplice, che si presta ad impieghi hobbistici.

La cianotipia fu invece frequentemente utilizzata per produrre documentazioni fotografiche tecniche e per accompagnare documentazioni topografiche o architettoniche.

Queste stampe sono ottenute con un processo negativo-positivo e dunque non possono essere considerati positivi unici, se non in riferimento alla rarità delle singole copie. Qui se ne presentano tuttavia alcuni esempi, presentati per dare maggiore completezza al quadro dei processi fotografici storici.

Negli Stati Uniti la cianotipia godette di particolare popolarità presso un pubblico amatoriale prevalentemente femminile, che amava ritrarre personaggi familiari e realizzare in proprio le stampe destinate al consumo domestico ed alla registrazione dei ricordi.

L'indeterminata nebulosità azzurrata sembra talvolta connotare toni espressivi di una delicatezza che richiama disegni sfumati, dal sapore vagamente artistico.

Cianotipie non montate. Fogli ritagliati secondo la necessità ed il gusto personale dell'utilizzatore, adatti a raccontare momenti di amicizia, svago e ricordo familiare.

Le cianotipie sono solitamente stampate per contatto. Qui un momento di un'estate fine Ottocento.

Cianotipia realizzata per stampa a contatto in ambiente domestico. Questo genere di immagini
ritrae spesso bambini, gruppi di amici ed amiche, momenti di serena vita familiare.

Albumina montata in formato *Cabinet* di G. e L. Fratelli Vianelli, Fotografi delle LL.MM. il Re e la Regina e delle LL.AA.RR. il Principe e la Principessa di Galles e di Germania. Decorati e premiati più volte. Venezia, S.Zaccaria Campo San Provolo. Cartoncino di montaggio: Leopold Türkel Wien.

Lo studio fotografico

Lo spazio di lavoro del fotografo professionista, fin dall'epoca della dagherrotipia, fu organizzato in due aree: un ambiente destinato alle riprese ed uno adibito al trattamento delle lastre. Quest'ultimo è comunemente identificato come camera oscura ed è appunto un locale di lavoro, da non confondere con la *camera obscura* intesa come antico dispositivo ottico.

Gli ambulanti prendevano generalmente alloggio presso alberghi e spesso operavano addirittura in esterno. La grande terrazza di un grande hotel o la modesta altana di una pensione erano perfettamente adatte per le elevate esigenze di illuminazione richieste da materiali fotosensibili che imponevano lunghi tempi di posa.

Per un pioniere della fotografia fu decisivo trovarsi ad operare in una capitale o comunque in una grande città. Il ritratto fotografico fu considerato un lusso fino alla metà dell'Ottocento. Indubbiamente più economico di una miniatura o di un dipinto, non fu immediatamente alla portata di chiunque. La clientela coincise inizialmente con gli strati più benestanti e pronti ad accogliere le novità, anche considerate come attributo di status, e i comportamenti caratteristici di uno stile di vita che non poteva prescindere dalla moda e da tutte le manifestazioni esteriori che sottolineassero il prestigio della posizione sociale.

A Parigi la novità del ritratto fotografico esplose nei primi anni successivi all'annuncio di Daguerre, assumendo presto gli aspetti di un'autentica frenesia che prese il nome di *daguerreomania*, canzonata persino dai periodici satirici della capitale. Gli studi fotografici si moltiplicarono in modo impressionante ed il successo, anche economico, apparve alla portata di ogni buon fotografo.

Tuttavia gli ambienti dello studio dovevano sostenere il livello di aspettativa di una classe agiata per la quale la forma assumeva pari dignità che la sostanza. Uno studio fotografico che ambisse a divenire famoso doveva disporre di molti ed ampi ambienti: una sala dedicata all'accoglienza dei clienti ed all'attesa, una galleria di ritratti, uno spazio dedicato alla scelta dei montaggi di presentazione (astucci e cornici), un ambiente per rassettarsi e truccarsi… e naturalmente la camera oscura ed il laboratorio di confezionamento.

Le sale di posa degli studi di maggior fama erano più d'una e di varie dimensioni, per poter accogliere anche gruppi. Le riprese venivano effettuate da diversi assistenti del fotografo titolare dello studio, così come altri ancora erano addetti al trattamento delle lastre, alla loro coloritura ed al confezionamento.

Il fotografo di successo dirigeva un'autentica impresa: si dedicava ad accogliere e ritrarre i personaggi più importanti e facoltosi. Anzi era consuetudine che le personalità più illustri venissero espressamente invitate come ospiti riveriti e non come clienti paganti. In cambio di questa gentile disponibilità, i loro ritratti potevano poi essere esibiti nella galleria fotografica dello studio, esposizione a cui si aveva accesso acquistando un biglietto, come per visitare un museo.

Politici, attori ed attrici, cantanti, ballerine, scrittori, esploratori e musicisti che non era facile incontrare e conoscere personalmente, erano finalmente a disposizione, almeno in effigie, degli ammiratori, a cui fu persino consentito ordinare copia dei ritratti delle varie celebrità.

Alla metà degli anni 1840, il fotografo americano *John Plumbe* Jr. (Castle Caerei-nion 1809, Dubuque 1857) giunse a proporre una sottoscrizione per distribuire in abbo-namento ritratti di famose personalità del mondo della politica, dell'arte e degli affari. Il progetto non si concretizzò, ma rappresenta un evidente indizio dell'attenzione del pub-blico per le figure pubbliche più popolari, in un'epoca ancora molto lontana dalla televi-sione e dall'affermarsi delle riviste in rotocalco.

Il fotografo francese *Gaspard Félix Tournachon,* noto come *Nadar* (Parigi 1820,1910), racconta in modo colorito e forse arricchito di dettagli fantasiosi, nelle memorie *Quand j'étais photographe,* un curioso fatto relativo alla fotografia. Napoleone III in partenza per la campagna d'Italia del 1859 (seconda guerra d'indipendenza italiana) alla testa del-la potente armata francese che attraversava trionfalmente i boulevards parigini, si fermò sotto lo studio del fotografo *André Adolphe Eugène Disdéri* (Parigi 1819, 1889).

Ecco come Nadar racconta quello storico momento: «… e dietro a lui l'armata inte-ra, ranghi ammassati sul posto, armi al braccio, attese che il fotografo facesse una lastra all'imperatore… Con ciò l'entusiasmo per Disdéri raggiunse il delirio. L'universo inte-ro conobbe il suo nome e la strada per raggiungere il suo studio».

La Daguerreotipomania (La Daguerréotypomanie). Litografia di *Théodore Maurisset* sul numero di dicem-bre 1839 del periodico *La Caricature*. Il disegno satirico prende di mira la frenesia che si scatenò nei primi mesi successivi alla notizia dell'invenzione. Sui cartelloni si annuncia la morte dell'arte e la nascita della fo-tografia, mentre la gente si mette in coda per farsi ritrarre o per acquistare strumenti di ripresa.

Il grande salone della Daguerreian Gallery di Gurney, famoso dagherrotipista attivo a New York fino dal 1840.

In Europa la fotografia fu tenuta lontana dai campi di battaglia della seconda metà dell'Ottocento. La raffigurazione dei massacri apparve potenzialmente pericolosa per il prestigio dei regnanti.

L'analisi sociostorica della fotografia dovrebbe forse considerare come, fin d'allora, la rappresentazione privata dei potenti potesse rivelarsi funzionale per distogliere l'attenzione del pubblico dagli eventi politici, sociali ed economici, spostandola verso la sfera dell'indiscrezione personale e dell'apparenza esteriore. Avviare l'attività di fotografo richiedeva mezzi economici non trascurabili per l'acquisto delle attrezzature, che erano piuttosto costose.

In Inghilterra si doveva aggiungere il costo della licenza per la dagherrotipia oppure per la talbotipia. La fama di uno studio era però determinata largamente dall'immagine di prestigio sociale che riusciva a comunicare.

Dagherrotipo francese da ¼ di lastra. Il fondale è costituito da un semplice lenzuolo bianco, steso alle spalle del soggetto.

Ampi e luminosi spazi, tappeti ed arredamento raffinato… insomma l'ostentazione del lusso fu considerata elemento determinante per catturare la ricca clientela borghese.

La strumentazione tecnica necessaria non si limitava alle sole apparecchiature di ripresa e di trattamento, ma includeva necessariamente sedie espressamente studiate per le riprese fotografiche, con schienale e spalliera di altezza regolabile, braccioli di specifica forma e dimensione, posizionabili ad una particolare altezza.

Nella seconda metà dell'Ottocento vennero prodotte speciali poltroncine e divanetti per uso fotografico.

Nel medesimo periodo si affermò progressivamente l'impiego di fondali dipinti di vario soggetto, con *trompe l'œil* raffiguranti lussuosi interni o graziosi esterni in giardino. Uno studio ben attrezzato doveva possederne una scelta adatta a soddisfare i diversi i gusti della clientela.

Nei primi anni della dagherrotipia il fondale fu invece assolutamente piano ed indistinto, per dare il massimo rilievo alla figura ritratta e semplificare i problemi di illuminazione e di profondità apparente, distaccando decisamente il piano della figura dallo sfondo.

Ben presto furono però introdotti tendaggi e poi sfondi dipinti. L'arredo dello studio doveva connotare gli interessi della persona ritratta, sottolineandone il gusto e la cultura, autentici o presunti. Pertanto massicci volumi erano chiamati a fare bella mostra di sé sul tavolo su cui il soggetto posava dignitosamente la mano, anche se analfabeta.

Oggetti carichi di significati venivano esibiti dai soggetti per denotare posizione e benessere. Quando utensili e caratteristici elementi di abbigliamento vengono sfoggiati con orgoglio, dall'elmetto da pompiere, alla coccarda, alla decorazione massonica, alla sciabola, al fucile ed alla pistola...

In questo dagherrotipo l'abbigliamento connota in modo evidente il benessere economico del soggetto ritratto.

il ritratto è classificato dai collezionisti come occupazionale (*occupational*) poiché inteso a documentare lo status sociale del soggetto. Per esempio una dama in posa con un giornale in mano non costituiva una comunicazione visuale neutra, ma sottendeva un'affermazione di personalità e di emancipazione. L'atteggiamento testimoniava che si trattava di una donna che leggeva tenendosi informata, partecipando attivamente alla vita sociale.

Il fotografo teneva a disposizione dei clienti gli accessori adatti a ben figurare, compresi cappello e bastone. Per l'abito ed i gioielli si ricorreva talvolta a prestiti presso parenti o amici, ma l'acconciatura femminile elaborata rimaneva un fondamentale elemento esplicito di riconoscimento sociale.

Un accessorio indispensabile per mantenere l'immobilità per il tempo necessario alla posa fu per decenni il poggiatesta (*head-rest*). Lo strumento di posa possedeva una coppia di astine mobili da adattare al capo e nascondere dietro ai capelli. La base e la colonna erano generalmente in ghisa. non di rado la fusione del sostegno era riccamente decorata.

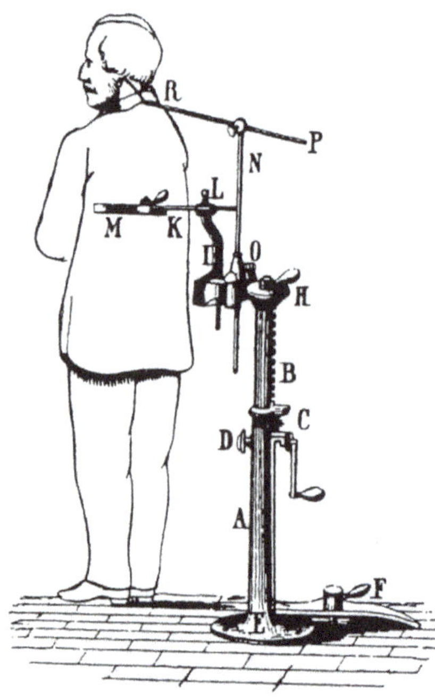

Sistema meccanico di appoggio. Dispositivo necessario a causa della lunghezza delle pose.

L'abbigliamento e la presenza di libri nell'inquadratura possiedono una funzione connotativa: il soggetto può, in questo modo, dimostrare agiatezza ed istruzione.

La colonnina, regolabile in altezza, poteva essere in ferro e ne venivano commercializzati diversi modelli e misure, anche per bambini. Le denominazioni commerciali ed i brevetti dei poggiatesta si richiamavano anche a nomi noti dell'arte e dello spettacolo, come nel caso di un modello del 1845 dedicato alla famosa cantante d'opera "Jenny Lind" (Johanna Maria Lind).

Un grande studio fotografico di successo tendeva a porsi come luogo di consacrazione di status e nelle capitali europee era frequentato anche per incontrare la gente che conta e non necessariamente solo per farsi fotografare. In sostanza, le più note *Daguerreian Rooms* e *Daguerreian Gallery* fungevano da salotti pubblici in cui la buona società, la politica, l'arte e la finanza si incontravano col pretesto della fotografia.

Queste *glasshouse*, così chiamate a causa delle grandi vetrate necessarie per sfruttare la luce diurna, erano spesso poste al secondo o al terzo piano degli edifici. Un importante studio fotografico, con le sale d'attesa ed i laboratori, poteva occupare anche due o tre piani.

Le ampie vetrate possedevano sistemi di tende che venivano manovrate da complessi apparati di funi. In questo modo era possibile controllare l'illuminazione creando effetti particolari sui soggetti e sugli sfondi. Le tende potevano essere molto leggere ed a trama rada per lasciare filtrare luci molto diffuse e brillanti, oppure più corpose ed opache per velare sapientemente le ombre. Tiranti e corde consentivano di avere il pieno controllo di un'estesa varietà di risultati. Nei primi anni della dagherrotipia anche la luce solare più intensa non era mai sufficiente a ridurre il tempo di posa entro i limiti desiderati.

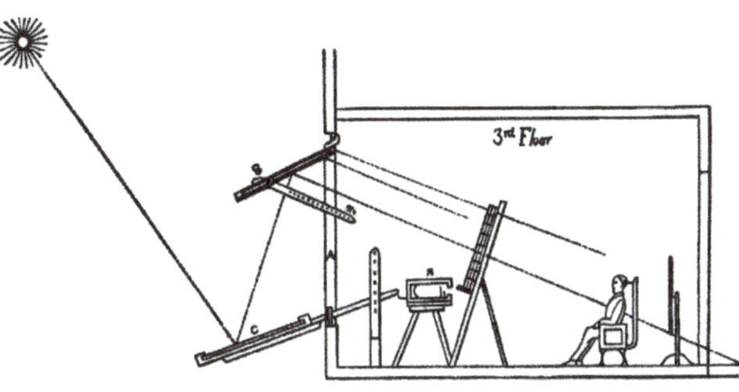

Illuminazione di uno studio fotografico realizzato con un sistema di specchi. La luce solare viene così riflessa verso un filtro che ha la funzione di lasciare passare la luce blu, a cui i primi materiali fotografici erano particolarmente sensibili.

I miglioramenti apportati in pochi anni al procedimento consentirono di scendere, nella migliore delle ipotesi, ad una manciata di secondi. Inizialmente fu prioritaria la ricerca del modo di sfruttare pienamente tutta l'illuminazione possibile.

Alexander Simon Wolcott (1804 -1844) fu uno dei pionieri americani della fotografia ed il suo nome è legato a diversi brevetti rivolti alla soluzione di questo problema, tra cui una fotocamera con obiettivo catadiottrico (sistema a specchi). Fu il primo a sfruttare la particolare sensibilità degli alogenuri d'argento alle frequenze dello spettro della luce visibile più vicine al blu.

Adottò quindi batterie di bottiglie riempite di solfato di rame da utilizzare come schermi alla luce solare. In questo modo il soggetto poteva essere illuminato da una intensa luce blu senza restare abbagliato, riducendo nel contempo il contrasto tra le alte luci e le ombre più scure. Le lastre per dagherrotipia, come poi quelle al collodio, erano estremamente sensibili ai colori della gamma azzurro-blu, mentre erano quasi insensibili al rosso. Questa resa ortocromatica fu superata solo con l'invenzione dei materiali sensibili pancromatici, all'inizio del Novecento.

Gli studi fotografici adottarono inizialmente l'illuminazione diretta attraverso vetrate colorate in pasta con filtri blu. Quando poi la sensibilità raggiunta con il cloruro d'argento lo consentì, impiegarono l'illuminazione indiretta con serre a vetri rivolte verso Nord. Nei primi anni della dagherrotipia si fece largo ricorso a specchi e pannelli riflettenti, al fine di convogliare sul soggetto la massima luce possibile. Le finestre blu impiegate da Wollcot si prestavano perfettamente per ottenere schemi di illuminazione di gusto squisitamente pittorico perché potevano essere sagomate con un profilo ad arco oppure tondeggiante, in modo da gettare un fascio di luce intensa e diffusa sul volto e sul busto, sfumando gradualmente i dettagli verso il buio ai margini dell'inquadratura.

I soggetti venivano fatti talvolta posare su un vero e proprio palco rialzato, quasi a rappresentare con evidenza formale il rilievo e la finzione quasi teatrale di un rito fino ad allora riservato alla nobiltà ed alla ricca borghesia: il privilegio del ritratto.

Antoine Claudet fece progettare a Londra il suo *Temple of Photografy* da Sir Charles Barry, architetto della *House of Parliament*. Un altro importante studio londinese si fregiava dell'altisonante denominazione di *Panopticon of Science and Art*, vantando la grandezza della sala posa, adatta per riprese di famiglie e grandi gruppi.

Ritratto di bambina su dagherrotipo da 1/6 di lastra. I miglioramenti delle tecniche di illuminazione e della sensibilizzazione delle lastre consentirono di ridurre progressivamente il rischio di riprese mosse. Qui la luce pare proiettata sul soggetto attraverso una finestra .

Stampa caricaturale di metà Ottocento che ironizza sul pomposo apparato degli studi fotografici. La seduta per un ritratto fotografico ebbe inizialmente aspetti autenticamente cerimoniali.

In conclusione la *daguerreomania* poteva essere fonte di lauti guadagni ma, a questi livelli di prestigio e popolarità, richiedeva investimenti anche decisamente importanti.

In America lo studio era il *Photographic Saloon*, mentre in Francia il sontuoso *Établissement* si contrapponeva alla più modesta *Maison*.

Operare in una importante città d'arte europea apriva allo studio fotografico l'opportunità di produrre e vendere riprese fotografiche ai pittori ed agli incisori che le utilizzavano come modello. La ricca borghesia, spesso impersonata da giovani aristocratici impegnati nel *grand tour* del turismo europeo d'elite, acquistava volentieri immagini di architettura, arte e paesaggio da riportare in Patria a conclusione del viaggio di piacere ed istruzione. In Italia furono dunque favoriti i più antichi studi fotografici di Venezia, Firenze, Roma e Napoli. Per i fotografi di provincia le prospettive non furono così favorevoli come per i fotografi delle metropoli e delle capitali.

Lo studio di un dagherrotipista impegnato a ritrarre un cliente con l'aiuto del suo assistente, occupato a sistemare il ferma-testa, dispositivo usato per ridurre il rischio del mosso in ripresa.

La clientela con disponibilità economiche fu per loro molto più ristretta e l'ambiente culturale e sociale meno propenso ad accogliere con entusiasmo le innovazioni della modernità. Fino alla metà dell'Ottocento nelle cittadine più piccole prevalse un'attività ambulante. Il fotografo si fermava in albergo per un periodo limitato, generalmente in coincidenza con feste locali importanti.

Stampa di Fine Ottocento: fotografo ambulante all'opera in esterno.

Spesso operava addirittura in esterno, in strada o sulla pubblica piazza, dal momento che non disponeva di una struttura utilizzabile come studio.

Un semplice telone chiaro veniva impiegato come sfondo da stendere in un cortile o a copertura dei muri, per strada o in piazza.

L'arredo essenziale, una sedia ed un tavolino, poteva essere recuperato sul posto. Le ingombranti apparecchiature di ripresa e trattamento dovevano comunque essere trasportate ogni volta.

Ciò indusse alcuni dei pionieri a dotarsi di carrozze o almeno carretti, all'interno dei quali restava allestito un laboratorio mobile: una camera oscura viaggiante. Questi avventurieri della fotografia itinerante realizzarono rarissime e pregevoli riprese in esterno.

Se non si poteva avere un ritratto da vivi, era ritenuto quasi imperativo provvedere per i morti. Questo peculiare genere fotografico, noto come fotografia *post-mortem* si affermò in un secolo in cui fu in voga, per i defunti più importanti, il calco in gesso del volto.

Il fotografo veniva chiamato, in questi casi, ad effettuare la ripresa presso l'abitazione della persona deceduta ed il suo intervento era ritenuto un momento necessario per un degno rito funebre. Questa usanza fu particolarmente praticata in Francia, in Inghilterra ed in America.

Camera oscura mobile allestita in tenda.

La forza di tale consuetudine è ben testimoniata da un articolo del *St. Catherine's Journal*, Ontario, pubblicato il 10/9/1859:

«*Nella città di Oswego (New York), un irlandese che aveva cercato già due o tre volte di ottenere, senza successo, un ritratto del suo povero figlio, ora purtroppo defunto, decise di fermare la processione funebre, lo scorso sabato, e di trarre la salma dalla bara per portarla alla daguerrean gallery, insistendo affinché fosse realizzata la ripresa.*
Quando ciò fu eseguito, dopo la necessaria sosta in strada, la processione riprese il suo percorso.»

Inizialmente il costo di un buon ritratto fotografico in dagherrotipia fu di circa una sterlina, il che a quei tempi significava l'equivalente del salario settimanale di un operaio.

Ciò non impedì alla fotografia di esplodere come fenomeno popolare, tanto che nel 1850 a New York, risultavano attivi 77 studi. Allora una ritratto poteva costare intorno ad una cifra equivalente ad un valore compreso tra i 15 e i 20 euro attuali, a seconda del prestigio del fotografo.

Il costo era però destinato a crescere con l'acquisto di astucci particolarmente lussuosi. Con l'avvento del collodio, le stampe all'albume scesero fino a costare circa uno scellino: la democrazia del ritratto era ormai una realtà.

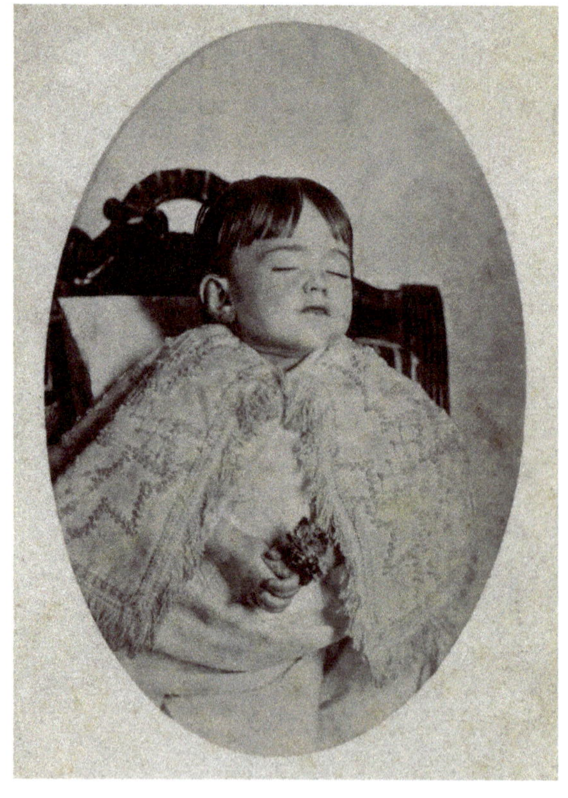
A destra: fotografia post-mortem di un bambino. Spesso vengono presentate come post-mortem immagini di bambini semplicemente addormentati in braccio alla mamma. Si trattava invece di un comune espediente per evitare il mosso dovuto alla lunghezza della posa.

Quattro ritratti a figura intera in ferrotipia in cui sono evidenti le basi in ghisa su cui erano montate le aste di arresto e posizionamento. Alle bambine sono state fatte addirittura incrociare le braccia, mentre con l'altra mano afferrano saldamente le colonne dietro alla schiena: a questo fotografo deve essere sembrata una buona idea per assicurarsi contro il mosso in ripresa, anche se la posizione non pare precisamente disinvolta. Dietro alla testa del bambino, che apparentemente posa in modo un po' più spontaneo, si vede il braccio metallico di arresto della testa.

Una delle maggiori preoccupazioni di un buon fotografo, era quella di rendere invisibili le aste di arresto e posizionamento ed i ferma-testa.

Alla base del successo commerciale stava l'abilità di riuscire a rappresentare i clienti in un atteggiamento naturale e rilassato.

Ciò non si è evidentemente verificato in queste immagini, così "poco riuscite" da metterci in grado di constatare il disagio in cui venivano talvolta a trovarsi le persone ritratte, come appare dal volto corrucciato del personaggio della fotografia qui a sinistra, forse indispettito dal ridicolo arruffamento causatogli dal ferma-testa.

La rigidità e la posa forzatamente formale delle immagini più antiche non va dunque considerata come prodotto di scelte estetiche, quanto piuttosto un vincolo imposto dalla tecnologia allora disponibile.

Qui a destra, una coppia di giovani sposini, ritratta senza preoccuparsi troppo di nascondere i ferma-testa.

Il gesto di abbraccio affettuoso e la posizione apparentemente rilassata delle braccia sono funzionali alle esigenze di posa.

Nella pagina accanto, un poster pubblicitario applicato al dorso di un montaggio fotografico a quadretto da parete.

I versi della poesia celebrano l'avvento di una nuova età delle meraviglie, nella quale lo stupore e l'entusiasmo per la litografia, il motore a vapore e la telegrafia competono con l'ammirazione per la fotografia.

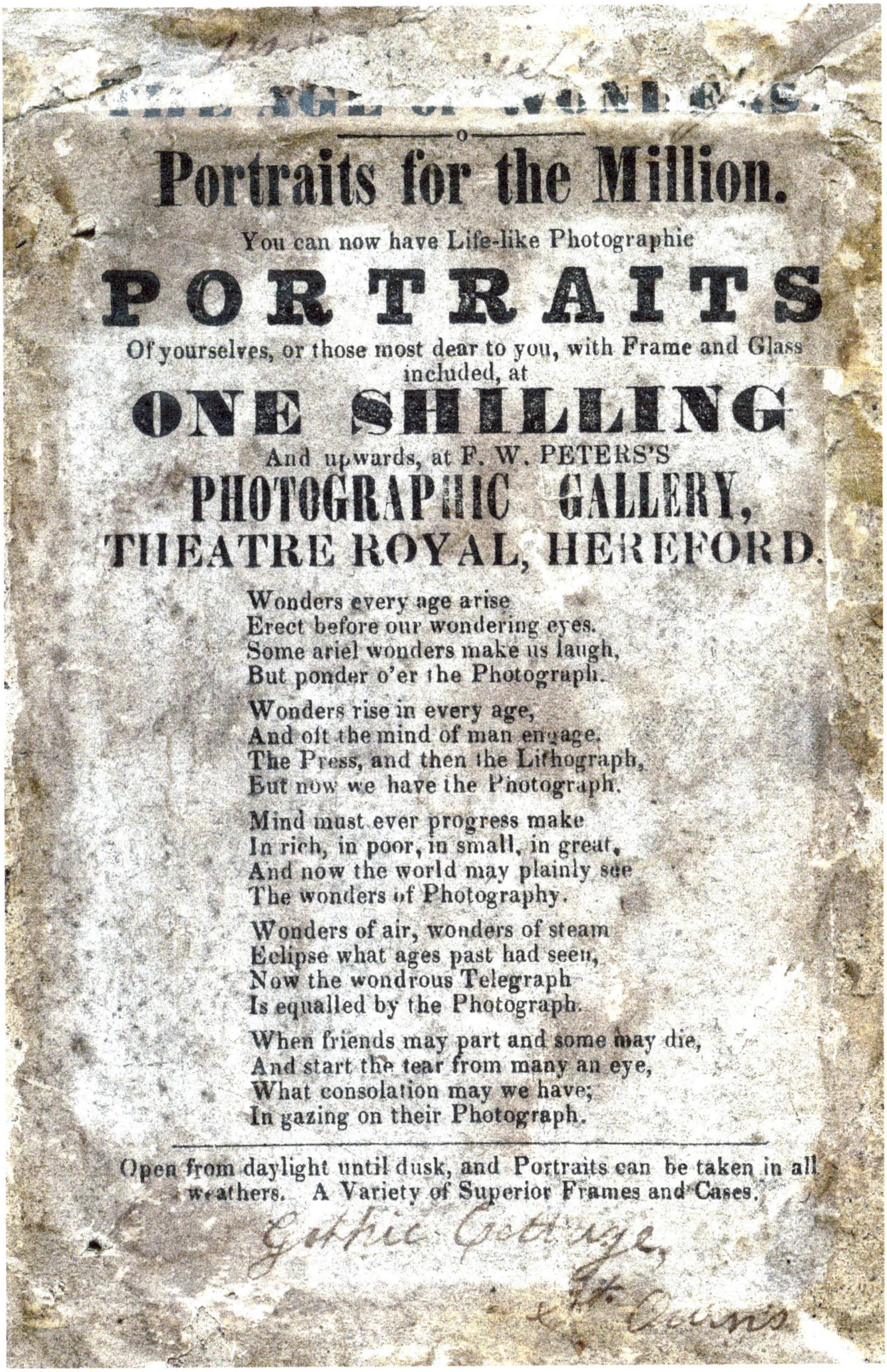

THE AGE OF WONDERS.

Portraits for the Million.

You can now have Life-like Photographie

PORTRAITS

Of yourselves, or those most dear to you, with Frame and Glass
included, at

ONE SHILLING

And upwards, at F. W. PETERS'S

PHOTOGRAPHIC GALLERY,

THEATRE ROYAL, HEREFORD.

Wonders every age arise
Erect before our wondering eyes.
Some ariel wonders make us laugh,
But ponder o'er the Photograph.

Wonders rise in every age,
And oft the mind of man engage.
The Press, and then the Lithograph,
But now we have the Photograph.

Mind must ever progress make
In rich, in poor, in small, in great,
And now the world may plainly see
The wonders of Photography.

Wonders of air, wonders of steam
Eclipse what ages past had seen,
Now the wondrous Telegraph
Is equalled by the Photograph.

When friends may part and some may die,
And start the tear from many an eye,
What consolation may we have;
In gazing on their Photograph.

Open from daylight until dusk, and Portraits can be taken in all
weathers.   A Variety of Superior Frames and Cases.

La straordinaria inquadratura di questo dagherrotipo include uno specchio tondo montato su supporto orientabile. Questo dispositivo veniva utilizzato negli antichi studi fotografici per dare più luminosità al volto. In mancanza di illuminazione artificiale, il fotografo poteva ricorrere esclusivamente al controllo della luce ambiente, regolando con i tendaggi il chiarore solare che penetrava dalle vetrate. L'impiego di specchi per lo schiarimento delle ombre è documentato dalla presenza di tali strumenti nei cataloghi degli accessori di studio. Tuttavia, questa particolare inquadratura resta assolutamente inconsueta.

Dagherrotipia: Daguerreotype   *(1839 - 1860 ca.)*

La piastra per dagherrotipia è costituita da una lamina di rame accoppiata ad una lamina d'argento. Il procedimento con cui veniva prodotta la lastra destinata all'esposizione fotografica è poco noto. Non si trattava infatti di una comune argentatura galvanica. Un foglio di argento puro veniva infatti applicato direttamente su un panetto di rame che veniva inserito tra i rulli di un laminatoio: gli strati dei due metalli si univano per pressione.

Lo spessore veniva progressivamente ridotto con successivi passaggi. La lavorazione richiedeva ingenti investimenti industriali per l'acquisto delle costose materie prime e dei macchinari necessari.

Una volta ottenuto un laminato sufficientemente sottile, le lastre venivano tagliate e pressate, in modo da spianarle perfettamente. La lucidatura proseguiva con le pulissoie, ruote di panno azionate a pedali oppure a vapore, e con un'ulteriore energica strofinatura con l'impiego di *rossetto da gioiellieri*. Le piastre venivano infine confezionate per la commercializzazione in pacchetti di carta e scatole di cartone.

La produzione più antica offriva lastrine rigorosamente piane; per fissarle saldamente al supporto di lucidatura poteva essere necessario effettuare una lieve piegatura sugli angoli con un apposito strumento. In seguito vennero commercializzate lastrine precurvate che agevolavano il fissaggio nel telaio che, a sua volta, andava inserito nella morsa di lavorazione.

L'operazione di lucidatura veniva effettuata inserendo la lastra in un telaio di sostegno. La piastra argentata veniva fermata saldamente in una morsa di legno massiccio dotata di un largo foro sul lato inferiore. Il dispositivo era bloccato con l'inserimento sul robusto perno di un'altra morsa ancorata al banco di lavorazione. Furono escogitate diverse soluzioni tecniche che comportavano procedure brevettate con varie licenze.

Le tracce lasciate dal sistema di fissaggio sul dorso e sui margini delle lastre possono rivelarsi utili per l'identificazione del particolare brevetto relativo alla morsa utilizzata. Il brevetto di una particolare tecnica di lucidatura rilevata sulla piastra può consentire di risalire al periodo approssimativo di produzione dell'immagine. I più popolari dispositivi commerciali destinati a tenere ferma la piastra durante la lucidatura furono quelli prodotti da *Shive* a Filadelfia ed il *Benedict's plate holder*.

La pulitura della lastra era un'operazione rigorosamente necessaria prima dell'esposizione in fotocamera. Nel primo periodo dei pionieri della dagherrotipia la lustratura della lastra fu eseguita con un tampone tondo in legno, rivestito di velluto o di flanella di cotone. Come agente lucidante naturale era generalizzato l'impiego di una polvere ricavata da rocce di antichissimi depositi di *diatomee* fossili. I depositi più antichi di questo particolare materiale risalgono addirittura all'inizio del cretaceo, circa 120 milioni di anni fa.

La polvere fossile usata in dagherrotipia, originata come detto dagli scheletri di antichissimi radiolari, era scelta in gradazioni di diversa consistenza e finezza. La varietà comunemente impiegata fu anche denominata *Polvere di Tripoli*, dal luogo di provenienza.

Si raccomandava di eseguire la pulitura e la lucidatura con un movimento trasversale rispetto all'orientamento previsto per l'immagine finita, destinata ad essere osservata sotto illuminazione incidente angolata.

La rifinitura poteva prevedere lo sfregamento di un blocchetto di nerofumo sulla striscia in pelle di daino oppure, più comunemente, una spruzzata di nerofumo in polvere accompagnato da qualche goccia d'olio, con strofinamento finale effettuato in senso circolare.

I pionieri della dagherrotipia svilupparono ed applicarono sistemi di lucidatura personalizzati e molto diversificati, tutti comunque accomunati dall'obiettivo di ottenere una superficie argentata di aspetto perfettamente speculare, assolutamente uniforme e priva del minimo difetto.

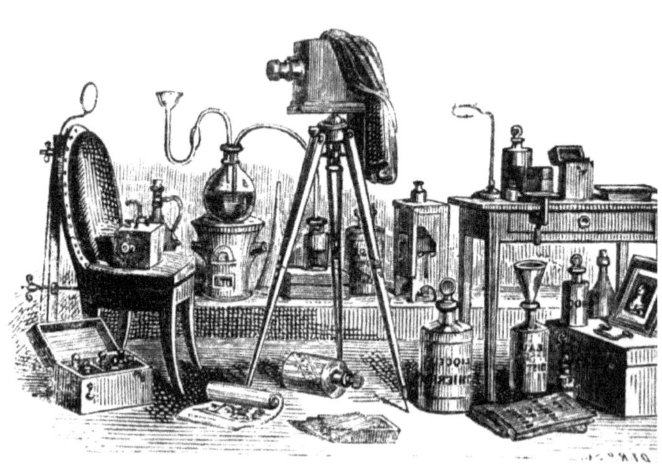

Alcuni evitavano assolutamente l'impiego di sostanze oleose e procedevano ad una prima lucidatura con un panno di finissimo cotone cardato, una spruzzata di *Polvere di Tripoli* ed alcool. La lucidatura proseguiva poi con tamponi rivestiti di flanella di cotone e *rossetto di Parigi*, ossia rossetto da gioielliere. Ovviamente era necessario porre la massima attenzione nell'evitare di toccare con le dita la superficie trattata, per scongiurare ogni possibilità di contaminazione di sostanze grasse.

Oltre al rossetto da gioielliere di finissima qualità, venivano commercializzati prodotti specifici per la lucidatura delle piastre per dagherrotipia come il *Magic Buff*, pubblicizzato sui quotidiani americani del tempo.

Successivamente alla lustratura a tampone si affermò l'impiego di bastoni di lucidatura rivestiti con strisce di flanella di cotone o di finissima pelle scamosciata. Un dagherrotipista ben attrezzato possedeva una serie di bastoni di lucidatura, ciascuno dei quali serviva per strofinare sulla lastra una polvere progressivamente più impalpabile. Sulla piastra destinata alla realizzazione del dagherrotipo si spargeva un pizzico di finissima farina fossile che veniva accuratamente strofinata con l'attrezzo.

L'operazione andava eseguita spargendo qualche goccia d'olio lubrificante sulla superficie della lastra, in modo da produrre un impasto abrasivo estremamente delicato. Nelle pause della lavorazione, il bastone andava riposto in una scatola di lamiera tenuta calda da un fornello a spirito.Per ottenere una finitura perfettamente a specchio poteva occorrere anche una ventina di minuti di lavoro. Anche in questo caso la rifinitura veniva eseguita con rossetto da gioielliere o specifici prodotti commerciali come appunto il *Magic Buff*. Le tracce delle sostanze oleose impiegate per la lucidatura andavano completamente rimosse prima della sensibilizzazione in iodio e bromo e pertanto poteva rivelarsi opportuno un ulteriore lavaggio in alcool oppure in ammoniaca.

Lastre già esposte in modo scorretto potevano essere nuovamente lucidate e rigalvanizzate in vaschette ad anodo d'argento in cianuro di potassio. L'energia elettrica necessaria era fornita da batterie *Bunsen*. Quando la piastra assumeva una colorazione grigio-azzurra, ciò era ritenuto indizio di una buona riargentatura galvanica. Seguiva un lavaggio accurato, prima in alcool o ammoniaca e poi in acqua, concludendo con l'asciugatura su fornello a spirito.

La sensibilizzazione veniva effettuata inserendo la piastrina pulita a specchio, faccia in giù, nel supporto che veniva fatto scorrere nella cassetta di sensibilizzazione contenente lo iodio.

Lo sportello veniva poi aperto, lasciando la lastra esposta all'azione dei vapori di iodio. Il tempo necessario per intonare in giallo la superficie argentata, indizio di formazione della patina sensibilizzata dallo ioduro d'argento, variava dai 15 ai 25 secondi. Il colore che indicava il completamento dell'operazione era una tonalità aranciata di giallo canarino. Lo iodio si conserva per anni, se mantenuto sigillato nel suo contenitore, per cui questo dispositivo lo rendeva sempre pronto all'uso.

L'invenzione di Daguerre prevedeva originariamente solo l'impiego dello iodio, ma un miglioramento decisivo della sensibilità fu presto introdotto con la doppia sensibilizzazione, ottenuta con l'impiego del bromo. Questo procedimento richiedeva quindi una seconda scatola di trattamento.

Il supporto con la lastra già sensibilizzata dallo iodio veniva dunque inserito sullo sportello scorrevole della cassetta con il bromo, sostanza chimica che veniva adoperata in soluzione, oppure più frequentemente secca, stendendola su un letto di calce.

Un'alternativa commerciale, venduta già pronta per l'uso, era costituita dal preparato *Magic Quick*. Tale composto poteva essere ottenuto partendo da una libbra di calce (circa 450 grammi) di farina d'ostriche trattata in alcool e trasformata in polvere secca.

La preparazione procedeva in una bottiglia di vetro con l'aggiunta di un'oncia (circa 28 grammi) di bromo e agitando il tutto per mescolare.

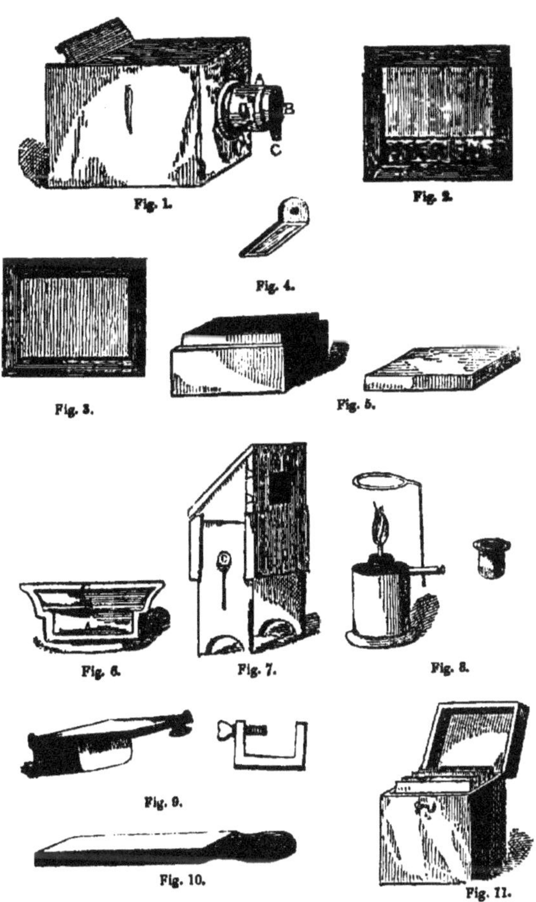

L'eccesso di bromo poteva essere neutralizzato con l'aggiunta di altra polvere di calce, fino ad ottenere una colorazione rosso-marroncina.

Il trattamento in cassetta di sensibilizzazione al bromo procedeva come per lo iodio. Era sufficiente mantenere la lastra in posizione per un tempo da 5 a 10 secondi per ottenere un'intonazione rosa profondo, quasi porpora o prugna, indizio della formazione completa di uno strato sottilissimo di bromuro d'argento. Se il raggiungimento del risultato atteso richiedeva il superamento dei 15 secondi, ciò significava che era necessario aggiungere un altro pizzico di bromo alla sostanza chimica ormai esausta.

L'eccesso di esposizione della lastrina produce la formazione di una superficie punteggiata ed una progressiva perdita di sensibilità. Questo effetto di desensibilizzazione include tutti gli alogenuri d'argento impiegati per sensibilizzare i materiali per la ripresa fotografica: iodio, bromo, cloro. L'esposizione ai vapori sensibilizzanti non deve dunque essere condotta per un tempo eccessivamente lungo. Il bromo si mantiene attivo per mesi per cui non era necessario provvedere a frequenti approvvigionamenti.

A questo punto la lastrina aveva una superficie rivestita da un sottilissimo strato di ioduro e bromuro d'argento e risultava quindi sufficientemente sensibile alla luce. Un ulteriore passaggio di alcuni secondi nella cassetta dello iodio poteva completare il processo di sensibilizzazione e rendeva la lastra pronta per l'esposizione.

Per l'impiego nella fotocamera si procedeva al montaggio in un apposito telaio a tenuta di luce e protetto da una tendina rigida scorrevole.

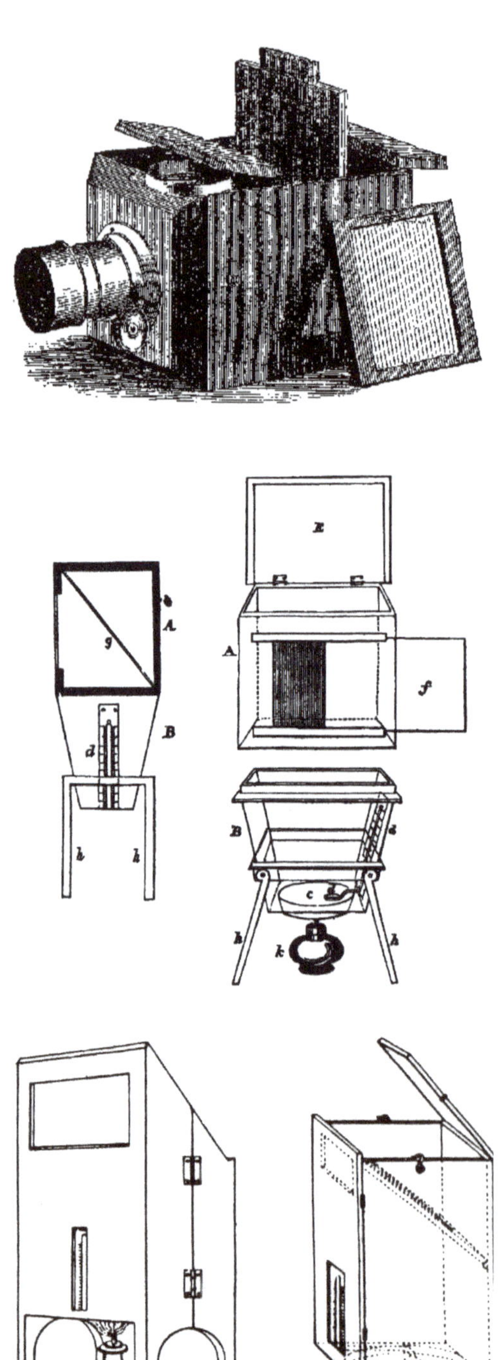

Gli chassis per le lastre sensibili nelle macchine fotografiche a banco ottico sono stati costruiti seguendo il medesimo principio fino all'avvento del digitale.

La macchina da ripresa fotografica era generalmente costituita da una cassetta rigida in legno che veniva montata su treppiede. L'obiettivo rimaneva normalmente chiuso da un tappo in metallo. Nel dorso era posizionato il vetro smerigliato su cui si studiava l'inquadratura.

Una volta effettuata anche la messa a fuoco si riposizionava delicatamente il tappo sull'obiettivo. Si sostituiva poi il vetro di messa a fuoco con lo chassis caricato con la lastra sensibilizzata, ovviamente con la tendina oscurante in posizione abbassata.

L'esposizione si effettuava estraendo la tendina e togliendo il tappo per il tempo necessario, che poteva variare tra i dieci ed i trenta secondi, in relazione alla quantità di luce disponibile.

Per operare nelle diverse stagioni dell'anno e per un'estesa fascia oraria, gli studi fotografici professionali più rinomati, possedevano ampie vetrate ed erano posizionati ai piani più alti, su terrazze luminose.

Complessi sistemi di tendaggi, manovrati a mano, consentivano di controllare accuratamente l'intensità e la qualità dell'illuminazione. Ai soggetti veniva raccomandata la massima immobilità per il tempo di posa.

Ciò causava spesso l'atteggiamento di rigidità che spesso si osserva nelle immagini.

Se il fotografo, aiutato da condizioni di ripresa favorevoli, riusciva a mettere il soggetto a proprio agio, era possibile cogliere ritratti più sereni e spontanei, anche evitando i poggia-testa. Si trattava di aste di appoggio, già impiegate nella ritrattistica tradizionale, a cui era generalmente necessario ricorrere per garantirsi dal mosso fotografico.

La ripresa si concludeva con il reinserimento della tendina nello chassis e con l'estrazione del *portalastra*, che veniva portato in un ambiente opportunamente oscurato, ma ben ventilato, al fine di proseguire il trattamento.

Non si effettuava uno sviluppo vero e proprio, dal momento che l'annerimento, cioè la trasformazione chimica dello ioduro e del bromuro d'argento in argento metallico, era immediatamente visibile. Si trattava piuttosto di rendere chiare ed opache le zone esposte, lasciando l'aspetto speculare alle ombre, con tutte le gradazioni che le densità avevano prodotto. Il mercurio produce appunto un amalgama chiaro, proporzionale all'esposizione, nelle zone su cui ha maggiormente agito la luce.

Si trattava quindi di sottoporre la lastrina all'azione dei vapori di mercurio, possibilmente riducendo al minimo la dispersione nell'ambiente con la conseguente inalazione della sostanza velenosa da parte dell'operatore.

Per questo delicato lavoro si utilizzava una vaschetta in getto di ferro, a forma di piramide rovesciata, montata sopra un fornello a spirito. Sul fondo della vaschetta si predisponeva una piccola quantità di mercurio. La lastra, posizionata a faccia in giù ed inclinata, rimaneva sottoposta all'azione dei vapori di mercurio prodotti dal riscaldamento generato dal fornello a spirito.

La temperatura di trattamento, intorno ai 79° centigradi, veniva tenuta sotto controllo con un termometro inserito nell'apposito canale a fianco della vaschetta a piramide. Solo l'esperienza consentiva al fotografo di valutare con sufficiente approssimazione la durata del trattamento necessaria con il proprio sistema di lavoro; l'operazione durava comunque tra i due ed i tre minuti.

Una vaschetta in vetro di adatte dimensioni era stata intanto predisposta con una soluzione di tiosolfato di sodio, allora ed ancora oggi comunemente ed erroneamente identificato come iposolfito di sodio, a causa di un'imprecisa valutazione originaria della composizione chimica.

La lastrina veniva poi immersa, con la faccia rivolta verso l'alto, nella soluzione, allo scopo di rimuovere chimicamente ogni traccia di particelle di ioduro e bromuro ancora non esposte, ottenendo così il fissaggio dell'immagine e la conseguente stabilizzazione alle ulteriori esposizioni alla luce. Era infine necessario procedere a una serie di risciacqui con acqua, possibilmente distillata, che eliminavano le sostanze chimiche di trattamento. Un buon fissaggio ed un accurato lavaggio sono gli elementi alla base della buona conservazione di un dagherrotipo nel tempo.

Un elemento determinante di trattamento per garantire la stabilità e la resistenza ai graffi, accanto ad un tono più caldo dell'immagine, è il viraggio all'oro. Questo particolare procedimento non genera un'intonazione dorata, piuttosto produce la sostituzione superficiale dell'argento metallico con composti chimicamente molto più stabili. A questo scopo veniva impiegato un sostegno per trattamento al cloruro d'oro su cui si posizionava la lastra con l'immagine rivolta verso l'alto.

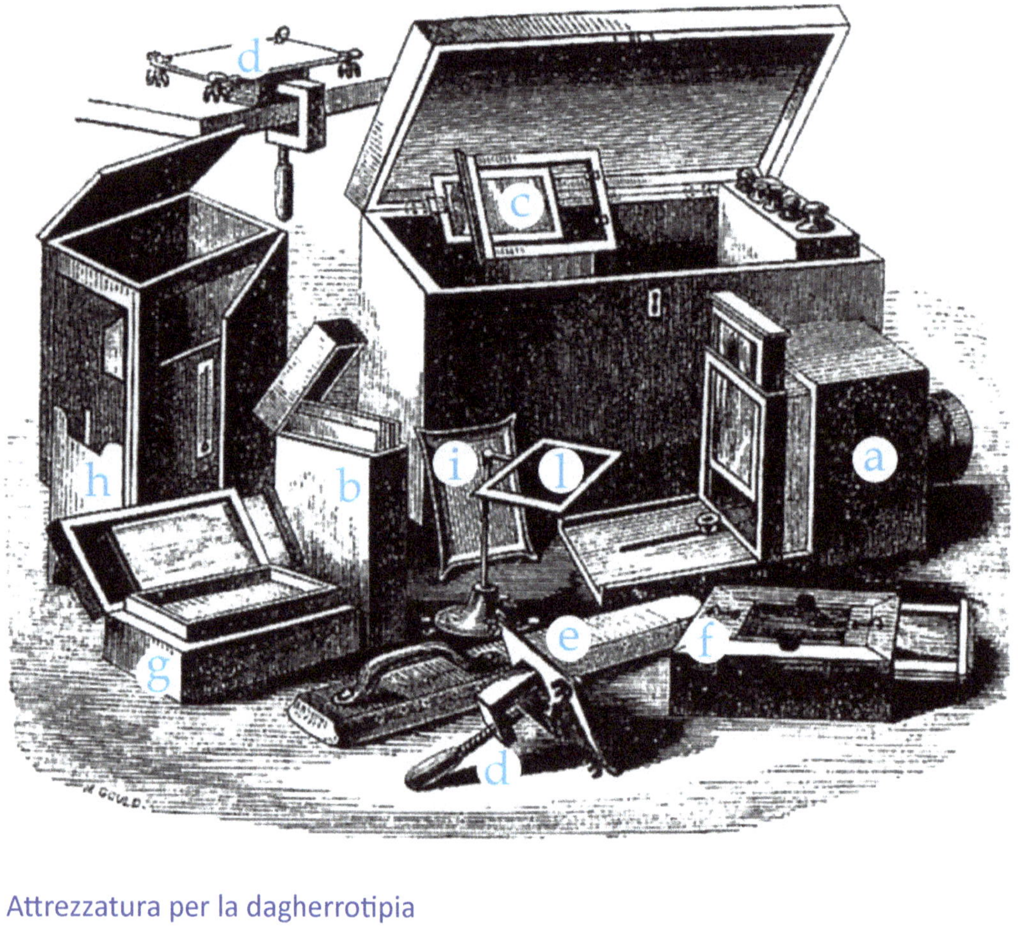

Attrezzatura per la dagherrotipia

a)	Fotocamera	f)	Cassetta per trattamento allo iodio
b)	Lastre di rame argentato	g)	Cassetta per trattamento al bromo
c)	Lastra nel portalastra	h)	Cassetta per trattamento al mercurio
d)	Supporti a morsetto per lucidatura	i)	Vaschetta di lavaggio
e)	Bastone di lucidatura	l)	Supporto per trattamento al cloruro d'oro

Un telaio con viti di regolazione permetteva di sistemare la lastra in modo che rimanesse perfettamente orizzontale. In questo modo, poche gocce di soluzione di cloruro d'oro, potevano rimanere sulla superficie senza sgocciolare al di fuori. Ottenere questo risultato diventava ovviamente molto più difficile con le lastre di maggiore dimensione.

Il fornello a spirito andava così a riscaldare il dorso della lastra su cui veniva versata la necessaria quantità di soluzione di cloruro d'oro. I legami chimici che si stabilivano accrescevano la resistenza della superficie ai graffi e producevano un arricchimento della scala tonale che rimaneva comunque sostanzialmente monocromatica.

La competizione commerciale con le miniature impose la coloritura con pigmenti che doveva essere realizzata molto delicatamente ed in modo non invasivo, per non snaturare la specificità fotografica della dagherrotipia. Per questo esistevano set di ritocco e coloritura che impiegavano aniline da diluire in acqua distillata e pigmenti in polvere naturali. Spesso si trattava di sostanze chimiche tossiche, da maneggiare con cura portando i guanti. Gli strumenti per la stesura erano pennelli molto morbidi.

Le polveri pigmentate in eccesso potevano essere rimosse o diffuse lievemente utilizzando una pompetta in gomma. Tra i colori pronti in polvere di più largo impiego c'era il *ladies flesh color* ed il carminio che servivano per ravvivare, con un tocco molto lieve e con opportune sfumature, il colore della carnagione o delle labbra. Smalti liquidi all'argento e soprattutto all'oro venivano impiegati per dare risalto ai gioielli indossati dal soggetto ritratto.

Tutti questi colori venivano applicati direttamente sulla superficie del dagherrotipo, posizionato su un supporto inclinato in legno. Le operazioni dovevano ovviamente essere eseguite con una grande perizia miniaturistica.

La fase finale della complessa lavorazione di questo raffinato ed unico oggetto fotografico-artistico era il montaggio.

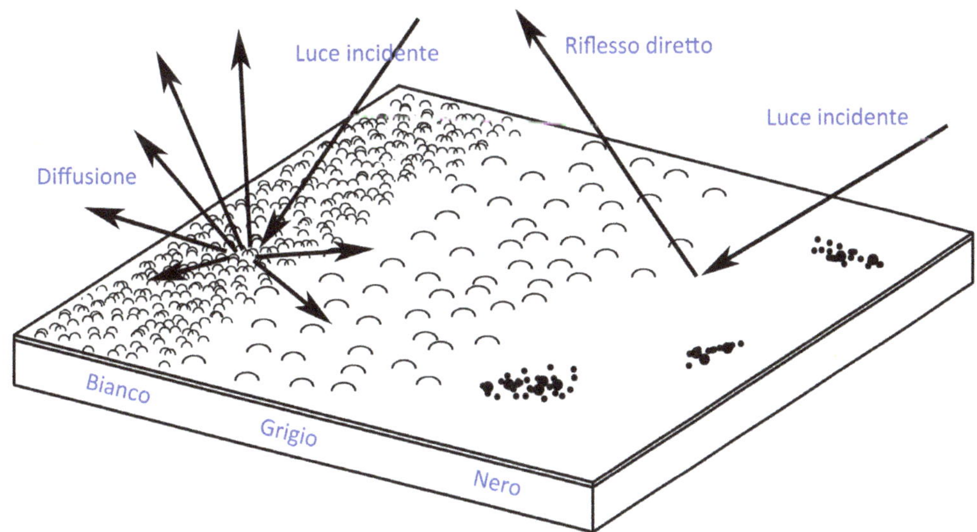

Effetti dell'illuminazione sulla struttura riflettente di un dagherrotipo.
I globuli di amalgama d'argento formatisi sulle aree esposte misurano circa 1,2 micrometri e diffondono luce in tutte le direzioni, creando l'effetto delle alte luci. Nelle aree scure la superficie argentata liscia riflette in modo diretto, come accade negli specchi. In questa zona gli eventuali ammassi scuri di argento metallico ossidato tendono a confondersi con il nero delle ombre.

Un classico astuccio fotografico in legno rivestito di un sottile strato di pelle (marocchino), con cuscinetto di velluto e confezione completa di cornice e riquadro in ottone lavorato a sbalzo. Confezione da ¹/6 di lastra: una delle misure più comunemente scelte dalla clientela.

In Inghilterra e soprattutto negli U.S.A. prevaleva, in modo quasi assoluto, il montaggio in astucci rigidi a due ante, che potevano rimanere aperti ed esposti, appoggiati su un mobile, un tavolo o una mensola. Questa soluzione permetteva di riporli e trasportarli con la massima comodità, caratteristica corrispondente ad uno stile di vita che comporta frequenti cambiamenti di dimora.

Le fonti più affidabili e complete per la comprensione delle specificità del processo inventato da Daguerre rimangono quelle storiche originali, cioé le memorie dei pionieri della dagherrotipia, i numerosi antichi manuali tecnici di fotografia e gli articoli dei periodici di quell'epoca: in particolare quelli dedicati espressamente all'arte fotografica.

Come contributo di approfondimento è qui di seguito riportato l'intero articolo apparso su «*The Photographic Times*» (Vol. XIX, N. 403. Venerdì 7 giugno 1889; pp. 279-281)

LA DAGHERROTIPIA

La pubblicazione su THE PHOTOGRAPHIC TIMES di un breve articolo sulla vita di Joseph Nicéphore Niépce, alcune settimane fa, è stata ampiamente apprezzata dai nostri lettori.

Nel quadro delle celebrazioni dell'invenzione della fotografia, di cui ricorre il cinquantesimo anniversario, cresce ogni giorno l'interesse per gli uomini ed i metodi che hanno contribuito a mezzo secolo di applicazioni di questa invenzione. In un primo momento può sembrare strano che il processo di Daguerre non risulti familiare ad ogni fotografo, ma questo è un fatto.

Molti fotografi professionisti, accanto ad un ancor maggior numero di appassionati, ignorano il processo di produzione del dagherrotipo perché esso cadde in disuso ormai da molti anni. Riteniamo perciò opportuno richiamare qualche dettaglio di questa vecchia e meravigliosa tecnica fotografica.

Poco dopo l'invenzione di Daguerre, i dettagli del processo furono resi pubblici negli Stati Uniti dal professor S.F.B. Morse, di New York, che era al tempo della scoperta, residente a Parigi.

Dagherrotipo francese da ¼ di lastra dei primi anni 'Ottocentoquaranta. Riquadro mat in carta.

I ricercatori americani iniziarono allora una serie di esperimenti che fecero progredire considerevolmente la nuova arte. Ricordiamo qui i nomi di alcuni dei primi sperimentatori in questo campo: dott. Chilton, prof. J.J. Mapes, prof. S.F.B. Morse di New York; dott. Goddard, Cornelius ed altri di Filadelfia, Southworth, prof. Plumbe, Alexander S. Wolcott e John Johnson.

Le prime lastre furono tutte prodotte in Francia. Erano piastre di lamina di rame, argentate su di una facciata con un procedimento poco noto. La misura era in origine di 6,5 per 8,5 pollici (circa 16,5 cm per 22 cm), da cui si ricavavano per taglio le metà ed i quarti.

Ciò sta all'origine dei termini "lastra intera", "mezza lastra" e "quarto di lastra" che furono poi utilizzati per le lastre di vetro con emulsioni in gelatina. Molto presto la manifattura di lastre di rame per dagherrotipia iniziò anche in America. Qui le misure vennero aumentate ad 8 per 10 pollici (circa 20,3 cm per 25,5 cm) per quella che fu chiamata "extra whole size" (misura intera extra), fino ad 11 per 14 pollici (circa 28 cm per 35,5 cm) per la «double whole size» (misura intera doppia).

SCOVILL M'G CO.,

Manufacturers, Importers, and Dealers,

4 BEEKMAN STREET,

Manufactory: WATERBURY, CT. } NEW-YORK,

Offer to the Trade, Artist, and the Amateur, a complete Assortment of

Photographic and Ambrotype Goods,

Mostly of their own manufacture, but all of the best known makes, embracing

APPARATUS, MATTINGS, CHEMICALS, PRESERVERS, CASES, GLASS, of all kinds, FRAMES, PHOTOGRAPHIC PAPER, PHOTOGRAPHIC ALBUMS, ETC.

Agents for C. C. Harrison's renowned Portrait Cameras,
" Harrison & Schnitzer's Patented Globe Lenses,
" Smith's Patent Negative Racks,
" " " Drying Racks,
" Jno. Stock & Co.'s Apparatus,
" Mowry's Photographic Presses,
" Excelsior Roller Presses,
" Tagliabue's Acting Hydrometers,
" Griswold's Ferro Plates,
" Campbell's "Vernis" Plates,
" Dean & Emerson's Adamantine Plates,
" Whitney's Patent Printing Frame.

We would especially invite attention to the extensive stock of Cases. manufactured by ourselves, including Manilla, Leather, Cupid, Jewel, Fancy, and the "Unrivalled" Union Cases, Frames. and Trays, now manufactured by us in increased variety, and to which all parties concede superior excellence in design and workmanship.

Kuhn's Excelsior, Elm City, and other brands of Albumenized Paper, prepared from the best Steinbach, Saxe, and Rive Papers, by the most experienced parties in the country, and guaranteed to give satisfaction equal to any other in the market.

Steinbach, Saxe, and Rive Paper furnished to Albumenizers at the lowest importation rates.

PURE NITRATE OF SILVER, CHLORIDE OF GOLD, POSITIVE and NEGATIVE COLLODION, of the best qualities. CARD CAMERA BOXES, (with and without Ferrotype attachment,) CARD MOUNTS, CARDBOARD, PAPER MATS, FOCUSING GLASSES, BACKGROUNDS, etc., etc. CARD AND FERROTYPE CAMERAS furnished, matched in sets from two to six tubes.

FOR PORCELAIN PICTURES.

Opal Printing Frames, Opal Glass, New Style of Cases, Elegant Passe-Partouts, etc., etc.

We have the exclusive agency of a new and superior article of FLAT Porcelain Glass, which can be cut with the same facility as ordinary glass, and furnished in sizes from 1-9 to 13 x 16.

New Styles Cases, etc., etc.

SAMUEL HOLMES, Agent.

Inserzione pubblicitaria della ditta Scovill su un periodico americano di metà Ottocento.

La Scovill Manufacturing Company di Waterbury (Connecticut) fu la prima fabbrica di lastre per dagherrotipia degli Stati Uniti. Fu presto seguita dalla Holmes, Booth & Haydens e per qualche tempo queste furono le sole due manifatture di lastre in rame attive in America. Nel secondo volume della raccolta dell' "Humphries Journal" (1851), Mr. John Johnson espose alcune delle difficoltà inizialmente incontrate nel tentativo di ottenere lastre adatte ed affermò che una superficie di argento puro era un risultato raro. Egli scrisse di aver fornito indicazioni ai signori Scovills, del Connecticut, affinchè fossero prodotte lastre argentate con argento puro.

Questo articolo di impiego fotografico si rivelò veramente buono, ma sfortunatamente una libbra del prezioso metallo costava allora (agli inizi del 1840) la rilevante somma di nove dollari. Le lamine argentate erano preparate come segue. Una sottile piastra di argento veniva saldata sulla faccia di un panetto di rame che veniva laminato fino a divenire abbastanza sottile. Le lastre venivano poi ritagliate e stampate per ripianarle. In seguito venivano pulite con una ruota di panno trattata con rossetto da gioiellieri.

Il medesimo metodo era impiegato dalla Scovill Manufacturing Company e dalla Holmes, Booth & Haydens. Le piastre così preparate non riuscivano però mai abbastanza perfette, per quanti tentativi si facessero, da risultare tutte indiscutibilmente adatte alla ripresa.

E. & H. T. ANTHONY & CO.
No. 501 Broadway, N. Y.
IMPORTERS AND MANUFACTURERS OF

Photographic, Ambrotype,
AND
DAGUERREOTYPE MATERIALS
OF EVERY DESCRIPTION.

MANUFACTURERS of
Cases of all kinds, Oval Velvet, Jewel, Jenny Lind, Band, Cupid, &c., and all the common styles of leather and paper.
Collodion, Negative, Positive, Instantaneous
Flint Varnish, for Negatives.
Diamond Varnish, for Ambrotype and Ferrotypes.
Gun Cotton, for Negatives, for Positives, and for Opal Pictures.
Albumenized Paper.
Fine Photographic Chemicals, Superior Iodides and Bromides, Chloride of Gold, Acetate of Soda, Double Sulphate, Nitrate Uranium, Chloride Uranium, &c., &c.
Display Cards and Snow Mats.
Rich Cases for Opal Pictures and Miniatures.
Passepartouts, including elegant styles for Opal Miniatures.
Gilt Frames of fine quality. [durability.
Photographic Albums of superior beauty and
Stereoscopic Views in great variety.
Card Mounts, with name and address finely lithographed.
Card Photographs of Celebrities.

IMPORTERS of
Genuine Steinbach, Saxe, and Rive Paper.
Negative Glass, S. B. C. and others.
Three-quarter White Glass.
Extra White Patent Plate Glass.
Roosevelt Glass.
Chance's Sheet Glass, for Negatives.
Genuine B. P. C. Glass.
Crown Glass.
Opal Glass of fine quality.
Porcelain Baths, Trays, &c.
Solid Glass Baths, 16x12, 14x11, 12x9.
Joseph Paper.
Filtering Paper.
Acetic Acid.
Hyposulphite of Soda.
Pyrogallic Acid.
French, German, and English Chemicals
Passepartouts and Fancy Frames, and Carte Portes.
Stereoscopes and Views.

AGENTS for
Coleman Seller's Patent Photographic Press.
Mowry's Photographic Presses.
Dean & Emerson's Mats, Preservers, &c.
Dean & Emerson's Adamantine Plates.
Dean & Emerson's American Carte Portes.
C. C. Harrison Cameras.
Harrison & Snitzer's Globe Lenses.
Woodward's Solar Camera.
Atwood's Patent Alcohol.
Pearsall's Universal Patent Plate Vice.
Witt's Patent Printing Frames.
"The British Journal of Photography."
"The London Photographic News."
Sutton's "Photographic Notes."
Prussian Water Colors, the best yet introduced.

DEALERS in
Shive's Opal Printing Frames and Solar Cameras.
Porcelain Glass, all sizes.
Glass Baths and Pans, from ¼ size upwards.
Apparatus of all kinds.
Mattings and Preservers.
Blue Frosting for Skylights.
Cotton Flannel.
Voigtlander, Jamin, and other Lenses and Cameras.
Backgrounds, painted and flock, plain and landscape, interior and exterior, military and naval, rail and pedestal, and column, &c., &c., in great variety (samples sent).

DEALERS in
Griswold's Ferrotype Plates.
Studio Chairs and Lounges.
Photographic Books, American and Foreign.
Hard Rubber Baths and Pans.
Photographic Ware Bath and Pans.
Gutta Percha Goods.
Frames, Gilt, Rosewood, and Black Walnut.
Carved Frames, Brackets and Easels.
Evaporating Dishes.
Ferrotype Boxes, multiplying for gem pictures.
Card Mounts, plain, gilt, enameled, vignette, ferrotype, &c., &c.
Mounting Boards.
Paper Mats and Gilt Ovals.
Card Boxes, Tuck, and Slide.
Card Envelopes.
Union Cases, Frames, Lockets, Cartes Portes

DEALERS in
Mock Furniture.
Raw Hide Blocks for cutting out pictures.
Punches for cutting pictures.
Focussing Glasses.
Camera Boxes, Carte de Visite, View and Portrait.
Actino Hydrometers.
John Stock & Co.'s Apparatus.
Fluorine, for mounting prints.
Iron Head Rests.
Negative Boxes of all sizes.
Purple Glass.
Negative Racks and Drying Racks.

☞ All orders shall receive prompt and careful attention, and be filled at fair and reasonable prices.

E. & H. T. ANTHONY & CO.,
501 Broadway, New York, 3 doors from St. Nicholas Hotel.

Inserzione pubblicitaria della ditta Anthony su un periodico americano di metà Ottocento.

Le lastre, prodotte con l'argentatura su di un solo lato e con un rivestimento del prezioso metallo molto sottile, venivano sempre rigalvanizzate prima di poter essere effettivamente utilizzate. La lastra era inizialmente pulita a fondo sfregandola con finissima polvere di Tripoli e diverse gocce di olio. Per questa operazione si impiegava un batuffolo di cotone o di flanella di Canton.

Qualsiasi traccia di unto lasciata sulla superficie della lastra avrebbe creato problemi nelle fasi successive di trattamento, specialmente a quello galvanico, per questo motivo l'olio doveva essere accuratamente rimosso con alcool diluito in acqua oppure con ammoniaca.

Dopo la pulitura, la lastra veniva lucidata e rigalvanizzata nel modo che segue. La piastra già precedentemente lucidata e pulita, veniva stretta con un pesante morsetto di legno massiccio. Questo possedeva sul lato inferiore un foro in cui si inseriva esattamente il perno verticale di una morsa fissata al banco di lavoro. La ditta Shive di Filadelfia era specializzata nella produzione di questi bloccaggi. Quando la morsa e la piastra risultavano perfettamente bloccati, potevano iniziare le successive operazioni di lucidatura.

Il primo intervento veniva eseguito con un tampone tondo di legno, rivestito di flanella o di velluto su cui si cospargeva cenere o rossetto da gioielliere. In seguito questo cuscinetto veniva sostituito dall'impiego di un bastone di lucidatura a mano, realizzato con un asta in legno massello lunga 18-20 pollici (circa mezzo metro) e larga tre pollici (7-8 cm). Anche questo bastone era rivestito con flanella di Canton, velluto o pelle morbida. Il lavoro di lucidatura procedeva così più a fondo, usando cenere finissima oppure uno specifico prodotto commerciale come quello venduto col nome di "Magic Buff".

Alla lucidatura manuale seguiva quella meccanica a ruota, eseguita con un disco largo una cinquantina di centimetri e quasi un metro di diametro. Questa ruota era ricoperta con pelle di daino e strofinata di rossetto da gioiellieri di qualità finissima. Il disco di lucidatura era spinto generalmente da un meccanismo a pedale, mentre la produzione industriale delle lastre impiegava talvolta anche il vapore. La lastra era mantenuta in pressione contro la ruota fino a quando risultava perfettamente lucida e priva di qualsiasi graffio. Le operazioni di lucidatura completa richiedevano diversi minuti.

Alla lucidatura seguiva il bagno galvanico in una vaschetta di cianuro di potassio con anodo d'argento e batteria Bunsen. La quantità di argento precipitata sulla lastra era ritenuta sufficiente quando la sua superficie diveniva di colore grigioazzurro uniforme.

A questo punto la piastra veniva rimossa dal bagno, accuratamente lavata, asciugata sopra una lampada a spirito e riposta in una scatola adatta a conservarla.

Prima di essere trattata per ottenere il rivestimento sensibile, la lastra veniva ancora spolverata con estrema delicatezza. La patina fotosensibile si applicava utilizzando due contenitori: uno di iodio ed uno di bromo. La lastra veniva sottoposta inizialmente ai vapori di iodio, fino a che si formava un sufficiente quantitativo di ioduro d'argento. Poi si passava all'applicazione dei fumi di bromo che permettevano di ottenere una maggiore sensibilità.

I. H. Cucher, uno dei primi estensori di manuali per la dagherrotipia, descrive il metodo impiegato dalla maggior parte degli operatori americani con le parole:

Ritratto in dagherrotipia su piastra da ¹/6 di lastra. Ottime condizioni di conservazione superficiale.

« Attendo che la lastra, tenuta sopra al primo contenitore contente lo iodio secco, assuma un colore canarino intenso, tendente all'arancione. Nel secondo contenitore, contenente l'acceleratore bromo, alla lastra si conferisce poi un colore porpora profondo, quasi prugna. In seguito si ripassa al contenitore dello iodio, all'incirca per metà del tempo che era stato necessario per produrre l'iniziale colore canarino intenso, arancione ».

Il bromo era usato in soluzione d'acqua oppure secco. Tra i dagherrotipisti americani, la soluzione non godette mai di grande favore. Fu invece la forma secca, sotto il nome commerciale di "Magic Quick" a guadagnarsi una popolarità immensa. Era preparato saturando una libbra di calce asciutta (spesso ottenuta incenerendo i gusci d'ostrica) con normale alcool, riducendo poi il preparato in polvere perfettamente asciutta.

Questa polvere, unita ad un'oncia (28 grammi) di bromo, veniva messa in una bottiglia ben tappata e agitata per bene. Se i vapori di bromo risultavano eccedenti, si aggiungeva ancora la calce, fino a che tutto il bromo veniva neutralizzato e la polvere assumeva un colore rossastro scuro. La lastra esposta ai vapori accresceva la sua sensibilità fino ad un certo punto: dopo diverse ore la superficie diventava punteggiata e la sensibilità decresceva.

Ai tempi in cui veniva praticata la dagherrotipia gli obiettivi non ricevevano tutte le attenzioni di oggi. Lo scopo più importante era quello di ottenere una ripresa nel tempo più rapido possibile. Per questo si usavano obiettivi a fuoco molto corto e di enorme diametro. Dopo l'esposizione la lastra era sviluppata ai vapori di mercurio. L'apparecchiatura di sviluppo era costituita da un cono invertito in ferro, all'apice del quale era posto un bulbo per il mercurio.

Ritratto di giovane donna in un dagherrotipo da ¹/6 di lastra. Impronta di ossidazione del riquadro mat.

Sul lato di questo dispositivo era inserito un termometro. Quando, al calore di una lampada a spirito, il termometro indicava novanta gradi, il mercurio iniziava ad evaporare e si poteva quindi procedere con il trattamento. La parte superiore del cono era chiusa con riquadri in ferro su cui potevano essere inserite diverse misure di lastra. Su questi portalastra si montavano le piastre destinate ad essere sviluppate. Dopo lo sviluppo la lastra si procedeva al fissaggio con iposolfito di sodio (ndt: più correttamente, tiosolfato di sodio), quindi con il lavaggio e l'asciugatura, infine con il montaggio in astuccio per la consegna.

La doratura della lastra fu praticata in epoca successiva e considerata un grande miglioramento. Si otteneva rialzando gli angoli della piastra, in modo che si formasse una sorta di minuscolo vassoio, capace di trattenere un certo quantitativo di soluzione per la doratura.

Questa soluzione consisteva in una miscela diluita di cloruro d'oro in iposolfito di sodio oppure in una soluzione di iposolfito d'oro e sodio, venduta con la denominazione francese di "sel d'or".

Questa soluzione andava riscaldata e rovesciata quando era al punto di ebollizione. Si proseguiva con il lavaggio e l'asciugatura al calore di una lampada a spirito. I dagherrotipi dorati potevano poi essere colorati con pigmenti in polvere secca, ma questo non portava necessariamente a migliorare la qualità artistica.

Il periodo della dagherrotipia si è indubbiamente concluso senza possibilità di ritorno, ma nessuno che abbia fatto girare un disco di lucidatura o maneggiato le cassette di sensibilizzazione dimenticherà mai i tempi piacevoli e vantaggiosi della dagherrotipia.

Con queste parole colme di rimpianto il cronista pone il sigillo conclusivo, già negli anni 'Ottocentonovanta, sulla prima tecnica fotografia che fu in grado di affermarsi in modo indiscusso.

In Europa la dagherrotipia cadde in disuso prima e più rapidamente che in America, a favore di una rapida affermazione delle stampe all'albume in formato *Carte de Visite*.

I risultati qualitativi, in termini di percezione soggettiva di presenza, che il supporto speculare d'argento consente, accanto a una spettacolare definizione dell'immagine, limitata solo dalle qualità dell'ottica e dalla finissima microstruttura del materiale fotosensibile, rimangono oggi, per certi versi, ineguagliati.

Un numero molto ristretto di appassionati, cultori dell'antico processo, continua tuttavia, ancora nel terzo millenio, a produrre questi raffinati oggetti fotografici.

Ritratto femminile su dagherrotipo da ¹/6 di lastra con coloritura manuale.
Il lieve effetto di solarizzazione sulle aree più brillanti della camiciola induce l'impressione di colore
e di maggiore rilievo del tessuto. Lo sfondo uniforme ma luminoso esalta l'abbigliamento del soggetto
accentuando il distacco tra i piani e la sensazione di profondità.

Il ritratto su dagherrotipo

L'immagine della fotografia è per noi strettamente correlata all'idea del rettangolo di carta che ne costituisce il substrato; supporto cartaceo e raffigurazione si presentano oggi come un insieme inscindibile che non consente reali alternative.

Durante tutto l'800 la situazione era ben diversa; ogni rappresentazione fotografica veniva indicata con un nome speciale perché l'originalità di ciascun procedimento conduceva ad oggetti che non potevano essere tra di loro confusi. Furono certamente prodotte quantità enormi di queste immagini, ma il tempo e la delicatezza connaturata ai materiali le hanno rese veramente poco comuni.

La dagherrotipia, la calotipia, l'ambrotipia e la ferrotipia, così come altri rari processi a positivo unico, occupano un posto di particolare interesse nella storia dei procedimenti fotografici d'epoca e meritano di essere separatamente considerati.

Tutte queste forme di rappresentazione si affermarono in gran parte grazie al favorevole atteggiamento della borghesia in ascesa, disponibile verso tutto ciò che poteva essere in grado di elevarne il decoro. La raffigurazione personale, fino ad allora privilegio dei nobili e dei ricchi mercanti che si facevano ritrarre in prestigiosi dipinti, diventò ragionevolmente accessibile a tutti quelli che non erano nella condizione di dover lottare quotidianamente per la sopravvivenza.

Il materiale costoso e le raffinate manipolazioni che il processo di produzione di un dagherrotipo richiedeva, non resero comunque mai veramente popolare questa tecnica ed il possesso di un tale ritratto equivaleva alla proprietà di un vero gioiello, pregevole quasi come una miniatura. La confezione dei dagherrotipi è quasi sempre elegantissima. Essa si presenta, per lo più, come un astuccio lavorato a rilievo, spesso ricoperto di pelle con impressioni raffiguranti volute e fiori. L'antina di sinistra è foderata con un cuscinetto di raso o di velluto, solitamente rosso, spesso goffrato con disegni di fantasia.

L'immagine è incastonata sulla destra, racchiusa in una cornicetta lavorata a sbalzo (*preserver*). Sotto il vetro di protezione è generalmente presente una lastrina di ottone dorato (*mat*) che funge da *passepartout*.

Ricordiamo che qualsiasi tentativo di apertura dei sigilli di cui sono muniti i vetrini è destinato a provocare col tempo l'ossidazione della superficie argentata; d'altra parte nessuna pulizia è consigliabile, dato che anche un fiocco di cotone produce rigature vistose, pur se usato con la massima cautela. Lo specchio delicatissimo che costituisce la superficie del dagherrotipo non tollera il benché minimo sfioramento.

Il ritratto, poiché quasi universalmente di questo si tratta, poteva essere ritoccato con pochi lievi colori applicati a mano. Le lastre per dagherrotipia non furono quasi mai firmate, ma possono, come vedremo, risultare punzonate. L'abituale difficoltà di identificare l'autore è comune a tutte le opere fotografiche di questo periodo pionieristico.

La complessità e la criticità della realizzazione, la difficoltà del reperimento dei materiali adatti, l'ardua tecnica richiesta, costituiscono la migliore garanzia di autenticità e rendono praticamente impossibile l'esecuzione di falsi che non potrebbero assolutamente risultare remunerativi.

Una piastra d'epoca, in quanto supporto con accoppiamento delle lamine rame/argento in laminatoio, è praticamente quasi inimitabile.

Una ripresa contemporanea dovrebbe essere eseguita su una lastra originale per poter sperare di avere qualche possibilità di ingannare un esperto. Le imitazioni stesse, a questo punto, non sarebbero indegne di una collezione museale.

L'anno ufficiale di nascita della dagherrotipia è il 1839, in seguito all'annuncio della scoperta di Louis Jacques Mandé Daguerre, che venne pubblicamente spiegata dallo scienziato Arago davanti ai membri dell'Accademia delle Scienze di Parigi, il 19 agosto.

La lastrina di rame argentato veniva lucidata con pazienti procedimenti manuali e poi sensibilizzata attraverso l'esposizione ai vapori di iodio.

Ritratto femminile su dagherrotipo ¹/₆ di lastra.

Questo trattamento andava a formare un leggero velo opaco di ioduro d'argento caratterizzato dalla proprietà di essere fotosensibile. La lastra veniva preparata nel buio quasi assoluto ed osservata di tanto in tanto al lume di candela, finché assumeva una colorazione dorata. A questo punto era pronta per essere inserita nella camera oscura che, da questo momento, si avvierà a diventare una vera macchina fotografica.

L'esposizione veniva valutata ad esperienza e durava un tempo che, anche in giornate di sole e servendosi dei migliori obiettivi allora disponibili, durava comunque alcune decine di secondi. Fu solo con il perfezionamento del processo di Daguerre, con la sensibilizzazione al cloro introdotta da Claudet e con l'uso del bromo, che fu possibile eseguire ritratti nitidi e senza rischio di mosso in ripresa.

Una certa immobilità era comunque sempre richiesta e le immagini che ci sono rimaste testimoniano spesso la tensione delle persone che si facevano riprendere. Ricordiamoci pertanto che la ieraticità era una condizione necessaria piuttosto che una scelta deliberata. La dagherrotipia era comunque ben più sopportabile delle interminabili sedute imposte dalla raffigurazione pittorica.

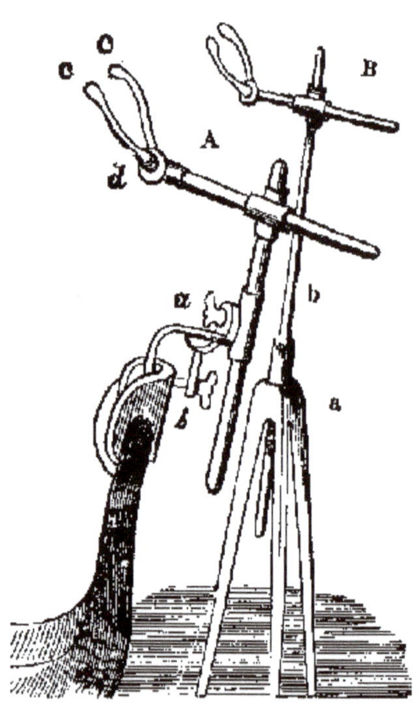

Stativo di posizionamento ed arresto con ferma-testa.

Lo sviluppo della lastrina veniva effettuato con l'azione dei vapori di mercurio che producevano una patina chiara nei punti colpiti dalla luce. L'appannamento dello ioduro nelle zone rimaste più in ombra veniva poi eliminato con un lavaggio in acqua calda salata, presto sostituito dal fissaggio in soluzione di tiosolfato di sodio.

L'effettiva visione della figura è possibile solo orientando la lastra in modo che sulla superficie speculare si rifletta il buio o almeno la penombra; in caso contrario si osserva una sorta di negativo.

La tecnica ottico-chimica impiegata fa sì che il dagherrotipo sia sempre un esemplare unico. In Italia è piuttosto difficile reperire pezzi di origine sicuramente nazionale, dato che gli antiquari trovano più comodo acquistare in Francia, in Inghilterra o in America, dove l'offerta è certamente meno limitata.

Ritratto maschile su dagherrotipo da ¹/6 di lastra.

Dalla scoperta della fotografia fino ad oggi si può dire che nulla sia stato lasciato di intentato e che niente è più assolutamente originale. La fotografia è stata usata per una infinità di scopi diversi, inizialmente quasi solo come documentazione, per mostrare luoghi, persone ed avvenimenti lontani, per fare conoscere opere d'arte e paesaggi.

Dagherrotipo tinto da ¹/6 di lastra con evidente traccia di ossidazione in corrispondenza del riquadro mat.

A causa delle inevitabili difficoltà tecniche incontrate nelle riprese all'aperto, l'uso in esterni della fotocamera fu molto occasionale e l'impiego prevalente fu quello ritrattistico. I pittori miniaturisti si trovarono rapidamente sconfitti nella competizione con una tecnologia che offriva rapidità ed economia.

Molti di loro divennero fotografi per necessità, trasfondendo le regole del loro genere nella fotografia e condizionandone i successivi sviluppi espressivi ai consolidati canoni della pittura.

La ripresa fotografica venne originariamente considerata con difficoltà come arte autonoma. I primi dagherrotipisti spesso tralasciarono di contrassegnare le proprie riprese ed inizialmente mancò il segno di un consapevole orgoglio. L'*Arte* arrivò con la progressiva maturazione delle competenze fotografiche, reclamata dai professionisti che volevano darsi un tono ed ottenere riconoscimenti, anche commerciali.

I ceti in ascesa accolsero volentie-ri questa invenzione che permetteva di farsi ritrarre come solo i ricchi e i potenti avevano potuto fino ad allora fare. Le fotografie divennero oggetti da regalare e vennero scambiate come biglietti da visita. Le loro raccolte fecero nascere l'esigenza dell'album. La dagherrotipia venne subito usata per farsi riconoscere, rappresentando il proprio status sociale, fino a mentire con abiti presi in prestito, ambientazioni ed atteggiamenti borghesi.

La capacità di fingere, in opposizione all'apparente obiettività del mezzo espressivo, venne subito compresa e sfruttata per produrre ritratti in grado di accreditare la massima considerazione e l'onorabilità dei personaggi in posa.

L'aspetto dignitoso e talvolta impettito delle persone ritratte dipende anche dai lunghi tempi di ripresa richiesti da quella che, sempre a causa dell'eredità pittorica, si chiama posa.

Coppia ritratta su dagherrotipo da ¹/6 di lastra. La posa è simmetrica e rigidamente composta.

Nonostante i miglioramenti del processo, con l'accrescimento della sensibilità della lastre, nel 1844 poteva ancora essere necessaria una posa di un minuto e mezzo, con buone condizioni di illuminazione solare. Questo tempo era rivendicato come un risultato di cui farsi vanto, come risulta da un'inserzione pubblicitaria di quell'anno, fatta dal dagherrotipista J.F. Jenkins, di Cleveland, Ohio.

L'adulto è rimasto immobile, ma la bimba si è leggermente mossa.

Anche quando la necessità di rimanere immobili si ridusse ad una manciata di secondi, l'esecuzione di ritratti infantili restava problematica. Per i lattanti si poteva attende che si addormentassero, ma il gioco della "bella statuina" non sempre aveva successo con i più piccoli. Gli stratagemmi da applicare erano numerosi: il genitore poteva tenere accostato al grembo il viso del piccino, in atteggiamento di carezza e protezione; fargli appoggiare la testa al petto del padre o della madre; circondarlo con le braccia e fermarlo con le ginocchia incrociate. Ai più grandicelli si facevano tenere le braccia incrociate oppure li si impegnava con un giocattolo che avrebbero dovuto tenere stretto al corpo. Nonostante tutte le precauzioni, restava difficile ottenere una perfetta immobilità per il tempo necessario. L'abitudine di posare composti, come generalmente è gradito apparire in un ricordo formale destinato a durare nel tempo, rimase anche dopo la soluzione dei problemi tecnici che richiedevano l'immobilità. La cultura di severo autocontrollo e di puntiglioso rispetto di un contegno compunto, a cui non erano estranei i dettami di educazione religiosa, si riflette negli atteggiamenti dei personaggi ritratti in questa epoca.

Ritratto di bambina su dagherrotipo da ¹/6 di lastra. Con ogni probabilità dietro alla schiena è nascosto uno stativo di posizionamento con ferma-testa, infatti il volto è ben delineato. Gli occhi presentano tuttavia un evidente mosso di ripresa. La mano appoggiata al tavolo è rimasta ben ferma, mentre quella che regge una palla o un gomitolo è confusa, benché fosse tenuta appoggiata al corpo.

Un giovane posa, impettito in un ritratto destinato a tramandare la figura di uomo determinato.
La lastra da $^1/6$, misure effettive 68 x 81 mm, è stata acquisita nell'area di Indianapolis, Indiana, U.S.A.
In ottime condizioni di conservazione superficiale, porta impresso in modo ben distinto il profilo del
riquadro mat, tipo L nella classificazione di questo libro. In alto a destra si osserva il punzone AJPD40
(Asterisco JP Doublé, massa 40) che caratterizza lastre prodotte probabilmente in Francia intorno agli
anni 1850-1858. Gli angoli sono stati smussati, come di consueto avveniva per i montaggi in astuccio.

I ritratti maschili di metà Ottocento rappresentano spesso personaggi che assumono un atteggiamento severo, quantomeno deciso. Il ruolo maschile e quello femminile erano delimitati in modo fortemente condizionante. Il ritratto femminile appare invece generalmente più rilassato e spontaneo, almeno nelle giovani donne.

Ai nostri giorni molte persone preferiscono farsi ritrarre togliendosi gli occhiali per vezzo, quasi considerando con fastidio l'imperfezione visiva.
Quando invece il saper leggere e scrivere era un privilegio di pochi, l'esibizione degli occhiali costituiva elemento caratterizzante di cultura e conseguentemente di benessere e prestigio sociale.
Che si trattasse poi di una donna, come in questo dagherrotipo, era un fatto ancor più inconsueto.

La dagherrotipia ed il colore

Tra gli obiettivi prioritari dei pionieri della fotografia che perseguivano la fedele riproduzione della realtà, la corretta rappresentazione dei colori fu una preoccupazione di massimo rilievo. Diversi ricercatori si resero conto degli effetti prodotti dai vari colori dello spettro sui materiali fotosensibili. *Alexandre-Edmond Becquerel* (Parigi, 1820 - 1891) e *Claude Félix Abel Niépce de Saint-Victor* (Saint-Cyr, 1805 - 1870) ottennero minimi effetti pratici, come anche l'americano *Levi Hill* (1816 - 1865), che godette comunque di maggior popolarità a dispetto dei risultati raggiunti.

Hill sviluppò un complicato processo in grado di restituire accenni di rosso e di blu su lastre per dagherrotipia e su supporti cartacei sensibilizzati con sali d'argento. La pubblicazione del metodo, mai interamente chiarito, in *"A Treatise on Heliochromy"* (1856), non consentì ad altri di ottenere i medesimi, per quanto approssimati, successi.

Le hillotipie (*Hillotypes*), come furono denominate queste immagini, attualmente note sono una sessantina, acquisite dagli eredi dell'inventore. Sono conservate presso lo Smithsonian National Museum of American History. Nel 2007 sono state condotte dettagliate analisi chimiche per comprenderne la natura. Le conclusioni confermano che i deboli rossi e blu sono genuinamente prodotti in origine con processo chimico, mentre altri colori sono determinati da pigmenti, perciò impiegati fraudolentemente da Levi Hill per rafforzare l'aspetto realistico dell'insieme dei colori.

A TREATISE
on
HELIOCHROMY;
or,
The Production of Pictures,
BY MEANS OF LIGHT,
IN NATURAL COLORS.

embracing
A Full, Plain, and Unreserved Description
OF THE PROCESS KNOWN AS
THE HILLOTYPE,

INCLUDING THE AUTHOR'S NEWLY DISCOVERED
COLLODIO-CHROME,
OR NATURAL COLORS ON COLLODIONIZED GLASS.

together with
Various Processes for Natural Colors,
ON PAPER, VELVET, PARCHMENT, SILK, MUSLIN, PORCELAIN,
WOOD, &c.,

AND ELABORATE ESSAYS
ON THE THEORY OF LIGHT AND COLORS, THE CHEMISTRY OF HELIO-
CHROMY, AND THE ENTIRE RANGE OF THE AUTHOR'S NINE
YEARS' EXPERIENCE IN SUN COLORING.

BY L. L. HILL.
OF WESTKILL, GREENE CO., N. Y.

PUBLISHED BY ROBINSON & CASWELL,
57 CHAMBERS STREET, N. Y.

1856.

Hill soffriva di problemi polmonari ancora prima di iniziare le sue ricerche nel campo della fotografia a colori. Anzi quello era proprio il motivo che lo aveva costretto ad abbandonare la sua attività di ministro del culto della chiesa Battista.

La necessità di operare con sostanze tossiche estremamente pericolose non lo metteva certo nella condizione migliore di condurre a fondo le sperimentazioni necessarie senza le gravi conseguenze per la salute che infine lo condussero alla morte.

Dal suo trattato sappiamo infatti che impiegava elementi chimici come acido prussico, fosforo, idrogeno solforato, cianogeni, cloruri, bromuri, nitrati, nitriti e composti di arsenico.

Hill fu tra gli ultimi pionieri di un'epoca in cui le scoperte fotografiche restavano affidate alla sperimentazione generica, priva, o quasi, delle indispensabili conoscenze scientifiche che caratterizzano la ricerca contemporanea.

La mancanza di precisi riferimenti sulla struttura della materia e di rigorose conoscenze di chimica, elettrologia e teoria del colore non potevano che condurre a esperienze caratterizzate da imprecisi tentativi che oggi sarebbero considerati dilettanteschi. La speranza di trovare soluzioni decisive restava affidata ad autentici colpi di fortuna, come accadde per il cucchiaio dimenticato da Daguerre sulla lastra argentata.

Nell'autobiografia inserita da Levi Hill stesso nel suo *Treatise on Heliochromy*, l'autore scrisse alcune frasi rivelatrici.

«Il mio primo risultato veramente soddisfacente fu ottenuto nel 1850. Lavoravo allora alla riproduzione di una grande litografia colorata del villaggio di Prattsville. Mai prima d'allora, né mai dopo, ho provato un'eccitazione mentale paragonabile a quella di quando vidi questo risultato. Stanco e consumato dalle fatiche di tre lunghi anni, fui improvvisamente come rapito in un luogo di pace e di bellezza.

La mia mente roteò e barcollò di fronte allo straordinario fatto che avevo raggiunto il traguardo delle mie speranze e gridai come un Metodista: Eureka! Eureka! Mi sembrava che la casa fosse troppo stretta per contenere pensieri improvvisamente esplosi. Mi incamminai verso un cespo di salici, presso il corso di un ruscello, dove iniziai a parlare da solo come Ofelia, cedendo ad ogni forma di sentimentalismo.

Mi impegnai per un'ora o due nell'impegnativa incombenza di raccogliere sassi da tirare sulla superficie dell'acqua. Al mio sguardo estasiato, ogni pietra, foglia e persino le mie mani, avevano un heliochrome impresso. Con ciò sono stato, per l'unica volta nella mia vita, sull'orlo della pazzia.

Improvvisamente fui colpito dalla preoccupazione di dover fare il disperato tentativo di ricordare il percorso fatto per ottenere quell'immagine. Dal momento che avevo impiegato proporzioni indefinite di vari composti, mi resi conto della necessità di concentrarmi nello sforzo disperato di ricordare le quantità di ciascuna sostanza.

Come in un esercizio di memoria dovevo richiamare forma e dose di ogni elemento. Mi costrinsi quindi nel chiuso della mia stanza, mettendomi al lavoro deciso a costruire la formula. Questo sforzo fu la chiave di volta del mio successo futuro.»

Dunque Hill giunse alla sua pretesa scoperta in modo del tutto casuale. Da ciò che si può evincere, egli non fu neppure più in grado di ricostruirne esattamente il percorso, tanto che il pallido risultato che egli fu in grado di pubblicare assunse l'aspetto del rimpianto per un'invenzione mancata.

Forse fu proprio la consapevolezza di aver comunque originariamente ottenuto un successo completo, che non fu più in grado di ripetere, che lo indusse a considerare moralmente accettabili modeste integrazioni manuali. Il risultato irrimediabilmente perduto nella sua pienezza, poteva dunque essere rievocato con qualche benevolo ritocco, nella speranza di giungere un giorno a riafferrare l'intero fortunato processo.

Tale interpretazione fu originariamente espressa negli anni seguenti alla pubblicazione del trattato di Hill e poi fatta propria dallo storico della fotografia Baumont Newhall nel testo *History of Photography*. In Humphery's Journal of Photography, vol.9, pag.92-93 troviamo infatti:

«Egli ha sempre affermato di avere ottenuto riprese nei loro colori naturali, ma che ciò fu conseguito attraverso un'accidentale combinazione di elementi chimici che non fu in grado, per il resto della sua vita, di riprodurre».

Frustrati dunque i tentativi di Hill e di altri volenterosi pionieri della fotografia ed in particolare della dagherrotipia, non restava altro che percorre la via della coloritura manuale, arte già ben sperimentata dai miniaturisti; nota e praticata nell'apprezzamento generale di una committenza abituata a questo genere di prodotto .

Dagherrotipo tinto su $^1/6$ di lastra. Ritratto femminile con fine coloritura del volto.

Armand Hippolyte Louis Fizeau.

In dagherrotipia, la base fondamentale di qualsiasi successivo intervento di coloritura era il trattamento all'oro (*gilding*), generalmente ed impropriamente indicato come doratura, che non conferiva un'intonazione dorata, ma piuttosto una modulazione calda in cui la pastosità delle variazioni luminose si arricchiva di contrasto e di sfumature. L'effetto fu immediatamente apprezzato perché permetteva di superare l'intonazione freddamente metallica della lastra argentata.

Questo trattamento fu scoperto da *Armand Hippolyte Louis Fizeau* (Parigi 1819, Venteuil 1896) nel corso dell'anno1840.

Il trattamento impiegava una soluzione di cloruro d'oro e tiosolfato di sodio e va forse considerato più come una sorta di fissaggio piuttosto che un procedimento di viraggio: non è infatti da confondere con il viraggio all'oro che si affermò successivamente nel trattamento delle fotografie su supporto cartaceo.

La soluzione veniva deposta sulla lastra che andava poi riscaldata con una candela, ottenendo una stabilizzazione efficace dell'immagine fotografica.

L'effetto non era semplicemente estetico, ma comportava un miglioramento decisivo della resistenza superficiale agli stress meccanici, fisici e chimici. Ciò consentiva di effettuare i successivi interventi di coloritura riducendo il rischio di abrasioni.

La coloritura dei dagherrotipi può essere classificata sulla base di varie considerazioni. Michael Jacob indica nel libro *"Il dagherrotipo a colori. Tecniche e conservazione"* due metodi fondamentali sulla base dei quali si può effettuare una distinzione: ***procedimenti a pigmento per deposizione fisica*** e ***procedimenti ad azione elettrolitica***.

Egli osserva che la rilevazione può essere semplicemente condotta con l'accurato esame della lastra nuda.

Infatti, guardando la piastra con l'opportuna angolazione di luce, si può constatare che le immagini colorate con metodo elettrolitico mantengono integralmente l'effetto di mostrarsi alternativamente come positivi o negativi, a seconda dell'angolo di incidenza della luce, esattamente come accade nell'osservazione dei dagherrotipi non colorati.

Le immagini colorate con pigmenti apposti effettuando la deposizione fisica, mantengono invece corposità anche quando il riflesso dovrebbe invertire la percezione delle aree chiare e scure.

Johann Baptiste Isenring (Lütisburg, San Gallo, Svizzera, 1796-1860) inventò un metodo di **coloritura a secco per sedimentazione** che per molti anni non fu possibile superare in termini qualitativi. Le singole tinte erano preparate sotto forma di finissima polvere, miscelata con gomma arabica, disseccata e mantenuta perfettamente asciutta.

Con questo procedimento, la deposizione dei pigmenti di colore sulla superficie del dagherrotipo avveniva progressivamente, applicando una tinta per volta, in scatole in cui si provocava la sospensione aerea di un finissimo particolato di impalpabile polvere.

Il pulviscolo tendeva poi gradualmente a sedimentarsi: una maschera delimitava l'estensione ed il contorno delle aree della lastra su cui i pigmenti venivano poi definitivamente fissati con la semplice azione dell'alito, caldo e umido. Ovviamente il trattamento andava ripetuto per ogni tinta, predisponendo precise mascherature individuali per ogni singolo dettaglio.

Tecnicamente più semplice, pur richiedendo un'abilità manuale da provetto miniaturista, era la tecnica di **coloritura a secco per applicazione diretta**. Questo metodo comportava la stesura manuale delle polveri colorate e miscelate con gomma arabica.

Dagherrotipo da ¹/6 di lastra, tinto con procedimento di deposizione dei pigmenti a secco.

Pennelli morbidi e flessibili, di pelo di martora e di cammello erano usati con perizia, picchiettando lievissimamente la superficie del dagherrotipo, punteggiando e mai strofinando, proprio come richiede il ritratto miniaturistico. La piastra veniva mantenuta calda durante l'operazione. Anche in questo procedimento il fissaggio si otteneva alitando sulla lastra. La coloritura dei dagherrotipi e degli ambrotipi richiedeva quantità decisamente esigue di pigmento. La preparazione dei colori da applicare a secco consisteva solitamente nella diluizione in acqua, in una vaschetta di vetro, di pochissimo colore, insieme a qualche grano di gomma arabica. Dopo aver lasciato riposare, la mistura veniva filtrata passandola attraverso un foglio di carta assorbente, per rimuovere ogni traccia di impurità. Il residuo andava perfettamente essiccato per l'impiego diretto sulla lastra.

Ritratto femminile su dagherrotipo da ¹/₆ di lastra. Coloritura manuale con gioielli dipinti in oro.

La tecnica di **coloritura a umido** prevedeva sempre l'applicazione diretta a mano con pennelli e consiste nella stesura di pigmenti solubili in acqua. Tale procedimento venne utilizzato con numerose varianti. La coloritura poteva essere eseguita direttamente sulla lastra, dopo averla eventualmente protetta con una vernice adesiva trasparente, applicata per immersione, su cui si operava quando ancora non era completamente asciutta, in modo che risultasse ancora parzialmente appiccicosa.

Ritratto su dagherrotipo tinto con tecnica mista. Occhi colorati con pigmenti deposti ad umido.

Questo metodo di coloritura fu sviluppato da *Antoine Jean François Claudet* (Lione 1797, Londra 1867). L'applicazione si eseguiva con un pennello morbido a punta sottile, bagnato in fine distillato di vino, prendendo poco pigmento per volta. Il colore era preparato anch'esso in soluzione di distillato, nuovamente disseccato e finemente polverizzato in un mortaio in vetro. Lo strato deve risultare evanescente e, qualora sia necessario, l'applicazione va ripetuta ogni volta che il colore sia secco tra una stesura e l'altra.

Dagherrotipo da ¼ di lastra, tinto con tecnica mista: deposizione di pigmenti di colore a secco e ad umido.

Il bracciale della bambina, il mazzolino di fiori e gli ori sono stati colorati con un pennello fine, deponendo i colori con metodo a umido. La corposità e l'assenza di riflesso di questi dettagli si osserva variando l'inclinazione della lastra sotto la luce incidente.
I volti mantengono invece l'effetto cangiante negativo-positivo caratteristico della coloritura elettrolitica, ma anche delle più leggere deposizioni a secco. L'intonazione azzurra brillante su polsini e colletti si produceva con una debole solarizzazione da sovresposizione.

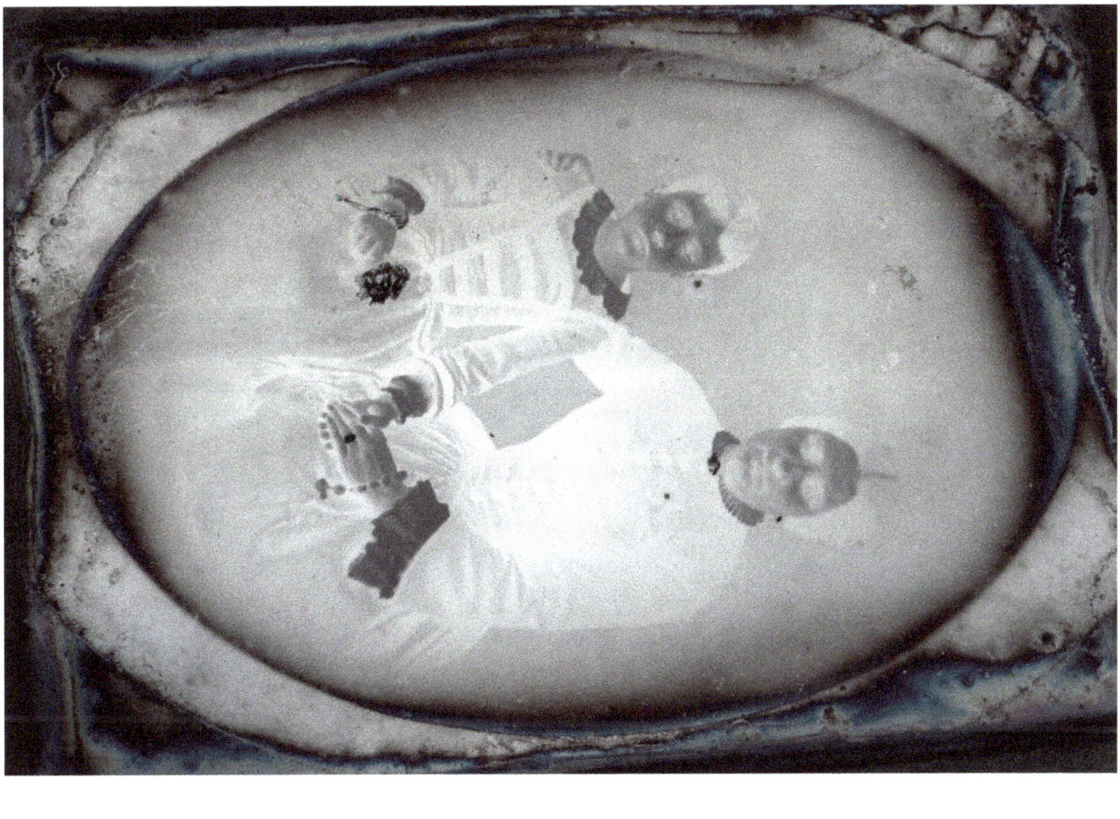

Un altro metodo di coloritura ad umido fu sviluppato da *Leotard de Seuze*: consisteva nell'impiego di una membrana trasparente e permeabile fatta temporaneamente aderire alla lastra, impiegando una soluzione di spirito di vino o di etanolo e gomma arabica riscaldati in bagno d'acqua (a *bagnomaria*). I pigmenti passavano e si diffondevano sulla superficie della lastra per assorbimento e non per azione meccanica diretta del pennello.

La pellicola adesiva andava infine rimossa con decisa delicatezza, procedendo al montaggio finale del vetro di protezione, quando il colore risultava perfettamente asciutto. Un altro metodo ancora consisteva nell'applicazione del colore all'interno del vetro di chiusura, che doveva poi andare perfettamente a registro sull'immagine. Questo metodo fu messo a punto da *Charles Louis Chevalier* (Parigi, 1804 - 1859).

Prevedeva appunto la tracciatura del contorno o addirittura della silhouette delle figure da colorare sulla lastra in vetro di protezione, in corrispondenza di questi segni si stendeva la vernice, in modo che le tinte andassero poi a sovrapporsi alle corrispondenti aree del dagherrotipo sottostante.

I coloranti da impiegare erano quelli, brillanti e trasparenti, usati per le lastrine da proiezione delle lanterne magiche. Quando il lavoro era concluso e perfettamente asciutto, la traccia di riferimento andava rimossa ed il vetro fissato in modo definitivo. L'immagine appare con un effetto simile a quello prodotto da una litografia colorata.

Ritratto su dagherrotipo tinto con montaggio in quadretto, per presentazione in cornice europea.

Il colore è appena accennato, disteso a pennello come strato sottile per intonare i nastri ed i dettagli dell'acconciatura. La coloritura manuale sui dagherrotipi appare spesso molto indebolita, quasi che un lavaggio o una pulitura siano intervenuti producendo un parziale effetto di rimozione. Più verosimilmente i pigmenti possono avere perso intensità a causa del trascorrere del tempo.

In ogni caso la coloritura del dagherrotipo doveva rimanere sempre estremamente lieve per risultare gradevole in relazione alle caratteristiche di un oggetto fotografico che andava osservato in condizioni particolari di illuminazione.

Questo esemplare di dagherrotipo tinto, su lastra da ¹/9, presenta caratteristiche fisiche che lasciano supporre l'esecuzione di una coloritura elettrolitica.

La coloritura elettrolitica nacque per evoluzione da una variante di doratura (*gilding*) ottenuta per elettrolisi. L'invenzione è dovuta a Daniel Davis jr. che rivendette i diritti del brevetto depositato nel 1842 al dagherrotipista John Plumbe.

Il metodo prevedeva l'impiego di bagni galvanici preparati con diverse soluzioni elettrolitiche di sali di rame, argento, oro e sali di metallo, a seconda dell'effetto di colorazione finale desiderato. Un ago collegato al polo positivo della batteria fungeva da pennello elettrolitico e consentiva di direzionare la deposizione del colore sulle aree destinate a riceverne l'effetto.

Una evoluzione di questo metodo consisteva nello schermare le aree che andavano protette dalla coloritura elettrolitica con una miscela di gomma arabica e grasso. Ogni cambio di tinta implicava la rimozione dello strato isolante con immersione in lisciva bollente.

La successiva stesura di una nuova opportuna mascheratura dielettrica era necessaria per ogni singola operazione di intonazione e andava rimossa ovviamente alla conclusione del lavoro. Il procedimento di coloritura elettrolitica resta per sua natura laborioso e delicato ed ebbe pertanto applicazione decisamente limitata.

La superficie dell'ambrotipo, caratterizzata dalla pellicola di collodio e da una certa resistenza agli stress meccanici, era decisamente più adatta a interventi di coloritura di quanto lo fosse la lastra per dagherrotipia. La densità generale dell'immagine ed il tono profondo del suo peculiare aspetto, non consentono però di applicare con esito ottimale i colori delicati e trasparenti che rendono brillanti e luminosi i dagherrotipi tinti. Buoni risultati si possono ottenere solo sulle aree delle alte luci, sul volto o su elementi di abbigliamento che nella fotografia ortocromatica risultino comunque molto chiari.

Questo problema di resa non si verifica per l'oro. L'applicazione di minuti ritocchi dorati in corrispondenza di catenine e spille fu dunque frequente negli ambrotipi, anche quando gli ornamenti effettivamente indossati non erano in questo pregiato metallo. Un lieve ritocco rosato poteva essere agevolmente adottato per ravvivare il volto. Eccezionalmente qualche modesto intervento si estendeva su piccoli elementi d'arredo.

I dagherrotipi tinti, come accadde in seguito per gli altri processi fotografici fondamentalmente monocromatici, presentano una varietà di soluzioni tecniche di coloritura che potrebbe risultare fuorviante nel quadro di una classificazione rivolta alla rigorosa identificazione delle procedure che è possibile osservare.

La ricchezza di dettaglio dei dagherrotipi realizzati con buone ottiche e riprese effettuate con un'accurata messa a fuoco, si riesce ad apprezzare interamente solo con un forte ingrandimento.

L'acquisizione digitale ad alta risoluzione, con l'ottimizzazione del contrasto e della saturazione, riesce a recuperare la vivezza dei colori originari e permette di riconoscere le caratteristiche più minute dell'immagine.

Ciò è tanto più vero quando si considerano le lastre tinte artisticamente a mano. Le delicate operazioni di coloritura non erano necessariamente svolte dal dagherrotipista che eseguiva la ripresa fotografica.

Spesso infatti lo studio si serviva di una artista specializzato che si dedicava esclusivamente a questo lavoro. In caso contrario il dagherrotipista amava qualificarsi anche come pittore colorista.

Un adeguato ingrandimento consente di riconoscere la struttura dei pigmenti utilizzati ed osservare l'applicazione di piccoli stratagemmi che normalmente sfuggono ad un esame superficiale.

Ad esempio, microscopici graffi e minuscoli colpetti di bulino venivano utilizzati per accrescere il bagliore metallico nei punti in cui si voleva accentuare il riflesso dei gioielli.

La coloritura degli elementi di arredo richiedeva grande perizia artistica ma era indipendente da valutazioni individuali, rispetto alle sfumature dell'incarnato di ogni soggetto ripreso.

Per questo le suppellettili sono spesso più vivacemente colorate, dal momento che anche le pennellate di tinta coprente non ne mutano sostanzialmente l'aspetto.

L'inserimento nella composizione dell'immagine di pochi isolati complementi di vivace aspetto poteva animare in modo efficace tutta la scena. Sfortunatamente questi interventi artistici erano piuttosto costosi e non tutta la clientela era in grado di poterseli permettere.

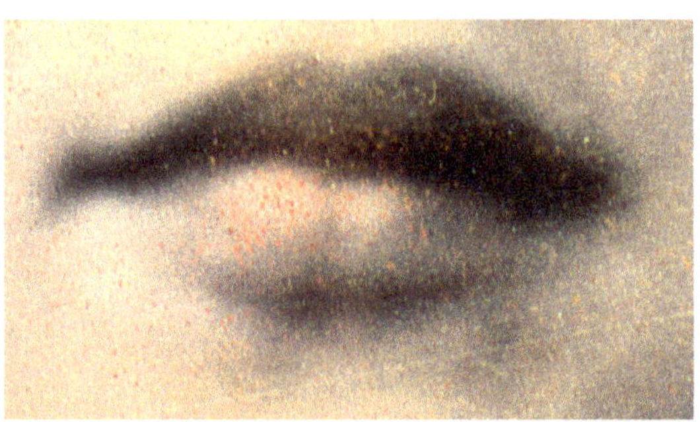

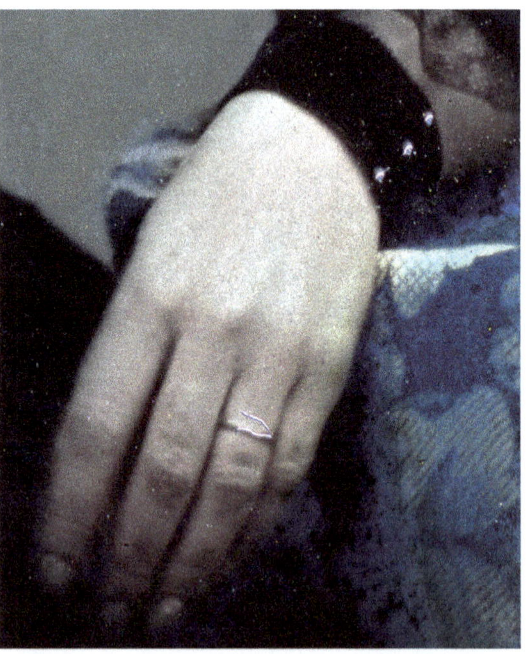

Superbo dagherrotipo francese, in formato da ¼ di lastra, tinto con tecniche miste a più colori.

Ritratto di giovane donna su dagherrotipo da ¹/6 di lastra, finemente tinto a mano.
Dallo studio londinese di Antoine François Jean Claudet (Lione 1797, Londra 1867).
Confezionato in astuccio con marchio in oro: "Mr. CLAUDET". Leone e unicorno rampanti, stemma
e motto "Honi soit qui mal y pense". Cartiglio sottostante: "Dieu et mon Droit / 107, Regent Street".

La dagherrotipia - 2.4.0

Miglioramenti ed abbellimenti

Se non è colorato a mano, l'aspetto di un dagherrotipo non è altro che quello di una lastra di rame argentato con figura monocromatica cangiante negativa/positiva. Questa sembianza di specchio misterioso di una realtà in chiaroscuro ha un fascino indiscusso, ma resta sempre uguale a se stessa. Quando la produzione di ritratti in dagherrotipia divenne tanto frequente ed estesa da apparire comune, fotografi e clientela iniziarono la ricerca di soluzioni originali che permettessero di distinguersi dalla massa. L'espediente più comodo ed immediato per differenziarsi ed affermare il proprio individuale gusto e personalità, fu il ricorso a confezionamenti insoliti, appariscenti o comunque molto elaborati. Tuttavia la natura dell'immagine restava identica.

La creatività degli operatori professionali si rivolse quindi anche alle diverse tipologie di aspetto che la superficie poteva assumere in seguito a espedienti di varia natura, prevalentemente ottenuti con particolari tecniche di esposizione e trasformazioni chimiche.

Gli interventi capaci di creare gradevoli aureole intorno al soggetto, che costituisce il centro di interesse del ritratto, furono immediatamente apprezzati in quanto esteticamente innovativi rispetto al consueto aspetto formale del comune dagherrotipo.

Questo dagherrotipo presenta un effetto di abbellimento apparente prodotto dall'ossidazione oppure è vignettato intenzionalmente? Talvolta il riconoscimento è possibile solo studiando la lastra con forte ingrandimento.

Aloni d'ombra potevano naturalmente essere ottenuti con finestre adatte a delimitare l'area di azione della luce, ma questo era un accorgimento tecnico alla portata di qualunque buon fotografo. La committenza diveniva invece, col tempo, sempre più interessata a procedimenti ben caratterizzati e riconoscibili nel risultato.

Gli abbellimenti ad aureola possono essere sostanzialmente ricondotti alla seguente gamma di tipologie: vignettatura (*vignette*), sfondo magico (*magic background*), stile carboncino (*crayon*) e dagherrotipo illuminato (*illuminated daguerreotype*).

L'applicazione dei vari specifici brevetti di abbellimento dei dagherrotipi, adatti a creare qualche genere di aureola intorno al soggetto non è sempre riconoscibile con certezza. Questa constatazione avrà probabilmente indotto più di un dagherrotipista poco scrupoloso a servirsi egualmente di metodi che avrebbero richiesto l'acquisto di una licenza.

Questi abbellimenti consistevano in espedienti di semplice realizzazione e facili da applicare. La dagherrotipia stessa era immediatamente apparsa come un procedimento per il quale sarebbe risultato difficile sorvegliare il possesso di regolare licenza nei confronti di chiunque ne avrebbe potuto fare uso.

la medesima situazione si verificò per la calotipia, brevetto che Talbot non riuscì a far osservare a lungo, se non in un primo relativamente breve periodo e nei confronti di pochi studi professionali.

È quindi facile comprendere le motivazioni che spinsero Samuel D. Humphrey, in American Handobook of the Daguerreotype ad esortare all'onestà i fotografi, con raccomandazioni di caratterre etico quali:

«Questo processo è brevettato negli Stati Uniti da J.A. Whipple, di Boston. Ovviamente nessuna persona onorabile vorrà utilizzarlo a proprio vantaggio senza averne acquistato la licenza.»

La dagherrotipia - 2.4.1
Vignettatura: Vignette

La vignettatura è la denominazione generica di tutti i procedimenti di manipolazione, effettuati in ripresa, con successive riesposizioni o trattamento chimico che produca un effetto di alone sulla lastra. Il modo più semplice di ottenere questo genere di risultato consiste nell'applicazione di maschere in una delle fasi di produzione dell'immagine.

La maschera può consistere addirittura in uno schermo adatto a profilare la luce che illumina il soggetto durante la posa, come una grande finestra in materiale rigido, che può essere utilizzata in studio durante la ripresa. Aperture ad arco oppure ovali erano certamente adatte ai montaggi in cornice che venivano impiegati per il montaggio e la presentazione finale.

Maschere con varie sagome potevano poi essere applicate sullo chassis portalastre, in corrispondenza della piastra, in modo da produrre contorni e sfumature progressivamente scure verso l'esterno.

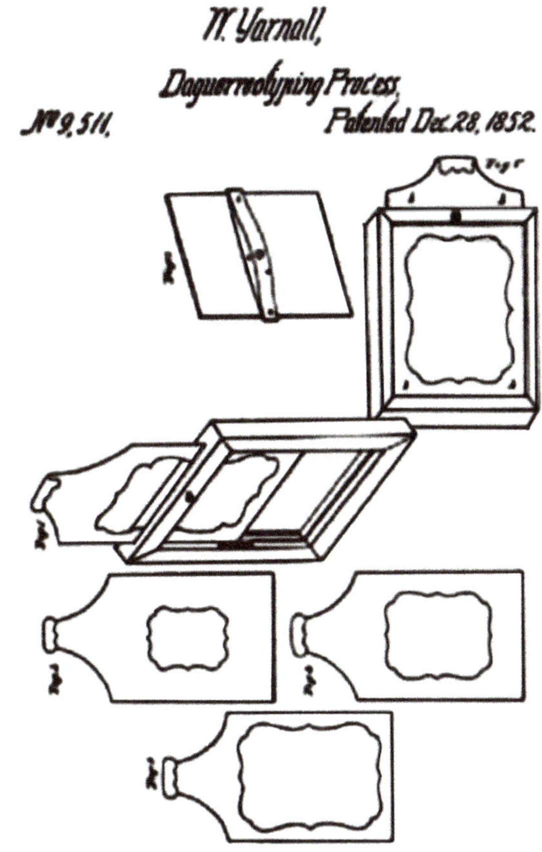

Modelli di maschera di sviluppo
secondo il brevetto di William Yarnall.

L'effetto di vignettatura è dunque generalmente riferito alle immagini che mantengono la piena luminosità e contrasto nell'area centrale e sfumano più o meno gradualmente nel buio verso i margini.

Tuttavia, per estensione, vengono spesso definite come immagini vignettate (burst, vignette) anche quelle che sfumano sui toni chiari, come il procedimento Carboncino (Crayon), come illustrato più avanti in questo testo.

Tra i metodi di vignettatura più raffinati ed esteticamente efficaci, spicca il processo inventato da William Yarnall, dagherrotipista attivo a metà Ottocento in Newark, Ohio. Egli brevettò nel dicembre del 1852 (patent n. 9511), sotto la denominazione di "miglioramento della dagherrotipia", un processo che chiamò "chromo-photographic painting", detto anche "prismatic daguerreotype process".

Yarnall definì la sua invenzione come procedimento chimico per ottenere sulla lastra bordi ornamentali e disegni di margine con variazione di intonazioni di colore.

Il metodo di Yarnall richiedeva la consueta iniziale lucidatura della lastra per dagher-rotipia. La specificità del procedimento consisteva nell'impiego, in fase di sensibilizza-zione, di portalastra a finestra sagomata di dimensioni progressivamente crescenti.

Per un buon risultato estetico era opportuno che il profilo dell'apertura di tali sagome si accordasse con la forma del riquadro mat, tenendo conto che l'effetto si produceva su un'area più ristretta, in modo che non risultasse coperto dal montaggio di presentazione. Sul dorso del portalastra c'era un dispositivo di chiusura che fungeva anche da maniglia per maneggiare comodamente l'attrezzo in cui andava fissata la lastra.

Apposite scanalature permettevano poi di inserire maschere con la forma desiderata. Si iniziava con quella ad apertura più ridotta, procedendo alla prima esposizione ai va-pori di iodio. La seconda maschera, con apertura lievemente maggiore, sostituiva poi la precedente per l'esposizione ai vapori di bromo.

La terza esposizione, nuovamente ai vapori di iodio, andava effettuata con una ma-schera ancora più larga. In questo modo, la lastra risultava sensibilizzata prevalentemen-te nell'area centrale e con un profilo corrispondente alla forma delle maschere impiega-te. Un quarto passaggio di sensibilizzazione poteva essere eseguito eventualmente con una mascheratura ancora più estesa.

La sensibilità si attenuava progressivamente verso i bordi e dava luogo a variazioni di intonazione che dipendevano dalla successione degli agenti sensibilizzanti.

Il risultato era dunque pro-gressivamente sfumato verso i margini e conservava il pro-filo della sagoma prescelta.

Le proporzioni e le durate di esposizione ai vapori an-davano stabilite sperimen-talmente per ottenere effetti con la graduazione desidera-ta. Ripresa e trattamenti suc-cessivi seguivano la tradizio-nale sequenza di operazioni del processo dagherrotipico.

In questo modo si otteneva-no profili ornamentali ovali, circolari, a rettangolo lobato o di qualsiasi altra forma de-terminata dalla mascheratura.

A destra: dagherrotipo delicata-mente tinto e vignettato. Formato ¹/9 di lastra. Dimensioni effettive: 50 x 62 mm. Raffinata posa in pri-mo piano con il busto ruotato di tre quarti e non nella consueta inqua-dratura in piano americano e posi-zione frontale. Anche l'illuminazio-ne è molto curata e particolarmen-te morbida. Negli occhi si osserva il riflesso di una luce di schiarimento forse ottenuta con uno specchio.

La dagherrotipia - 2.4.2
Carboncino: Crayon

L'effetto di alone latteo diffuso caratteristico del dagherrotipo a carboncino *crayon*, con la graduale sfumatura che dissolve l'immagine verso i margini, richiama immediatamente l'aspetto dei ritratti a carboncino. Nella riproduzione fotografica, questi dagherrotipi possono apparire simili all'opalotype su vetro bianco. L'apparenza distingue in modo evidente un *crayon* dai comuni dagherrotipi, caratterizzati da un fondo molto più riflettente. Al loro tempo i *crayon* furono paragonati alla mezzatinta ed all'acquaforte.

L'invenzione di questo procedimento è dovuta a John Adams Whipple (1822–1891), un pioniere della dagherrotipia americana, prolifico di innovative scoperte. Tra i primi ad aprire uno studio a Boston, egli brevettò nel 1849 il *"Crayon Daguerreotype"*; e la dagherrotipia su vetro (*"Crystallotype"*, patent n.7458).

Ritratto femminile su dagherrotipo da ¹/6 di lastra.
Tecnica di abbellimento ad alone detta "carboncino" o "crayon".

Ecco come Samuel Dwight Humphrey (1823-1883) descrive un dagherrotipo *crayon* nel suo *American Hand Book of the Daguerreotype*

«Si impiega generalmente uno sfondo bianco, dal momento che la porzione inferiore della lastra deve poi risultare sfocata, lasciando in rilievo la testa del soggetto.

Ad ogni dagherrotipista è infatti noto che il movimento di qualsiasi oggetto tra la fotocamera e il soggetto in posa produce una velatura.

Si ritagli un pezzo di carta sottile in forma di semicerchio e con bordi dentellati a festone.

Il foglio va tenuto disteso con una cornice di filo metallico e mosso, a fronte della parte inferiore della sagoma del soggetto, per tutto il tempo durante il quale si effettua l'esposizione.

Segue il normale trattamento al mercurio: il risultato finale sarà un dagherrotipo al carboncino (crayon).

Un metodo alternativo consiste nel procurarsi un disco ritagliato al centro con un foro di un diametro di circa 30 cm (12 inch). Questo foro deve avere un bordo dentellato in modo simile all'aspetto che ha una grossa sega. Il disco va maneggiato in modo che sia possibile ruotarlo durante tutto il tempo necessario per l'esposizione. Tale diaframma deve essere posizionato tra l'obiettivo ed il soggetto. Sul vetro smerigliato di messa a fuoco si controllano le proporzioni e l'estensione dell'effetto, stabilendo la distanza necessaria per ottenere il risultato desiderato. Si comprende come la rotazione di questo disco possa produrre il medesimo risultato della carta manovrata come descritto nel precedente metodo. La dentellatura produrrà un effetto di offuscamento. Qualora si impieghi uno schermo che sia di colore nero nel lato rivolto verso l'obiettivo, si otterrà un contorno scuro della figura, anziché chiaro.»

Luminoso ritratto in primo piano di una giovane fanciulla, realizzato su dagherrotipo *crayon* da 1/6 di lastra. La tecnica di abbellimento detta "carboncino" o "crayon", una volta conosciuto il principio, è operativamente semplice da realizzare, ciò la rende relativamente comune tra i processi con mascheratura ad alone.

Dagherrotipo Illuminato: Illuminated Daguerreotype

Gli Illuminated Daguerreotypes sono descritti, sempre da Samuel Dwight Humphrey (1823-1883) in *American Hand Book of the Daguerreotype*, nel modo che segue.

«Anche questo procedimento è coperto da brevetto e richiede l'applicazione dei medesimi accorgimenti descritti i precedenza. La lastra va preparata ed esposta nel modo consueto, come richiesto dal processo di produzione del dagherrotipo. Il volto del soggetto va mantenuto al centro dell'inquadratura. Prima di procedere all'esposizione ai vapori di mercurio, si dispone un riquadro che serva come diaframma, dotato di un piccolo foro centrale. Secondo dell'effetto desiderato, tale diaframma può essere appena staccato oppure posto direttamente a contatto della lastra. I margini dell'apertura dovrebbero essere sollevati, in modo da prevenire l'impressione di una linea di contorno eccessivamente netta. Si comprende chiaramente che una lastra impressionata e schermata in questo modo, una volta posta sui vapori di mercurio, si svilupperà solo in corrispondenza delle aree scoperte. Il principio dovrebbe essere tanto familiare ed evidente da non richiedere ulteriori spiegazioni.»

Henry Earle Insley (1811-1894), uno dei primi dagherrotipisti con studio in New York, ottenne il brevetto per gli *illuminated daguerreotypes* nel gennaio del 1852. Nella descrizione del brevetto egli dichiarò che la sua invenzione serviva per produrre un'immagine di elevata definizione e rilievo, contornata da un alone di varie tinte progressivamente scure verso l'esterno.

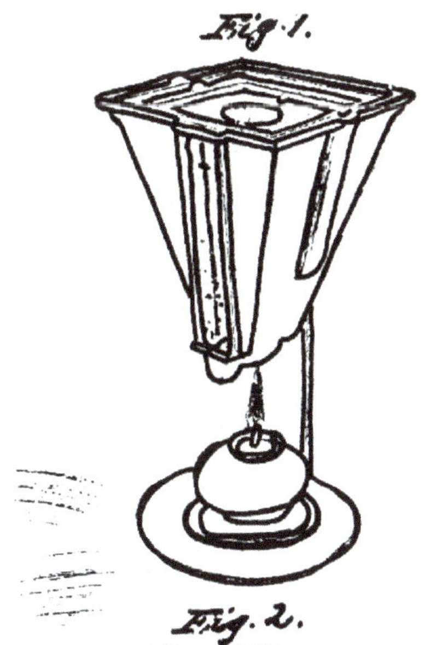

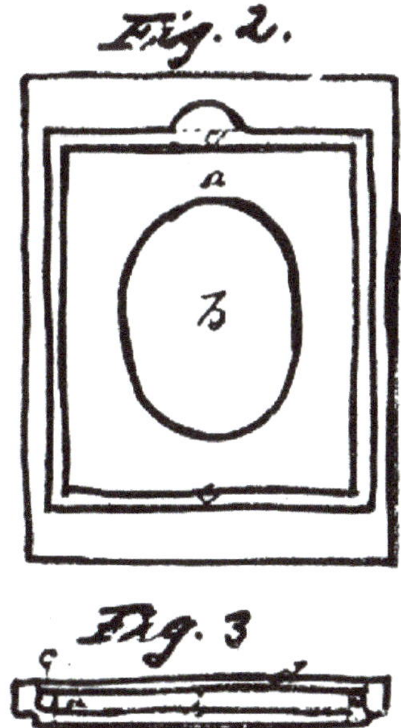

Illustrazione della maschera di sviluppo e del trattamento al mercurio relativi al brevetto del *Dagherrotipo Illuminato* (Illuminated Dageurreotype).

Il periodico fotografico newyorkese *Humphrey's Daguerreian Journal* chiariva la natura iridescente di questo alone in quanto "attorno alla parte alta dell'immagine si irradia un alone composto di colori, o raggi dello spettro, che si amalgamano in un ricco bordo scuro dal raffinato effetto".

Insley avviò la procedura di registrazione del brevetto a partire dall'estate del 1851, avendo già ottenuto riconoscimenti ufficiali per la bontà del suo processo, come risulta da una lettera di sollecito da lui inviata all'Ufficio brevetti, in cui sottolineò il fatto di essere già stato premiato per quest'invenzione.

Tuttavia egli non perfezionò la procedura formale, in attesa di comprendere la natura della concomitante pretesa invenzione di Levi L. Hill, che riguardava anch'essa il colore, elemento che caratterizza anche il miglioramento estetico di Insley.

Resosi conto che il procedimento era assolutamente diverso, procedette con il pagamento degli oneri di registrazione e, verso la fine del 1851, con l'invio di materiale a completamento e dimostrazione dei risultati raggiunti.

Il procedimento di Insley faceva uso, come altri metodi per la creazione di aloni, di una maschera, che egli chiamò *limitatore* (*contractor*) da impiegare come speciale montaggio della lastra sul fornello di trattamento ai vapori di mercurio.

La sagoma e la grandezza della finestra di apertura andava infatti a ridurre e delimitare l'area di azione dei vapori. Tra lastra e mascherina di riduzione andava inserito un riquadro distanziatore di spessore scelto in funzione del grado di sfumatura dell'alone che si desiderava ottenere.

L'azione delle particelle di mercurio, si esercitava in modo progressivamente attenuato su aree che avevano ricevuto la medesima esposizione, ma che venivano "sviluppate" con energia diversa.

A fissaggio completo, con la stabilizzazione (*gilding*), in cui agivano additivi quali l'ossido di ferro (la comune ruggine) in soluzione con acido cloridrico, si produceva un alone iridescente, tanto più evidente quanto maggiori erano le dimensioni della lastra.

L'effetto fu particolarmente apprezzato dalla clientela alla ricerca di soluzioni formali nuove, rispetto al tradizionale ritratto in dagherrotipia.

Ritratto femminile su dagherrotipo da ¹/6 di lastra con effetto di illuminazione ad alone iridescente. L'abbellimento ad alone riprendeva il profilo ovale del riquadro mat, creando un risultato grafico che accresceva la profondità apparente.

Sfondo Magico: Magic Background

Charles James Anthony, Pittsburgh, Pa, brevettò il *Magic Background* nel gennaio del 1851 (patent n. 7865). Il brevetto, depositato come "Miglioramento nella dagherrotipia" (Improvement in Daguerreotype Pictures) viene definito come "processo magico" (*magic process*).

Questo tipo di abbellimento era già impiegato ancor prima della registrazione formale del brevetto. Ciò si ricava da un annuncio sul *Albany Daily Knickerbocker* del 15/11/1850 in cui Schoonmaker & Morrison, appena subentrati ai fratelli Meade nella gestione dello studio, si vantarono di essere i soli in New York ad eseguire dagherrotipi con il brevetto Magic Background.

Levi L.Chapman, importante commerciante di prodotti per la dagherrotipia in New York City, come risulta da un annuncio del giugno 1851 su *The Daguerreian Journal*, vendeva le singole licenze d'uso del brevetto di Anthony a 25 dollari.

Il principio del metodo di abbellimento di Anthony è essenzialmente ottico-meccanico e consiste in un intervento successivo alla ripresa. Dopo l'esposizione, il dagherrotipo, tenuto in ambiente buio, va accoppiato con una lastra in vetro o cristallo. Su tale lastra è stato precedentemente applicato un maschera in carta opaca, nera, che può assumere diversi profili, a seconda del risultato estetico desiderato. La maschera deve trovarsi in corrispondenza del soggetto, in modo da proteggere il volto, nel caso di un ritratto, dalla successiva riesposizione.

Il contorno può essere più o meno trasparente e variamente decorato. Tale cornice può essere realizzata in carta cerata, montata su lastra trasparente in strato singolo, oppure come successione concentrica di strati semitrasparenti di dimensione progressivamente crescente.

Se il lato con la maschera opaca viene appoggiato direttamente sulla lastra si otterrà un margine di proiezione d'ombra più nettamente delineato, mentre voltando lo schermo si otterranno margini più sfumati.

Una successiva riesposizione alla luce uniforme della lastra già impressionata, per pochi secondi e fino a qualche decina, a seconda delle condizioni di illuminazione e dell'effetto voluto, produce un annerimento ad alone che dipende dal disegno, dall'estensione e dal rilievo della maschera semitrasparente.

L'area centrale, protetta dalla carta opaca scura, resta invece indenne dall'azione di questa seconda esposizione. Il risultato finale è quello di un ritratto ben illuminato e contrastato nell'area del volto, che sfuma in tonalità progressivamente più luminose, in una scala di profili di vario disegno e contorni più o meno gradualmente delineati. Ritratti eseguiti con questo metodo tendono a suscitare l'impressione di un maggior effetto di distacco dei piani tra figura e fondale.

Questa manipolazione può essere applicata in modo opposto a riprese effettuate con sfondo chiaro oppure con sfondo scuro. Nel primo caso gli strati semitrasparenti, di area progressivamente inferiore, vanno applicati uno sull'altro, in modo che il maggiore spessore ed opacità restino al centro dell'immagine, fino alla zona completamente opaca in corrispondenza del volto.

Nel secondo caso, la schermatura potrà essere effettuata in modo inverso, con maschere che presentano un'apertura a finestra gradualmente ristretta, così che l'immagine risulti progressivamente luminosa andando verso il centro.

Per comprendere l'effetto della seconda esposizione, mantenendo ovviamente protetto il volto del soggetto ritratto, è importante ricordare che la dagherrotipia consiste in un positivo diretto e dunque l'azione della luce produce le alte luci, rivelate dall'azione dei vapori di mercurio, mentre il buio corrisponde alle aree non esposte o scure, di argento metallico privo di amalgama bianco.

I dagherrotipi con abbellimenti a vignettatura assimilabili al *magic background* non sempre risultano facilmente riconoscibili, perché le alterazioni da ossidazione sui margini, in particolare sul profilo di applicazione del mat, tendono a produrre effetti di scurimento e intonazioni colorate sui contorni dell'immagine visibile.

A questo va aggiunta la considerazione che alcuni fotografi utilizzavano in studio, in fase di ripresa, finestre d'illuminazione sagomate, di vario profilo ed apertura. L'accurato controllo della distribuzione delle luci era prerogativa dei fotografi di maggiore fama ed abilità.

L'impiego di pannelli e schermi permetteva infatti di valorizzare la sensazione di profondità e rilievo del soggetto, più di quanto consentissero gli espedienti grafici degli abbellimenti di mascheratura propri degli artifici come crayon, illuminated e magic background.

Fu probabilmente in conseguenza di considerazioni simili che gli abbellimenti di contorno ebbero applicazione limitata in relazione alla massa dei dagherrotipi prodotti. Essi suscitarono immediata e talvolta entusiastica accoglienza al loro apparire ma, cessata la novità, non resistettero a lungo alla prova del tempo, fatta eccezione per le semplici vignettature.

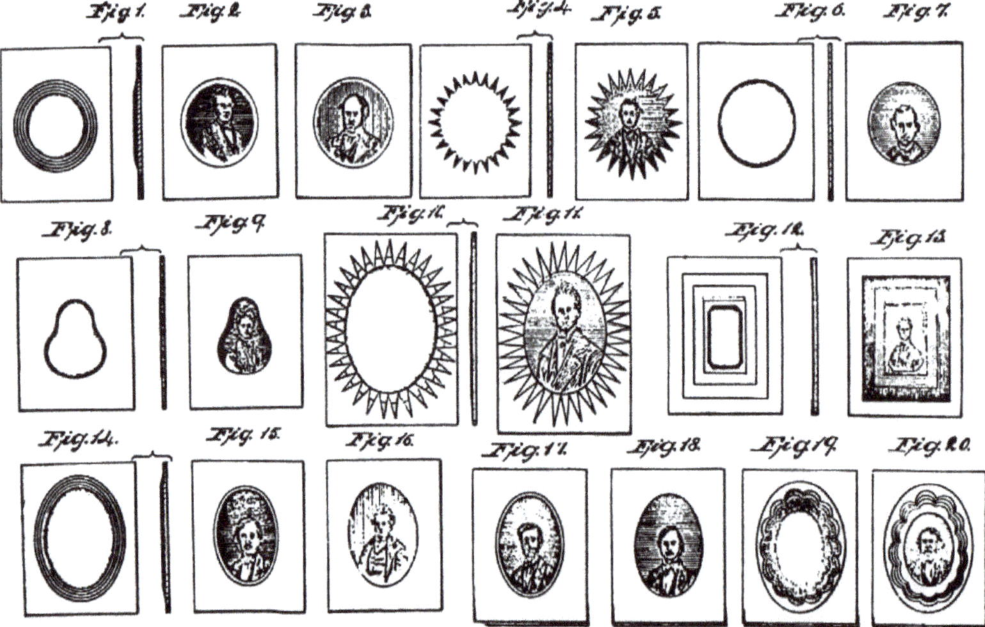

Profili di maschere proposte nel brevetto Magic Background di Charles James Anthony.

Mascheratura di abbellimento tipo Magik Background, ad alone chiaro, in forma di mat profilo "L".
Daguerreotype plate: 69 x 82 mm. clipped corners, bended edges (angoli tagliati e margini piegati).
Hallmark: low left AGDO40 (in basso a sinistra: Asterisk Gaudin DOublé 40).
Provenienza: Chandler, AZ, U.S.A. Il bambino, impegnato a mentenere la posa su sedia a braccioli, appare
teso e corrucciato per l'immobilità forzata. Il pollice della sua mano sinistra è risultato un po' mosso.

Dagherrotipo americano, colorato artisticamente a mano, da $^1/6$ di lastra. Punzone del produttore di lastre, in alto a destra, SCOVILL MFG C.o EXTRA. Questa immagine, di assoluta rarità, contravviene alla ferrea regola di posare senza sorridere a labbra aperte. Le mani, il corpo, il viso, dovevano restare necessariamente immobili per evitare l'effetto di mosso. Il tempo richiesto per posa non consentiva infatti di mantenere la fissità con bocca socchiusa, fino a mostrare i denti, come nel caso di questa "*Monna Lisa*" della dagherrotipia.

Collodio e processi alle gelatine - 3.1.0
Ambrotipia: Ambrotype

(1852 - 1880 ca.)

L'ambrotipia è un processo fotografico a positivo diretto su lastra al collodio umido ideato dall'inglese *Frederick Scott Archer* (Bishop's Stortford 1813, Londra 1857) verso il 1849. L'invenzione venne resa pubblica sulla rivista *The Chemist* nel 1852. In quegli anni, anche il francese *Gustave Le Grey* lavorò su un procedimento simile, senza però definirlo compiutamente. Archer perfezionò poi l'invenzione con l'aiuto di *Peter Fry,* ma, a quanto sembra, non ebbe la possibilità economica di registrare il brevetto e di trarre i benefici dalla straordinaria diffusione di cui l'ambrotipia godette per decenni.

Nel 1854, l'americano James Ambrose Cutting (Worcester, MA, 1814-1867), depositò il brevetto ma il procedimento rimase praticamente di dominio pubblico, come avvenne per la dagherrotipia, per cui non risultò possibile la concreta riscossione dei diritti.

L'ambrotipia, chiamata anche *ambrotype* oppure *amphitype,* denominata *collodion positive* o *verrotype* dagli inglesi, è un procedimento fotografico per la produzione di riprese fotografiche su lastra di vetro. Consente, rispetto alla dagherrotipia, un significativo taglio dei costi e dei tempi di posa, che si riducono a pochi secondi.

Ambrotipo colorato artisticamente, formato ¼ di lastra.

La denominazione è associata al nome dell'inventore (Ambrose) ed al vocabolo greco *ambrotos* che significa immortale. Il termine doveva evocare l'affidabilità e la persistenza dell'immagine fotografica, tanto soggetta all'irrisione dei miniaturisti ed alla diffidenza dei tradizionalisti.

Gli ambrotipi si diffusero in alternativa alle immagini in dagherrotipia negli anni che precedettero l'affermarsi del processo negativo-positivo abbinato alla stampa su carta. Si trattava di immagini dirette ottenute su supporto in vetro.

Il costo di produzione dell'immagine risultava competitivo rispetto alla dagherrotipia, realizzata su lastre ben più costose di rame argentato.

Nel periodo più tardo dell'ambrotipia fu raramente usato come supporto primario il *coral glass,* cioè *vetro corallo*, un vetro colorato in pasta rosso cupo, in grado di produrre in visione una tonalità più morbida e calda.

L'ambrotipia fu realizzata grazie al collodio, sostanza che consentì di ottenere un'emulsione in grado di ricevere gli alogenuri d'argento, insolubili in acqua, e renderne possibile la stesura su vetro.

La necessità era quella di ottenere un'adesività permanente su una superficie liscia e antiadesiva come quella del vetro. La soluzione del problema fu ottenuta grazie all'albume ed in seguito con altri materiali collosi di origine generalmente animale, per giungere infine al collodio. A quel punto non esistevano altri ostacoli da superare per realizzare direttamente stampe di positivi su carta, partendo da un negativo su lastra in vetro.

L'ambrotipo non è infatti altro che un negativo debole su lastra in vetro, negativo che ha subìto un processo di schiarimento chimico. La concorrenza che l'ambrotipia sviluppò nei confronti della dagherrotipia fu fondata, oltre che sulla convenienza, sulla migliore leggibilità dell'immagine e sulla possibilità di applicare facilmente ritocchi manuali con vari tipi di pigmenti colorati.

La soluzione tecnologica costituita dall'ambrotipo consentiva montaggi e presentazioni di tipologia simile a quelle del dagherrotipo, fratello maggiore più pregiato con cui doveva confrontarsi.

Tuttavia, come detto, la tecnica da cui nasceva, portava con sé i motivi stessi del declino e della veloce scomparsa di una tipologia fotografica rapida nella realizzazione, ma di discutibile resa in termini di contrasto e visibilità. Presto si preferì utilizzare le lastre in vetro albuminato direttamente per realizzare negativi corretti ed adatti alla stampa di positivi su carta.

L'ambrotipia mantenne il favore popolare per circa un ventennio, tra gli anni della matura affermazione del processo inventato da Daguerre ed i primi anni delle lastre albuminate destinate alla produzione di stampe positive su carta.

La loro conservazione nel tempo risulta piuttosto critica, a causa della fragilià del supporto su cui venivano realizzati. Decenni di vita, con i conseguenti spostamenti e stress meccanici, hanno causato la scheggiatura o addirittura la distruzione degli esemplari, per cui il reperimento di ambrotipi integri non è molto frequente.

Componente fondamentale del procedimento è dunque il collodio, sostanza in grado di aderire stabilmente al supporto costituito dalla lastra di vetro ed in grado di accogliere i sali fotosensibili.

Il collodio non è di per sé fotosensibile e si ottiene sciogliendo la nitrocellulosa, sostanza tossica ed infiammabile, in etere o acetone, talvolta con aggiunta di alcool.

Fu scoperto dal chimico francese *Louis-Nicolas Ménard* (Parigi 1822-1901) nel 1846, ma il suo impiego fotografico fu ideato da Frederick Scott Archer.

La sensibilizzazione si ottiene con l'azione di bromuri e ioduri dissolti in alcool e con l'immersione in una soluzione di nitrato d'argento. L'esposizione di una lastra al collodio umido deve essere effettuata entro una decina di minuti, prima che si completi l'essiccazione, il che comporta l'esecuzione delle riprese in studio o comunque la disponibilità sul posto di un equipaggiamento adatto. In buone condizioni di illuminazione la posa può durare qualche secondo.

Il trattamento deve essere immediato, fatto che accomuna dagherrotipia, ambrotipia e ferrotipia come forme di fotografia "al momento". Lo sviluppo, che richiede alcuni minuti, si effettua con una soluzione acidificata di solfato ferroso o più generalmente con pirogallolo.

La lastra destinata alla produzione di un ambrotipo produce una sorta di negativo sottoesposto. Per ottenere l'apparente inversione dei toni dell' immagine si procede allo schiarimento delle zone impressionate dalla luce in modo simile alla dagherrotipia: a questo scopo si aggiungono allo sviluppo mercurio dicloruro o acido nitrico. Dopo un breve lavaggio in acqua, si procede al fissaggio, originariamente ottenuto con l'impiego del velenosissimo cianuro di potassio, in seguito soppiantato dall'uso generalizzato di una soluzione di tiosolfato di sodio, comunemente conosciuto come iposolfito.

L'ambrotipia presenta diversi vantaggi rispetto alla dagherrotipia: convenienza economica, facile reperibilità del supporto, brevità del tempo di posa. Infine la visione dell'immagine risulta immediata in qualsiasi condizione di illuminazione.

L'osservazione risulta più agevole, dal momento che non è richiesto un particolare angolo di osservazione e di incidenza della luce, tuttavia il risultato è comunque di scarsa luminosità e basso contrasto. I toni chiari sono sostanzialmente dei grigi ambrati.

Per ottenere una buona visione delle ombre e dei toni neri è necessario applicare, sul dorso dell'ambrotipo, uno sfondo di contrasto che può consistere in un foglietto di carta di colore scuro, un panno o velluto bruno oppure una laccatura in vernice nera stesa solo in corrispondenza della figura.

Le ambrotipie su vetro colorato in pasta in rosso cupo sono denominate *Ruby Ambrotype*. Raramente furono usati supporti di vetro intonati in verde, marrone, violetto e blu scuro.

Le parti non impressionate e quindi trasparenti mostrano direttamente un fondo buio, mentre le parti impressionate, costituite da argento metallico, risultano di un biancastro opaco debolmente riflettente, perché schiarite chimicamente in fase di sviluppo.

Lo spessore del vetro riproduce una sensazione di profondità nelle ombre che conferisce rilievo a tutta l'immagine. Generalmente gli ambrotipi vennero ritoccati con coloriture a mano, usando lievi tinte all'anilina o pigmenti in polvere, in modo da valorizzare dettagli della carnagione o dell'abbigliamento, oppure per arricchire con la doratura i gioielli.

Ambrotipi da ¹/₆ di lastra realizzate con diverse variazioni tecniche del processo.

La lastra è generalmente protetta da un ulteriore vetrino posto a protezione dell'emulsione. Talvolta si preferiva fissare insieme le due lastrine. L'immagine poteva assumere un aspetto con superficie brillante oppure opaca, a seconda di come veniva voltato in presentazione il lato emulsione. Infine l'immagine veniva montata con riquadro e cornicetta (*mat e preserver*), come avveniva per il dagherrotipo, e confezionata in una preziosa custodia. L'ambrotipia si affermò rapidamente sulla dagherrotipia, inizialmente come forma di fotografia più popolare, giungendo alla massima diffusione nel decennio 1855-1865. Verso il 1870 fu a sua volta progressivamente accantonata in favore della più economica ferrotipia e delle stampe su carta, che ormai avevano raggiunto un livello qualitativo di indiscutibile superiorità. In Europa le fotografie ritrattistiche in astuccio furono, ancora più rapidamente che in America, sostituite dalle *Carte de Visite*.

Ambrotipo tinto da ¼ di lastra. Si notino la delicatezza delle sfumature sullo sfondo, che accentua l'impressione di profondità, e la definizione dei dettagli colorati nel drappo sul tavolo.

Ambrotipo ¼ di lastra colorato a mano. Area di provenienza: Bath, Somerset, Regno Unito.
Gli ambrotipi di qualità ed in buono stato di conservazione sono meno comuni dei dagherrotipi.
La fragilità del supporto e la delicatezza dello strato emulsione rendono questi oggetti poco resistenti
agli insulti del tempo. Questo esemplare ha un astuccio completo, ma la cerniera si è ormai staccata.

Tipologie di sfondo di contrasto

Gli ambrotipi, per risultare ben leggibili nei dettagli con i toni più profondi, necessitano di essere osservati su uno sfondo scuro che restituisca una visione di adeguata luminosità. Il risultato finale da ottenere rimane quello di visualizzare in positivo una lastra che sostanzialmente è una ripresa in negativo. In ambrotipia, il fondo di contrasto può pertanto essere realizzato utilizzando una varietà di soluzioni, talora combinate tra loro.

Le tipologie di fondo di contrasto sono sostanzialmente cinque.

1) Inserimento dietro al dorso della lastra in vetro di un lamierino verniciato in nero lucido e brillante con lacca del Giappone (*japanned*).

2) Inserimento dietro al dorso della lastra di uno sfondo opaco in carta o cartoncino scuro, oppure in tessuto: panno, velluto, seta, tela.

3) Applicazione di uno strato di vernice scura (*black varnish*), spesso ottenuto con una soluzione di bitume, sull'intera superficie del dorso della lastra.

4) Applicazione di una laccatura opaca solo in corrispondenza del soggetto ripreso, disponendo eventualmente anche un foglietto di carta chiara dietro alla lastra.

5) Impiego di una lastra di supporto primario colorata in pasta in tono scuro e rivestimento del lato emulsione con una vernice vetrosa (*Ruby Ambrotype*).

Ambrotipo tinto su lastra formato ¹/6, di area Nord americana: Colfax, Wisconsin.

La ripresa ha impresso sulla lastra un'immagine negativa molto sottoesposta. Il successivo trattamento di schiarimento genera l'inversione apparente destinata ad ottenere l'effetto finale positivo.

La coloritura è stata effettuata con tinte delicate e molto trasparenti, probabilmente gli stessi colori commerciali usati per le lastre da proiezione tipo lanterna magica.

Il fondo di contrasto in nero brillante e lucido consiste in una lastra di lamiera estremamente simile alle lastre per tintipia, eccetto per la laccatura particolarmente densa ed uniforme.

Questa particolare soluzione produce un effetto di maggiore luminosità e risalto rispetto all'impiego dei tradizionali sfondi di contrasto in carta, cartoncino o tessuti. Se ne osserva un impiego piuttosto raro.

Queste immagini illustrano l'aspetto assunto da un ambrotipo in relazione alla visualizzazione in luce riflessa con fondo di contrasto, per trasparenza e riflessione.

La prima immagine, in alto a sinistra, mostra la lastra osservata per riflessione: l'inserimento di un panno nero dietro la lastra rende possibile l'osservazione in positivo della figura.

La porzione di lastra osservata per riflessione su fondo chiaro appare invece come un confuso debole negativo.

Il negativo, in alto a destra, si osserva invece perfettamente nitido in trasparenza diapositiva, tanto da poter essere stampato per contatto su carta fotosensibile.

Infine, qui a destra, la lastra dell'ambrotipo è appoggiata sul panno nero originale del suo montaggio.

Ambrotipi con sfondo di contrasto applicato con stesura della vernice opacizzante scura sul dorso.
Generalmente la tintura opaca non veniva stesa a pennello, ma si spandeva inclinando opportunamente la lastra, controllandone la distribuzione a seconda della densità del fluido.
Si utilizzava comunemente una soluzione di "*balsamo di Canada*" e bitume denominata "*black varnish*".
L'eventuale eccesso veniva poi fatto sgocciolare da un angolo.
Qui due esemplari di qualità e conservazione tra loro ben diverse.

Relievo Ambrotype in formato $^1/6$ di lastra con immagine colorata artisticamente.
Il fondo trasparente resta particolarmente luminoso rispetto a quello di un comune ambrotipo.
Dietro alla lastra fu inserito un foglietto di contrasto in carta azzurra che con il trascorrere del tempo si è scolorito in modo differenziato. Il profilo è rimasto così impresso come accade nei materiali fotosensibili.
I pigmenti tendono a perdere colore con il tempo, particolarmente se esposti alla luce.
Non siamo abituati a considerare fotosensibili le pitture murali, gli inchiostri e persino la nostra pelle.
Tuttavia quasi tutto, esposto alla luce per un periodo sufficientemente lungo, subisce qualche alterazione.
In effetti la fotografia, cioè l'impressione di segni per azione della luce è un fenomeno universale.

Ambrotipi con sfondo di contrasto scuro applicato a pennello sul dorso, seguendo il profilo del soggetto. In questo modo si otteneva una maggiore corposità alla figura. Il resto dello sfondo, parzialmente translucido, risultava più luminoso e staccato in secondo piano, accrescendo la leggibilità dell'immagine.
Il fondo di montaggio in carta è di colore piuttosto chiaro, solitamente in tonalità azzurra o verde chiaro, quando non addirittura in normale carta da lettera. Questo procedimento produce un effetto di profondità in cui la figura ritratta appare in primo piano ed è perciò denominato *Relievo Ambrotype*.
Fu brevettato nel 1854 da *John Urie* (Paisley 1820, Glasgow 1910).

Tradizionali montaggi in astuccio per ambrotipi in formato da ¹/6 di lastra.
La produzione e la commercializzazione dei materiali per il confezionamento dei dagherrotipi era ben consolidata e tecnicamente evoluta alla metà dell'Ottocento e l'ambrotipia ne usufruì immediatamente, trovando pronta un'elegante soluzione di presentazione.

Collodio e processi alle gelatine · Ambrotipia 3.1.2

Tipologie di supporto: Ruby Ambrotype

Le lastre realizzate su vetro colorato in pasta non hanno necessariamente bisogno di essere ulteriormente contrastate sul dorso, ma spesso sono comunque accompagnate da un foglietto blu o nero, oppure da un panno scuro.

Un elemento caratterizzante è l'estrema difficoltà di riconoscere la faccia della lastra su cui è stata stesa l'emulsione fotosensibile. In un ambrotipo con normale fondo di contrasto è facile riconoscere il lato immagine: solitamente infatti si osserva un lato di aspetto opaco (quello dell'emulsione) ed il lato opposto con la superficie vetrosa brillante.

Un *ruby ambrotype* appare invece come se fosse un'unica solida lastra di vetro, con le due superfici apparentemente indifferenziate. La fotografia sembra "affondata" nel vetro. Questo effetto è verosimilmente dovuto al particolare tipo di vernice vetrosa impiegata in questo processo. La verniciatura di protezione dello strato di collodio di un ambrotipo può essere realizzata con una varietà di sostanze impiegate in varie combinazioni: trementina di Venezia, cera, sandracca, ambra fusa, mastice, gomma arabica, gomma lacca (*shellac*), gomma copale di Manila, gomma damar (*dammar*)... Mentre la verniciatura del normale ambrotipo privilegia la resa riflettente, nel *ruby ambrotype* ci si preoccupa di esaltarne la trasparenza e la brillantezza.

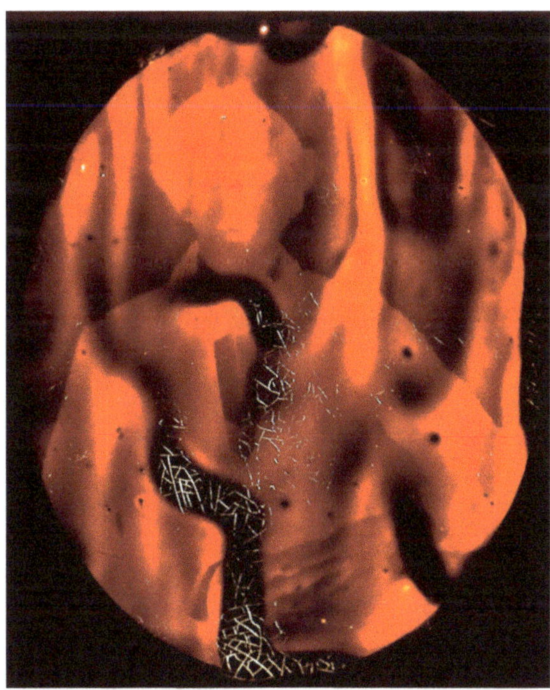

Un ambrotipo con sfondo di contrasto a base bituminosa osservato in controluce assume un aspetto rossiccio simile a quello di una *ruby ambrotype*. Restano però evidenti le striature e le eventuali screpolature della vernice.

Gli ambrotipi su lastra in vetro colorato in pasta sono piuttosto rari e generalmente presentano un'intonazione rosso cupo, definita appunto colore rubino. Tuttavia sono state osservate lastre tinte in violetto e blu; ancora più raramente in marrone e verde bottiglia. In ogni caso l'effetto di visione dell'ambrotipo è assolutamente simile e la colorazione risulta visibile solo osservando il supporto per trasparenza. Dunque per identificare un *ruby ambrotype* è necessario esaminare attentamente la lastra in controluce. Un colore amaranto o vermiglio scuro, anche intenso, non significa necessariamente che si tratti di un vetro in pasta. Infatti si può trattare di una comune lastra in amborotipia, verniciata con *black varnish*, che può trarre in inganno a causa delle sostanze bituminose che in trasparenza appaiono di colore rossiccio. In tal caso però, la colorazione presenta striature di varia densità e non risulta assolutamente uniforme come invece accade per le lastre colorate in pasta.

Ruby ambrotype da ¹/6 di lastra su vetro colorato di rosso in pasta. La tinta è assolutamente uniforme su tutta la superficie.
Osservata per trasparenza, appare piuttosto densa anche con illuminazione intensa.

Osservando la lastra per riflessione, il colore rosso cupo è talmente assorbente da non richiedere l'inserimento di un ulteriore fondo di contrasto sul dorso dell'immagine.

Qui a fianco, l'immagine nel suo montaggio originale in presentazione miniatura da parete.

Il ritratto è colorato a mano con un'intonazione rosa sulle gote, più intensa sulle labbra. L'oro è stato applicato per abbellire la collana.

In un'epoca di rigido portamento formale il sorriso, raro nelle riprese fotografiche degli adulti, è più frequente nei ritratti delle adolescenti.

Ruby ambrotype con colorazione in pasta blu. La natura del supporto primario risulta evidente osservando la lastra in trasparenza. Tuttavia anche per riflessione, se l'illuminazione è intensa, si può riconoscere la coloritura del vetro. In alto a sinistra è visualizzato come appare il recto, dal lato dell'emulsione. In alto a destra si vede il verso, che appare in negativo.

In basso a sinistra la tela nera originale usata come fondo di contrasto che, una volta inserita sul dorso, permette di osservare correttamente questo oggetto fotografico. L'immagine assume gradevoli variazioni di tonalità: più calde nelle alte luci e più fredde ed azzurrate nelle aree periferiche.

Ritratto femminile con abbellimento vignettato ad alone per un *ruby ambrotype* in formato ¹/6 di lastra.

Sui margini del supporto primario in vetro è talora possibile riconoscere la presenza della vernice vetrosa posta a protezione dell'immagine sul lato dell'emulsione. Ciò perché può verificarsi qualche piccolo sfaldamento sui bordi della lastra.

Le lastre degli ambrotipi, generalmente non venivano sigillate insieme al riquadro mat ed al vetro di protezione, come invece accadeva di regola per i dagherrotipi.

Con il tempo e con i piccoli spostamenti tra i diversi elementi che compongono il pacchetto di confezione, possono verificarsi frizioni e conseguenti abrasioni, particolarmente in corrispondenza del profilo coperto dal riquadro mat.

La vernice vetrosa delle *ruby ambrotype* è abbastanza resistente, ma resta comunque soggetta agli stress meccanici

Montaggi di presentazione

Le tipologie di confezione degli ambrotipi non si distinguono in modo sostanziale da quelle dei dagherrotipi, in quanto il formato dell'immagine è assolutamente simile. Inoltre il gusto estetico di metà Ottocento accomuna questo genere di oggetti fotografici. Infine, molto spesso, è accaduto che il proprietario decidesse il riutilizzo di cornici ed astucci per un'immagine differente da quella originariamente confezionata. La tentazione di pulire in qualche modo dagherrotipi impolverati o ossidati ha probabilmente portato alla distruzione di molti originali che, già a quel tempo, furono sostituiti nel medesimo montaggio da fotografie relativamente più recenti, come ambrotipi oppure ferrotipi.

In effetti le presentazioni in quadretto da parete dei dagherrotipi dovrebbero differire come luminosità di cornice e riquadro da quelle degli ambrotipi.

I dagherrotipi, per avere una buona visione, necessitano di ombra e dunque rendono meglio in montaggi più incassati e scuri. Gli ambrotipi vanno invece ben illuminati, anche se la confezione non deve avere toni eccessivamente luminosi che esalterebbero, per contrasto, la debole resa nelle alte luci che caratterizza questo processo fotografico.

Ambrotipo in formato 8X10,5 cm. confezionato in montaggio da parete 13,7x16,2 cm. Esemplare acquisito in area europea: Bournemouth, Dorset, Regno Unito. Stabilire l'area di provenienza effettiva di un oggetto fotografico è quasi impossibile perché le immagini possono compiere lunghi viaggi insieme alle persone che le custodiscono come preziosi ricordi.

La cornice è un elegante ed elaborato esempio di applicazione delle primissime resine termoplastiche.

Le prime cornici ed astucci fotografici realizzati in resina impiegavano guttaperca (*gutta-percha*) oppure vulcanite, che tendono col tempo a degradarsi perdendo coesione e divenendo soggette a sfaldamento.

Questa cornice, in ottime condizioni di conservazione, è invece stata prodotta nel medesimo materiale termoplastico degli astucci Union Case.

La raffinatezza della posa e la sapiente illuminazione, ben diverse dalle consuete riprese frontali di grande diffusione commerciale, sono indizi del lavoro di un grande fotografo.

Scomposizione di un montaggio fotografico di tipo europeo.
Questo tipo di presentazione è identificato comunemente come confezione francese (*french frame*).
Sopra si osserva il recto ed il verso del riquadro in vetro che chiude il pacchetto immagine, sigillato sui bordi con un nastro di carta scura a rilievo zigrinato.
Sotto si osserva la finestra di cartone, realizzata con un pacchetto a strati costituito da uno spesso cartone sagomato e da carta di copertura, a bordi frastagliati, per ricoprire la svasatura dorata.
Chiude il tutto il sottile foglio scuro di profilatura interna.

Qui sopra il dorso di chiusura della confezione per presentazione a quadro da parete.
Si osserva il fondo di contrasto per ambrotipia, in tessuto scuro. La lastra in vetro, dipinta a mano, è in formato ¼ di lastra. Questo tipo di confezione, usato tanto per la dagherrotipia che per l'ambrotipia, fu diffuso particolarmente in Europa in area francese ed inglese.
Tale tipologia di cornice fu prodotta in serie, con elementi di abbellimento in gesso, bois durci o resina, costruiti a parte ed applicati sui bordi del quadretto, che poteva essere riverniciato in finto legno o con pittura scura, per dare risalto all'immagine.

Quadretti miniatura da parete.
Questo genere di confezione appare simile ad un astuccio incompleto.
La custodia di inserimento può sembrare, per materiale, struttura, dimensioni e decorazione, la parte destra di un normale *case*. Tuttavia, osservando attentamente il manufatto, privo di qualsiasi traccia di cerniera, è facile constatare che la piccola cornice è stata espressamente fabbricata per essere impiegata in modo individuale.

Collodio e processi alle gelatine - 3.2.0

Pannotipia: Pannotype   *(1853 - 1860 ca.)*

In tutta evidenza il termine *pannotype* deriva dal vocabolo "pannus" dell'antica lingua latina (panno, stoffa). La documentazione storica relativa al procedimento fotografico pannotype è decisamente scarsa.

Raramente praticato e diffuso, sommariamente descritto al suo comparire, il metodo è presto caduto nell'oblio, originando poi confusione in chi tentò successivamente di identificarlo. Il medesimo fenomeno si è verificato per altri processi fotografici antichi trattati in questo testo, spesso descritti in epoca contemporanea da chi non ha avuto la possibilità concreta di esaminare direttamente gli oggetti fotografici di cui ha scritto. I criteri che hanno condotto alle conclusioni qui espresse si fondano su due linee di riscontro:

- in primo luogo l'accurata verifica di corrispondenza oggettiva tra le descrizioni dettagliate dei processi, reperite sulle originali fonti storiche, e gli oggetti fotografici presi in esame,

- in secondo luogo lo studio di timbri, locandine e documenti a stampa, stabilmente uniti nell'inalterato montaggio originale all'oggetto fotografico osservato e coerentemente riferibili allo studio fotografico che li ha prodotti.

In sintesi, la correttezza di un'identificazione risulta ragionevolmente certa quando una determinata categoria di manufatti fotografici si presenta con identici elementi distintivi e, nel contempo, si può osservare, in modo ricorrente, l'attestazione della esecuzione di un determinato tipo di processo.

Tale certificazione si ricava dalla convergente conferma fornita, per i medesimi oggetti, dalle iscrizioni rilevate dalla locandina applicata in origine al fondo di montaggio, oppure da un timbro dello stabilimento fotografico.

Per quanto l'affermazione possa apparire inutilmente ovvia, una stampa timbrata sul dorso con il marchio tondo originale "*Patent Talbotype or Sun Pictures*" sarà verosimilmente una talbotype; un particolare ritratto a colori su vetro, associato alla locandina originale che riporta la scritta "Ivorytypes", con i riferimenti dello studio fotografico, sarà una ivorytype e così via per le immagini da classificare come eburneum, pannotype, ecc…

Se la corrispondenza tra l'aspetto fisico della fotografia ed attestazione grafica si ripete in modo costante e documentabile, appare difficile poter affermare che una determinata classe di oggetti fotografici è qualcosa di diverso da "ciò che dice di essere".

Già dopo pochi decenni dal tramonto della dagherrotipia, alcuni anziani dagherrotipisti sentirono il bisogno di tramandare la loro esperienza ed i loro ricordi, aggiungendo dettagli ricchi di informazioni alla già corposa mole di spiegazioni che era stata accumulata nei manuali di tecnica fotografica dell'epoca.

Altri processi, meno popolari e conosciuti, non godettero di un'attenzione altrettanto accurata e risultano pertanto poco documentati, talvolta anche a causa della legittima gelosia professionale del singolo fotografo-inventore che intendeva mantenere come privilegio personale ciò che rimaneva fondamentalmente un "trucco del mestiere", piuttosto che un'autentica innovazione tecnica.

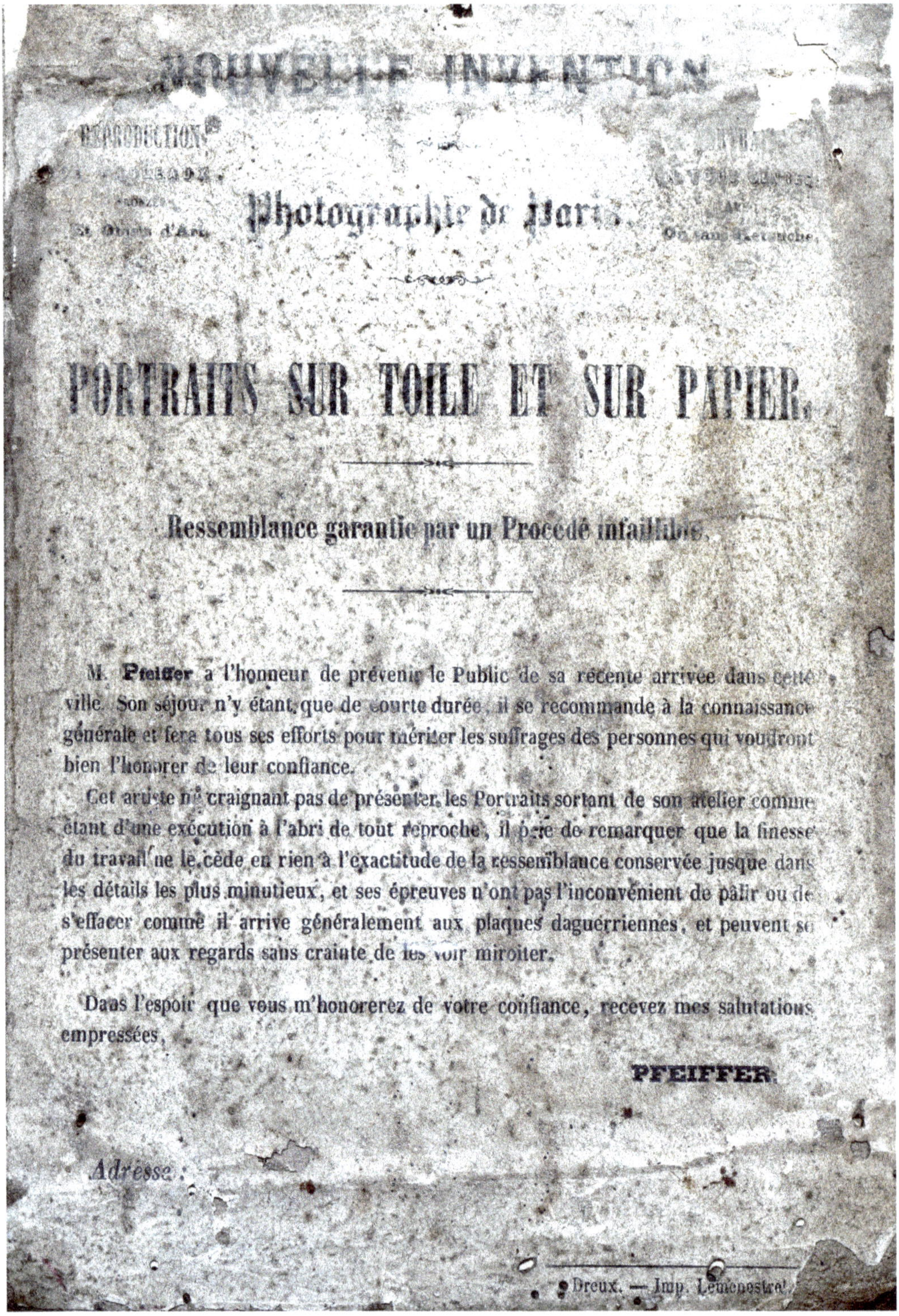

NOUVELLE INVENTION

REPRODUCTION

Photographie de Paris

PORTRAITS SUR TOILE ET SUR PAPIER.

Ressemblance garantie par un Procédé infaillible.

M. **Pfeiffer** a l'honneur de prévenir le Public de sa récente arrivée dans cette ville. Son séjour n'y étant que de courte durée, il se recommande à la connaissance générale et fera tous ses efforts pour mériter les suffrages des personnes qui voudront bien l'honorer de leur confiance.

Cet artiste ne craignant pas de présenter les Portraits sortant de son atelier comme étant d'une exécution à l'abri de tout reproche, il prie de remarquer que la finesse du travail ne le cède en rien à l'exactitude de la ressemblance conservée jusque dans les détails les plus minutieux, et ses épreuves n'ont pas l'inconvénient de pâlir ou de s'effacer comme il arrive généralement aux plaques daguerriennes, et peuvent se présenter aux regards sans crainte de les voir miroiter.

Dans l'espoir que vous m'honorerez de votre confiance, recevez mes salutations empressées.

PFEIFFER

Adresse :

Dreux. — Imp. Lemenestrel

Locandina promozionale dello studio Pfeiffer. Il fotografo magnifica le virtù della sua arte con la consueta ampollosità dell'epoca. Si sottolinea la durevolezza del risultato offerto dal nuovo processo.

Quando alcuni processi fotografici erano scomparsi dall'uso ormai da decenni, agli estensori delle enciclopedie fotografiche non restava che riferirsi a notizie apprese da altri. Essi si trovarono così costretti a procedere per citazioni ed a fornire spiegazioni talvolta ricavate da una superficiale comprensione di vecchie e sommarie descrizioni per le quali, a causa della tecnologia del tempo, non esisteva un adeguato supporto iconografico. Ciò ha prodotto nel tempo qualche confusione, generando equivoci e convinzioni fuorvianti che, riprese di pubblicazione in pubblicazione, hanno prodotto persino radicati errori, tanto diffusi da risultare ormai consolidati nell'uso. Quando un'identificazione ambigua persiste sufficientemente a lungo, i termini di riferimento si stabilizzano e riescono così a fissarsi come condivisi e correnti nella classificazione moderna.

Le innumerevoli varietà di procedimenti al collodio, spesso differenziate per dettagli che possono apparire a volte irrilevanti, hanno reso problematica la rilevazione di sottili distinzioni tra una classe di oggetti fotografici ed un'altra apparentemente simile.

L'attività di registrazione dei brevetti di miglioramento fotografico nella seconda metà dell'Ottocento è stata decisamente considerevole. A volte, marginali variazioni di processo sono state utilizzate per rivendicare come originali processi fotografici e metodi di lavorazione che non erano in effetti autonomi, ma che impiegavano modalità ed elementi proprie di invenzioni già note e semplicemente proposte in una nuova alterata combinazione, senza nulla aggiungere di veramente innovativo.

La modalità di impiego del collodio, trasportato o applicato direttamente sui più svariati supporti condussero alla sfrenata registrazione di brevetti caratterizzati da varianti non sempre significative dei principi, degli elementi e delle modalità impiegate.

Pannotype in montaggio da parete. Riproduzione a contrasto ottimizzato in digitale: l'originale ha toni densi come un ambrotipo. Dimensioni: 11 x 13 cm.

Queste considerazioni sono palesemente fondate nel caso di procedimenti come la pannotipia. Le descrizioni tecniche del processo disponibili sono relativamente recenti e spesso abbastanza indeterminate.

Mark Osterman, uno dei massimi esperti mondiali nell'identificazione degli antichi processi fotografici, descrive il processo pannotype come un metodo a trasferimento di collodio. Ciò prevede la produzione dell'immagine su lastra in vetro, il distacco dell'emulsione in bagno acido ed il successivo trasferimento sulla superficie del supporto secondario con pressione a caldo.

In questo modo la fotografia può essere trasferita anche su cuoio, tessuto e altri simili materiali. Osterman si riferisce in particolare, per il pannotype, al trasferimento su supporti scuri come tessuto o carta trattati con vernice o smalto nero.

Tuttavia riesce poco chiaro giustificare la complessità del procedimento, quando sarebbe risultato tanto più immediato e semplice produrre un positivo diretto su stoffa, applicando il medesimo principio del processo ambrotype o tintype (considerato più avanti in questo libro). In alcuni manuali tecnici d'epoca, le sostanze e i trattamenti relativi a tintype e pannotype sono considerati come associati e ciò induce a ritenere che il processo pannotype sia in effetti un procedimento a positivo diretto.

Del resto le variazioni di processi fotografici con stampa su tessuto non mancano ed assumono ancora altre denominazioni come *linotype* e *linograph*. La stampa da un negativo su lastra su un tessuto chiaro avrebbe consentito una resa di contrasto assolutamente superiore a quella osservata sui pannotype.

Le pannotipie originali mostrano invece un contrasto decisamente basso ed un tono generale uniforme e denso, caratteristiche di aspetto assolutamente simili all'ambrotipia ed alla ferrotipia.

Pannotype di gruppo familiare. Non tutti gli studi fotografici disponevano dello spazio necessario per la ripresa di gruppi, dal momento che il set era normalmente predisposto per riprese individuali. La scena mostra infatti, sulla sinistra, elementi estranei al normale arredo predisposto per i ritratti. Supporto primario: 90 x 120 mm in montaggio di 14 x 17.5 cm. Contrasto ottimizzato in digitale.

Dettaglio dell'immagine nella pagina precedente.
Si può osservare la struttura del tessuto di supporto.
La coloritura ad olio risulta ovviamente coprente.

Pannotype tinta. Riproduzione ottimizzata in digitale per migliorare la leggibilità. Misure immagine: 45 x 50 mm.

L'esame visivo di esemplari indicati come pannotipi dalle locandine e cartigli originali incollati sui montaggi sigillati delle fotografie, conduce ad osservare un'assoluta analogia tra pannotype e procedimenti in collodio a positivo diretto.

I documenti storici sull'origine del procedimento pannotype sono ridotti a pochi cenni. Tuttavia risulta chiaramente esplicativo considerare le modalità con cui questa particolare applicazione fotografica fu originariamente presentata.

Nei verbali dei *"Compte rendu des séances de l'Académie des sciences"*, seduta di martedì 16 agosto 1853, a conclusione di un'intensa giornata di dissertazioni scientifiche, si considerano "due ritratti fotografici ottenuti su tela preparata come per ricevere una pittura ad olio", fatti pervenire da tale M. (Monsieur) Wulff.

Di Wulff non risulta quindi neppure registrato il nome e le sue opere vengono sbrigativamente liquidate con la formulazione «L'autore si rifiuta assolutamente di fare conoscere il suo procedimento, dunque i prodotti che egli ha ottenuto non possono essere sottoposti all'esame di una Commissione. La seduta è tolta alle ore 5.»

La sola osservazione che risulta possibile effettuare consiste nel fatto che il fotografo impiegò il termine *ottenuti* e non quello di *stampati*.

Il procedimento ebbe scarsissima diffusione. I rarissimi esemplari storici, prodotti con questa tecnica e sopravvissuti fino ad oggi, appaiono realizzati in area parigina intorno all'anno 1855 e comunque non oltre il 1860. Successivamente e fino in epoca contemporanea, continuarono e continuano ad essere prodotte stampe fotografiche su tessuto, ma non pannotipie, cioè positivi diretti su supporto in tessuto.

La pannotype non possiede caratteristiche di leggibilità e definizione superiori all'ambrotipia, con la quale condivide il basso valore tonale. Il punto di forza del procedimento sarebbe forse dovuto consistere nell'associazione alla connotazione artistica della tela ed al fascino di elegante indeterminatezza che richiama l'idea delle pennellate.

Tuttavia il trattamento del necessario sfondo scuro di contrasto prevedeva l'impiego di materiali soggetti al ritiro e sostanzialmente rigidi, poco resistenti alla flessione ed agli stress meccanici. Per questo gli esemplari di pannotype sopravvissuti, già di per sé rari, sono difficilmente reperibili in buone condizioni di conservazione e spesso risultano screpolati e/o abrasi.

I montaggi delle fotografie pannotype risultano regolarmente in confezione a quadretto da parete "francese", sotto vetro dipinto e decorato o con riquadro in cartoncino bianco con finestra a svasatura dorata. L'assemblaggio del pacchetto è assolutamente corrispondente a quello delle cornici europee per dagherrotipi ed ambrotipi. Ciò è conseguente anche al fatto che si tratta di processi coevi.

Montaggio di presentazione di una fotografia pannotype, escluso vetro e cornice

Fondo di chiusura con bande di sigillatura: dorso in vista

Fondo di chiusura con sportello di accesso: lato interno

Pacchetto di montaggio interno

Dettaglio di montaggio

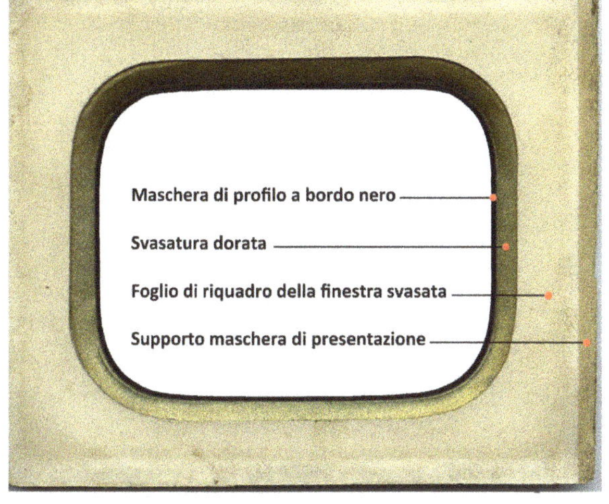

Maschera di riquadro a finestra dorata svasata: recto

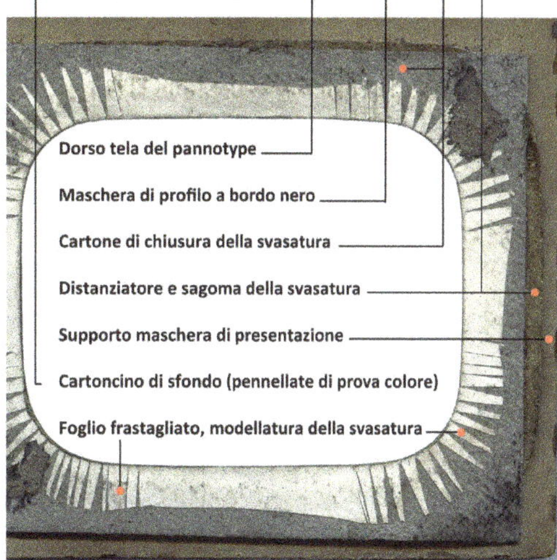

Maschera di riquadro a finestra dorata svasata: verso

Pannotype tinta di Pfeiffer, fotografo francese probabilmente originario di Dreux.
Montaggio in presentazione da parete: cornice in legno con decorazioni floreali in gesso.
Le pannotipie sono generalmente dipinte in modo da ravvivare la chiave tonale uniformemente bassa, ca-
ratteristica dei processi al collodio a positivo diretto unico.
I colori ad olio sono ovviamente coprenti e finiscono quindi col nascondere i dettagli fotografici.
L'aspetto artistico di impronta pittorica che connota questo oggetto fotografico è evocato dalla struttura fi-
sica della tela che rende indeterminati i particolari più fini, ammorbidendone i contorni.
Immagine pannotype 8x10 cm circa. Cornice in legno con decorazioni floreali in gesso 11,5x14 cm.

Collodio e processi alle gelatine - 3.3.0

Ferrotipia: Tintype   *(1855 ca. - inizio 1900)*

La dagherrotipia venne accolta con favore dalle classi in ascesa che riconobbero nella lastrina di rame argentato un supporto adatto alla dignità del ritratto, in competizione con la nobiltà delle miniature. Il fascino tenebroso e la profondità dell'ambrotipia, uniti alla convenienza del procedimento ed all'eleganza della confezione, aprirono la via alla diffusione popolare della fotografia.

Bisognava però che anche gli strati sociali meno abbienti fossero messi in grado di farsi effigiare a buon mercato perché la grande rivoluzione democratica della fotografia potesse dirsi completata. Uno degli strumenti privilegiati della divulgazione si dimostrò essere la ferrotipia. Questa tecnica si affermò inizialmente in America, diffondendosi successivamente anche in Europa.

Ferrotype, *melainotype* e *tintype* sono i termini con i quali ci si riferisce comunemente a questo processo. Tintype fu però la denominazione che si affermò in modo generale per definire il prodotto fotografico su lastra in ferro, che raggiunse rapidamente larga popolarità per la rapidità e l'economia che lo caratterizzavano.

Ferrotype fu anche il termine che inizialmente venne associato al processo denominato *energiatype*, scoperto nel 1851 da *Robert Hunt* (Devonport 1807, Londra 1887). Egli operava su supporto cartaceo rivestito da una soluzione di gomma arabica, cloruro di sodio ed acido succinico. La sensibilizzazione si eseguiva con nitrato d'argento. L'esposizione si effettuava sul foglio asciutto. Lo sviluppo consisteva in una soluzione a base di solfato di ferro e il fissaggio era in ammoniaca o ferrocianuro di potassio.

Tale processo rimase di applicazione sostanzialmente sperimentale. Campioni di energiatype sono conservati presso l' *Harry Ransom Humanities Research Center* dell'Università del Texas, ad Austin.

L'ambiguità della terminologia trae origine da testi come *"A dictionary of the photographic art"*, di Henry Hunt e E. Anthony, pubblicato da Snelling a New York nel 1854, che accomuna *Energiatype* e *Ferrotype*, in quanto il metodo impiegava sali di ferro. Tuttavia il termine commerciale *Ferrotype* fu introdotto molti anni dopo, per identificare un particolare tipo di supporto fotografico primario in lastra metallica.

Il processo di fotografia a positivo diretto su lamina in ferro fu scoperto nel 1853 dal francese *Adolphe Alexandre Martin* (Parigi, 1824-1896). Egli, alla ricerca di una tecnologia fotografica che aiutasse il lavoro degli incisori di lastre da stampa, impiegava a questo scopo una lastrina di metallo verniciata in nero e ricoperta di collodio umido. Il procedimento era concepito per migliorare le tecniche di stampa e Martin non si rese conto delle possibili applicazioni fotografiche.

La ferrotipia o tintipia, per coerenza con la tradizionale denominazione di tintype che il processo assume in America, venne messa a punto dal professore di chimica *Hamilton L. Smith* (1819-1903) come variante dell'ambrotipo su supporto metallico.

Egli perfezionò l'invenzione nel laboratorio del Kenyon College a Gambier, in Ohio, con l'aiuto dell'assistente Peter Neff. Il metodo fu registrato il 19 febbraio 1856 (brevetto numero 14300) con la denominazione di *Melainotype* (dalla antica lingua greca 'μέλας' melan, melaino: nero).

H. L. Smith cedette in seguito i suoi diritti a William e Peter Neff che intendevano sfruttare la concessione rivendendo una patente di autorizzazione ai fotografi che avessero adottato l'invenzione. Il brevetto proteggeva la tecnica di preparazione del supporto e non il processo in sé. Il manualetto "THE MELAINOTYPE PROCESS COMPLETE. COPYRIGHT SECURED. THIS MANUAL IS FOR THE USE OF THOSE ONLY WHO HAVE PURCHASED A PATENT RIGHT", pubblicato a Cincinnati nel 1856 è la prima pubblicazione relativa al processo tintype.

Le lastre di questo primo periodo sono marcate sul margine con la dicitura "MELAINOTYPE PLATE / FOR NEFF'S PAT 19 FEB 56".

Un perfezionamento venne apportato da *Victor Moreau Griswold* che introdusse la produzione di una lamina di metallo più sottile e con diversa lavorazione, chiamando il prodotto *Ferrotype* (GRISWOLD PATENT OCT 21 1856).

La tecnica diede luogo a diverse variazioni che avevano in comune il supporto primario costituito da una lamina in metallo. Il vocabolo inglese *tin*, radice del termine tintype, può inoltre indurre a pensare che il supporto primario sia costituito da latta, cioé banda di ferro laminato e stagnato. Il materiale impiegato è invece il lamierino di ferro. Il foglio metallico su cui andava steso il collodio era in ogni caso preventivamente laccato in nero. *Jappaned iron* è il termine americano con cui si indica propriamente il supporto della ferrotipia. Come nell'ambrotipia e nella dagherrotipia, la parte di emulsione meno esposta e destinata a dare luogo alle ombre fino al buio profondo risultava asportata dal trattamento.

Era perciò necessario che il fondo fosse in grado di rendere un nero brillante e lucido. In sostanza i vari procedimenti si riducono all'inversione apparente dell'immagine direttamente impressionata sulla lastrina in metallo.

Si tratta quindi di un positivo in copia unica, proprio come l'ambrotipia e la dagherrotipia. I lati della fotografia appaiono perciò invertiti. Esistevano tuttavia apparecchiature da ripresa che consentivano di raddrizzare l'immagine con uno specchio.

Per i clienti la fotografia si esauriva nell'atto della ripresa. Le operazioni accessorie, considerate una perdita di tempo, rappresentavano un ostacolo obiettivo al consumo. La ferrotipia riduceva al minimo i tempi fino ad allora necessari e fu accolta con immediato favore: l'immagine poteva essere consegnata in pochi minuti.

Coppia di giovani ritratta in ferrotipia formato ¹/6 di lastra.

Nei primi anni della sua diffusione, la ferrotipia fu praticata ancora impiegando il metodo a collodio umido, ma l'industria fu progressivamente in grado di fornire a basso prezzo lastrine al collodio secco già sensibilizzate, pronte per l'esposizione, in pacchetti a lunga conservazione.

Perché questa sorta di *polaroid* ottocentesca impiegava proprio il ferro quando erano noti sistemi sostanzialmente equivalenti, che utilizzavano la carta, fin dal 1839, secondo le antiche soluzioni tecniche elaborate da Hyppolite Bayard e William Fox Talbot?

Probabilmente, oltre alla qualità estetica del risultato, fattori di ordine psicologico giocarono un ruolo non irrilevante. Nel secolo delle invenzioni e del trionfo del progresso, il ferro costituiva un simbolo di tutti i vantaggi offerti dalla tecnologia e nel contempo offriva garanzie di affidabilità e durata.

Ferrotipo in montaggio a finestra, formato CdV.

La ferrotipia era certamente più resistente dell'ambrotipia agli urti e possedeva una caratteristica singolare: i sottili fogli del supporto potevano essere ritagliati agevolmente. Ciò consentiva di moltiplicare la produttività grazie alle fotocamere multi-obiettivo che permettevano la realizzazione di copie multiple o pose successive, dando luogo a diverse fotografie che potevano essere ricavate dalla medesima lastra con un unico trattamento.

Con questo sistema si potevano ottenere misure che andavano dal tradizionale ritaglio di 2,5 x 3,5 pollici fino alle piccolissime *Gem*. Una sola lastra da 5 x 7 pollici poteva quindi essere sfruttata fino a ricavare 36 minuscole immagini.

In America, nella seconda metà dell'Ottocento e fino agli inizi del Novecento, sono stati prodotti milioni di fotografie in ferrotipia. La flessibilità e l'ossidabilità di questo materiale hanno però condannato alla distruzione una quantità enorme di immagini.

Ferrotipo in montaggio a finestra, formato CdV.

Ferrotipi di coppie con lievi interventi di coloritura. Riproduzioni con contrasto migliorato in digitale.

Quando la lamina viene incurvata per una causa qualsiasi, è relativamente facile che si stacchino scaglie di lacca; frequentemente il collodio si fessura minutamente e l'aria e l'umidità penetrano innescando pericolosi processi di ossidazione. Anche la laccatura del supporto e la verniciatura del dorso si sono dimostrate spesso insufficienti a prevenire la ruggine.

Bollicine, rigonfiamenti e screpolature sono l'aspetto abituale dei ferrotipi che sono sopravvissuti. La ferrotipia, grazie alla rapidità e all'economia del processo, rimase comunque, per alcuni decenni, il cavallo di battaglia di molti fotografi ambulanti.

Costoro giravano di fiera in fiera e nelle più sperdute località allestendo il loro "studio" agli angoli delle strade e nelle piazze. Un lenzuolo bianco alle spalle dei soggetti ed una seggiola impagliata ne costituivano generalmente lo scarno arredamento.

Ferrotipo di origine italiana.
Dimensioni: 65.5 x 89 mm.

Dato che la clientela era composta evidentemente da gente comune, la caratteristica più importante che l'immagine doveva possedere era quella di essere economica ed immediatamente disponibile. La qualità dell'illuminazione era quella che le condizioni meteorologiche rendevano possibile. Il fondale bianco, di cui si è detto, serviva per accrescere il rilievo dell'immagine.

Siamo qui ben lontani dai margini di intervento di cui godevano i più noti professionisti: negli atelier un complesso sistema di tendaggi consentiva di regolare con precisione la luce proveniente dalle ampie vetrate disposte lungo le pareti e il soffitto.

Il processo ferrotipico non era in grado di fornire bianchi puri, il contrasto ottenuto era piuttosto basso e mancava la nitidezza dei processi fotografici più elaborati e costosi. La mancanza di profondità di queste riprese era poi aggravata dall'assenza di quegli accessori scenografici a cui l'ambulante doveva rinunciare per ovvi motivi di peso e d'ingombro.

Ferrotipo italiano, anno 1890 circa, di un fotografo ambulante anonimo operante nella campagna piemontese.
Dimensioni: 60.5 x 80 mm.

Ferrotipi ripresi in esterno ed in studio. Gli ambulanti usavano anche fondali improvvisati.
L'intonazione più o meno calda dipende dalla preparazione della lastrina e dal trattamento.
Dopo il 1870 furono popolari le tintype *"brown"* o *"chocolate"*.

D'altra parte, contadini, piccoli commercianti, mediatori e artigiani si accontentavano facilmente, soddisfatti della sola idea di possedere comunque un ritratto. Inizialmente, per meglio sostenere la competizione commerciale con l'ambrotipia, i ferrotipi vennero confezionati anche in astuccio rigido.

Tuttavia frequentemente ci sono giunte custodie in cui un ferrotipo ha semplicemente sostituito nell'astuccio l'ambrotipo originale, andato distrutto. Il montaggio tradizionale della ferrotipia è infatti su carta, con cornice in cartoncino decorato, talvolta in rilievo. Oltre che nei mercati paesani e nelle campagne, la ferrotipia itinerante venne praticata con successo da professionisti che operavano stagionalmente presso note località di cure termali o comunque turisticamente importanti. La rapidità di consegna era anche in questo caso il fattore determinante.

La ferrotipia si presenta prevalentemente con fondale chiaro ma si conoscono anche rari esemplari con sfondo dipinto; in non pochi casi il ritratto è ravvivato da qualche tocco di colore per accrescere il rilievo al ritratto.

Ritratto americano su ferrotipia di un personaggio in posa informale.

La ferrotipia non fu quasi mai utilizzata per riprendere panorami, anche se eccezionalmente è stata impiegata in esterno per ritratti informali, senza il solito lenzuolo. Le riprese in esterno, particolarmente se animate, restano decisamente rare in relazione alla massa della produzione, quasi esclusivamente dedicata al ritratto.

I ferrotipi realizzati a cavallo tra Ottocento e Novecento presentano scenografie di studio, anche elaborate, che ricostruiscono scorci di giardini, esterni arredati con finti steccati, colonne o balaustre di marmo, prospettive *"trompe l'oeil"* che simulano angoli di parchi. Queste ambientazioni vennero pubblicizzate dagli studi fotografici fin dagli anni intorno al 1870 con la denominazione di "rustici" (*rustic*). Con i primi anni del Novecento divenne popolare l'impiego di trucchi scenografici in cartone o legno che permettevano di posare su finte automobili, barche, dirigibili ed in seguito anche aerei, sfruttando curiose trovate di gusto teatrale.

Ferrotipo realizzato in studio con scenografia.

163

Tipologie di montaggio per ferrotipia su intelaiatura in cartoncino, formato CdV.

La grande maggioranza delle immagini realizzate in ferrotipia non offrono elementi adatti per identificare lo studio fotografico di esecuzione.

Tuttavia alcuni cartoncini di montaggio CdV risultano timbrati, oppure un foglietto a stampa con i riferimenti del fotografo è stato incollato sul dorso della CdV per fissare il ferrotipo.

Qui a fianco, una presentazione a busta per ferrotipo, con riquadro mat sul dorso, prodotta da "Bernhard Wachtl Wien", stabilimento viennese di materiali per la fotografia attivo dal 1880.

Il timbro "Fotografia Istantanea - RICORDO LIDO - VENEZIA" testimonia la popolarità della ferrotipia nelle località termali e nei luoghi di tradizionale meta turistica di tutto il mondo.
Questo genere di ricordo fotografico a buon mercato certificava un momento di festa e svago, tanto al Lido di Venezia in Italia come presso le cascate di Niagara in America.

È interessante notare che dal primo settembre 1864 e fino al primo agosto 1866, fu in vigore negli U.S.A. una legge che imponeva l'applicazione di un francobollo, a titolo di tassazione, su ogni fotografia venduta. L'annullo veniva eseguito dal fotografo generalmente scrivendo le proprie iniziali ed eventualmente la data. Ciò può permettere di datare esattamente le immagini fotografiche degli anni della guerra civile americana.

Ferrotipo tassato con bollo sul dorso di montaggio (*Civil War* 1864-1866).

La raffigurazione è di qualità popolare e la gente che vi compare è spesso abbigliata in modo più rustico ed informale di quanto lo fossero i clienti dei fotografi di città, che peraltro disponevano a volte di un guardaroba per il noleggio, adatto a favorire qualche benevola bugia sulle condizioni sociali dei soggetti. In molte zone rurali questa fu la prima applicazione della fotografia ad essere direttamente sperimentata per ottenere un ritratto.

Le caratteristiche che decretarono il successo della ferrotipia: immediatezza, facilità e rapidità di trattamento, sostanziale resistenza, economicità... furono le medesime che permisero a questo processo, nelle sue forme più aggiornate, di resistere a lungo nella pratica della fotografia di strada e popolare, addirittura fino ai primi decenni del Novecento. Infatti il ferrotipo asciuga rapidamente perché non assorbe acqua, come invece accade con i procedimenti a supporto cartaceo.

Può essere facilmente spedita in busta e non richiede necessariamente un montaggio. Alcuni ferrotipi appaiono addirittura perforati con un chiodo sul margine superiore perché sono stati sbrigativamente inchiodati ad una parete. I cartoncini di montaggio CdV con riquadro mat a finestra, negli anni immediatamente successivi alla metà dell'Ottocento erano ancora molto lineari, lisci ed eventualmente abbelliti con un contorno a rettangolo colorato e semplici abbellimenti grafici a stampa.

Marchio di brevetto per modello di CdV con disegni impressi a rilievo "Potter's Patent March 7, 1865".

Dagli anni successivi al 1860, si affermarono progressivamente le presentazioni impresse a rilievo, come quelle sviluppate in seguito al brevetto "Potter's Patent March 7, 1865". La manifattura lastre Phoenix Plate Co. iniziò a produrre supporti laccati con una tinta marrone molto scuro a partire dal 1870. Questi ferrotipi, popolari fino verso l'anno 1890, sono perciò denominati "*brown*" oppure anche "*chocolate*". In effetti l'intonazione delle immagini finali dipende in buona parte anche dalla laccatura del supporto primario, non necessariamente in nero puro e privo di intonazione.

Pertanto si osservano variazioni di colore che dipendono dalla laccatura, dalle caratteristiche e dalla lavorazione dello strato al collodio, dal trattamento fotografico.

Gruppo di amiche in posa, mosso in ripresa. La scenografia simula un angolo di giardino.

Tintype con bambino in posa in studio. Dimensioni: 60 x 90 mm.

I ferrotipi realizzati in esterno godevano di un'illuminazione generalmente più intesa, ma in interno la posa rimaneva ancora critica per la lunghezza dell'esposizione. Per questo l'impiego di colonne di arresto e di sostegni fu richiesto ancora a lungo nelle riprese in studio. Tavolini, poltroncine appositamente realizzate per impiego fotografico ed ogni altra soluzione di appoggio furono comunemente utilizzati fino a inizio Novecento. Le pose evidentemente statiche, piuttosto rigide, stereotipate e simmetriche non furono un atteggiamento deliberatamente scelto, ma dipesero dai limiti di sensibilità imposti dai materiali fotosensibili.

Le riproduzioni di tintype presentate in questo libro, così come generalmente accade nelle pubblicazioni a stampa, sono state tutte ottimizzate digitalmente per ottenerne una buona leggibilità.
Il procedimento fornisce, già di per sé risultati a basso contrasto e caratterizzati da toni molto densi.
A questo si aggiunge lo scurimento talvolta dovuto all'alterazione della vernice di protezione.
I fondali dipinti con soggetti marini, cascate, ambienti montani e giardini furono impiegati per connotare la localizzazione delle riprese e divennero popolari a partire dagli anni intorno al 1890.

Montaggi in cartoncino CdV per ferrotipi di vario formato. Le dimensioni sono circa 62 x 100 mm.
Spesso le tintype si presentano non montate, dal momento che potevano essere direttamente
inserite negli album con pagine a finestre.
Le confezioni in CdV possono essere a busta con fessura d'inserimento, ma più generalmente un
sottile foglio di carta incollato sul dorso mantiene in posizione l'immagine.
Le decorazioni impresse a rilievo, introdotte solo dopo gli anni 1860, presentano foggia e profilo
secondo il gusto dell'epoca. In area americana sono frequenti soluzioni grafiche di connotazione
patriottica, particolarmente negli anni della guerra di secessione tra il 1861 ed il 1865.
Il fondale consiste generalmente in uno sfondo chiaro, solitamente un telone adatto ad accentuare
la profondità ed il contrasto dell'immagine che in ferrotipia restano sempre decisamente limitati.

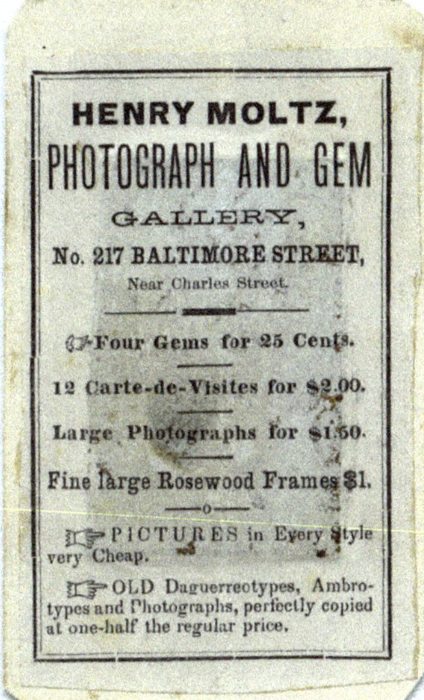

Miniatura (thumbnail) in montaggio CdV decorata con impressione a rilievo. Sul fianco di sinistra si osserva il marchio del brevetto POTTER'S PATENT MARCH 7, 1865.

Sul dorso è stampata la pubblicità dello studio fotografico con i prezzi praticati: 25 Cent per 4 fotografie formato *Gem* e $ 2.00 per una dozzina di Carte de Visite.

I ferrotipi *Gem* erano generalmente montati su cartoncino CdV di circa 6 x 10 cm.

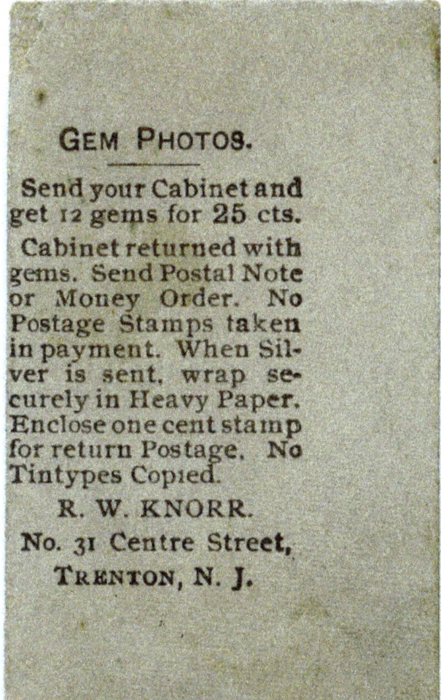

Il formato *Gem* (*Gemma* in italiano) non è identificabile come misura standard, ma si riferisce genericamente a quello che potremmo definire un "formato francobollo". Si possono osservare misure, in millimetri, di circa: 32x40; 35x45; 40x50; 45x55; 50x62.

Gem o miniatura (*thumbnail*) è dunque un formato tintype ridotto, rispetto ai circa 6x9 cm di "¹/₆ di lastra" dei tradizionali formati fotografici. La ripresa avveniva generalmente su un'unica lastra di 5"x7", circa 13x18 cm, da cui si potevano ricavare 12 *Gem* di circa 40x45 mm ritagliate a mano con misure variabili. Più piccolo ancora è il *Little Gem* di circa 20x24 mm.

Tale formato fu adottato per il montaggio delle fotografie su medaglioni, spille, bracciali e pendenti. Le dimensioni resero questo tipo di immagine particolarmente economico e molto popolare in America tra il 1860 ed il 1870.

Le lastrine *Gem* venivano fissate dietro alla finestrella di presentazione del cartoncino CdV, incollandole con un foglietto di carta che talvolta riporta l'indirizzo dello studio fotografico ed eventualmente altre note promozionali.

Qui a sinistra la riproduzione di un dorso CdV con l'offerta di eseguire e consegnare per posta una dozzina di *Gem* per 25 Cents. Il fotografo richiedeva l'invio di un'immagine in formato *Cabinet* (circa 10 x 14 cm.) da cui trarre le *Gem*. Il pagamento doveva essere in contanti, unito in busta accludendo un francobollo da un centesimo per la restituzione. Era espressamente esclusa la riproduzione di ferrotipi, evidentemente troppo scuri ed a basso contrasto per poter ricavare un risultato accettabile.

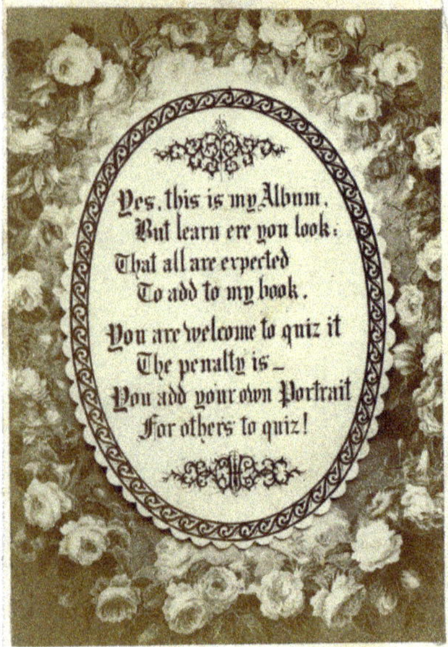

Qui sopra, un'albumina *opening album CdV,* cioè una Carte de Visite di apertura per invitare chi sfogliava l'album a lasciare il suo ricordo. A fianco, a destra, un album miniatura per ritratti Little Gem.

Il successo del formato *Gem* è legato all'impiego delle fotocamere per ripresa multipla. La più nota di queste macchine fotografiche fu quella brevettata da Simon Wing nel 1860 e successivamente perfezionata con progressive migliorie. Era dotata di diversi obiettivi e di un dorso portalastra che poteva essere ruotato per consentire varie riprese sulla medesima lastra. Con una fotocamera a 4 lenti potevano così essere prodotte 16 riprese in formato *Gem*.

Le fotografie da ¹/₆ di lastra tintype erano poco più corte delle comuni CdV e potevano essere agevolmente inserite negli album di fine Ottocento, spesso decorati con raffinate cromolitografie.

Ferrotipia Pennellograph - 3.3.1

Il processo fotografico "Pennellograph" consiste in una variante di ferrotipia colorata apparentemente con finissima polvere di pastello. L'aspetto superficiale di una Pennellograph tintype è quello di un ferrotipo tinto in campiture che in alcune aree risultano coprenti e stese in modo leggero ed uniforme, quasi si fosse usato un aerografo. I dettagli a pennello sono molti fini e probabilmente realizzati con colori ad olio. La superficie risulta di consistenza estremamente tenue e poco resistente all'abrasione, tendendo a sfaldarsi in polvere sottile. La delicatezza del procedimento di coloritura comportava che l'immagine venisse sigillata permanentemente sotto vetro.

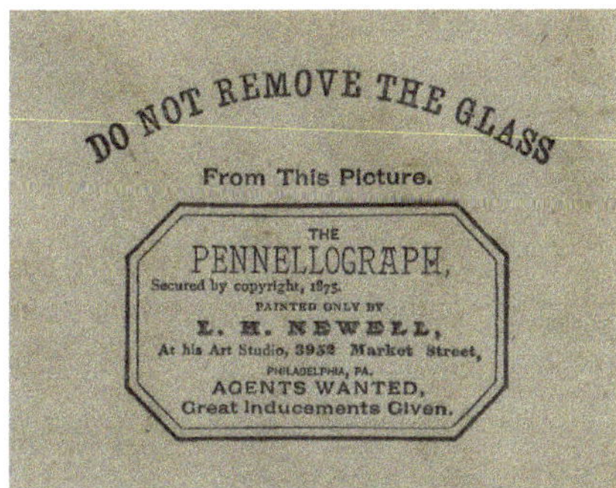

La locandina del fotografo, apposta sul dorso dell'immagine, raccomandava infatti di non rimuovere il vetro di protezione.

L'esemplare qui riprodotto è in lastra intera di 16 x 21.5 cm. L'etichetta sul dorso di montaggio riporta: DO NOT REMOVE THE GLASS / From This Picture / THE PENNELLOGRAPH, Secured by copyright, 1875. / PAINTED ONLY BY / L. H. NEWELL, / At his Art Studio, 3952 Market Street, / PHILADELPHIA, PA. / AGENTS WANTED, / Great Inducements Given.

Ferrotipi Pennellograph furono prodotti da vari studi: The Pennellograph Co. Philadelfia, Pennsylvania;

The North American Portrait Co. Jamestown, N.Y.;

The Photochrome Copying Co. Clinton, Iowa. 1875.

Il processo fu praticato prevalentemente nell'area geografica di Philadelphia da altri studi, come D.L. Hildreth.

Apparentemente molto simile al processo pennellograph risulta il FERRO CHROMO, patent: October 19 th 1875, C.S.Harley & Co. Arlington, Massachusetts.

La delicatezza della superficie di questi prodotti fotografici e la diffusione decisamente limitata del metodo rende particolarmente raro questo genere di fotografie.

Le pennellograph rappresentano una variante estremamente raffinata, tra le tante tecniche di coloritura applicate ai ferrotipi.

I fratelli Claes installarono un chiosco fotografico automatico in occasione dell'Esposizione Universale di Anversa del 1894. Il loro "Photographe Automate", brevetto Raders, poteva produrre ferrotipi in soli tre minuti. L'apparato fu in funzione anche in Grand Goddart, 26, Anversa, nel salone macchine presso cui i fratelli Claes avevano un ufficio di rappresentanza per promuovere una nuova via ferrata di modello brevettato.

Chioschi fotografici - 3.3.1

Il ritratto automatico: Photo-booth   *(dal 1890 ca.)*

Fino agli ultimi anni del 1800 il processo di produzione fotografica comportava la netta separazione delle due fasi di ripresa e di trattamento chimico dell'immagine. Il secondo aspetto, inizialmente piuttosto critico, richiedeva competenze ed esperienza che non erano all'immediata portata di chiunque e necessitava dunque di qualche genere di apprendistato. I rapidi progressi sviluppati nell'arco di decenni avevano tuttavia, alle soglie del Novecento, semplificato e reso affidabili le procedure occorrenti per ottenere un'immagine fotografica finita.

In particolare la ferrotipia, insieme ad altri metodi a supporto cartaceo, si era rivelata una soluzione rapida per l'esecuzione di riprese per le quali non era nemmeno necessario seguire il metodo negativo-positivo. La rapidità, la regolarità e l'automatismo delle azioni suggerirono certamente a diversi fotografi professionisti l'idea che le operazioni potevano essere eseguite meccanicamente da un dispositivo robotizzato.

La meccanica di precisione aveva ormai raggiunto livelli di precisione e sicurezza di risultato adatti ad essere applicati con vantaggio alla fotografia. Si trattava quindi di risolvere problemi di progettazione meccanica e di trovare i finanziamenti per attuare un progetto che poteva avere utilità commerciale solo se sfruttato industrialmente e su larga scala. L'idea di realizzare chioschi fotografici per il ritratto automatico si concretizzò in una serie di tentativi che inizialmente suscitarono curiosità, senza riuscire ad affermarsi praticamente per i problemi tecnici che ancora presentavano.

Il primo brevetto per un automa fotografico di cui si ha notizia risale al 1888 e venne registrato a nome di William Pope ed Edward Poole, di Baltimora. Non si hanno tuttavia notizie sulla sua effettiva entrata in servizio. Il primo automa fotografico basato sul processo negativo-positivo fu brevettato nel 1896 dal tedesco German Carl Sasse.

Il fotografo americano di origine tedesca Mathew Steffens brevettò il suo chiosco fotografico automatico nel 1889, cioè nello stesso anno in cui Théophile-Ernest Enjalbert brevettò in svizzera (brevetto n.1422) un dispositivo simile, poi presentato all'Esposizione Universale di Parigi.

Queste macchine non furono però mai pienamente operative a causa dei frequenti problemi meccanici che si verificavano, quali il blocco dell'inserimento delle monete e del sistema di trattamento fotografico, che richiedevano costanti interventi di manutenzione.

Le riparazioni ed il reintegro delle sostanze chimiche e dei materiali sensibili erano richiesti di continuo e ciò rese antieconomiche queste apparecchiature. La qualità di questi ferrotipi era inoltre molto più scadente di quella che si poteva ottenere, allo stesso prezzo, in uno studio fotografico tradizionale che consegnava le stampe su carta.

Tuttavia l'aspirazione del pubblico a divenire in qualche modo protagonista assoluto della propria rappresentazione era già naturalmente viva ed intensa, ancora prima che la tecnologia la rendesse possibile. Il diritto naturale alla propria immagine è ambizione antica e risale alla preistoria ed alle impronte lasciate con pigmenti naturali o anche semplicemente col fango. In fondo, gli esseri umani non fanno altro che marcare il proprio territorio con impronte della propria presenza: la fotografia è uno dei segni elettivi di questa volontà.

L'origine di questa fase di autonomia creativa dei protagonisti dell'immagine fotografica si trova nelle riprese con fotocamere ad obiettivi multipli, ancora a lastre al collodio.

Negli anni intorno al 1860, fotografi come André-Adolphe-Eugène Disdéri (Parigi, 1819 - 1889), consegnavano ai clienti serie di carte de visites ricavate dal ritaglio della stampa per contatto di una lastra impressionata da una macchina a obiettivi multipli.

Questo sistema consentiva la ripresa di una sequenza di pose. Tuttavia in questi casi era ancora il fotografo a guidare il soggetto ad assumere posture esteticamente ben composte, anche se possiamo immaginare che una situazione del genere concedesse qualche margine di autonomia ai soggetti.

Si trattava comunque di una prima fase di liberazione rispetto al controllo quasi assoluto fino ad allora esercitato dal fotografo professionista. Con la fotografia completamente automatica dei chioschi fotografici meccanici si creò lo spazio per una nuova estetica trasgressiva fino ad allora impensabile.

Certamente molti soggetti preferirono il conformismo iconografico, posando "come si conviene" in adesione all' educazione ed al bon ton richiesto in un'epoca ancora ligia a dettami di correttezza formale in ogni manifestazione sociale. Tuttavia il chiosco fotografico, con il suo separé, un pannello divisorio presente fin dai primissimi modelli, offriva quel minimo di riservatezza che incoraggiava l'affermazione della propria individualità.

Le riprese fotografiche da chiosco automatico appartengono a quello che può essere ritenuto un autonomo genere fotografico che viene identificato con il termine internazionale di *photo-booth*. Ritenere che queste fotografie, normalmente in formato fototessera o poco più grande, siano di interesse estetico e sociale irrilevante sarebbe un errore grossolano.

Photobooth ritagliati e montati separatamente. Immagine 30 x 36 mm. Cartoncino 61 x 70 mm.

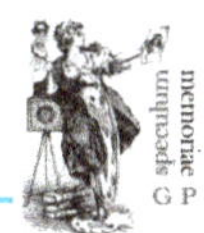

Dal momento che si tratta di autentici autoritratti, le riprese furono per la prima volta effettuate in totale autonomia ed il soggetto fu libero di esibirsi, pur nel limitato spazio di un'inquadratura ridotta, nel modo che egli ritenne più appropriato. Non di rado la sua posa fu appunto "poco appropriata" e molto personale. Lo spazio ristretto dei box fotografici permise a coppie e persino tre o quattro persone insieme, di manifestare complicità, scherzo, festa, trasgressione, affetto e persino devianza, con modalità che nello studio di un fotografo professionista sarebbero apparse fuori luogo.

Comportamenti socialmente divergenti, trovarono per la prima volta libero spazio di testimonianza fotografica nelle cabine per la fotografia automatica: boccacce, baci, scherzi e pose irriverenti dei photo-booth d'epoca anticiparono di ottant'anni gli autoscatti che oggi gli adolescenti di tutto il mondo riprendono col proprio cellulare.

Negli U.S.A. i photo-booth furono il primo spazio di autorappresentazione degli strati sociali fino ad allora meno testimoniati dal punto di vista fotografico e per le etnie afroamericane, nordafricane, ispaniche, asiatiche... Lo studio sociografico di queste immagini e l'interesse per questo genere di materiale iconografico è diventato significativo solo in questi ultimi anni. I ritratti automatici restano a tutti gli effetti immagini uniche: irripetibili positivi diretti. Essi sono sempi di fotografia povera dal punto di vista materiale, ma spesso ricchi di spontaneità, improvvisazione e persino di compiaciuta dignità.

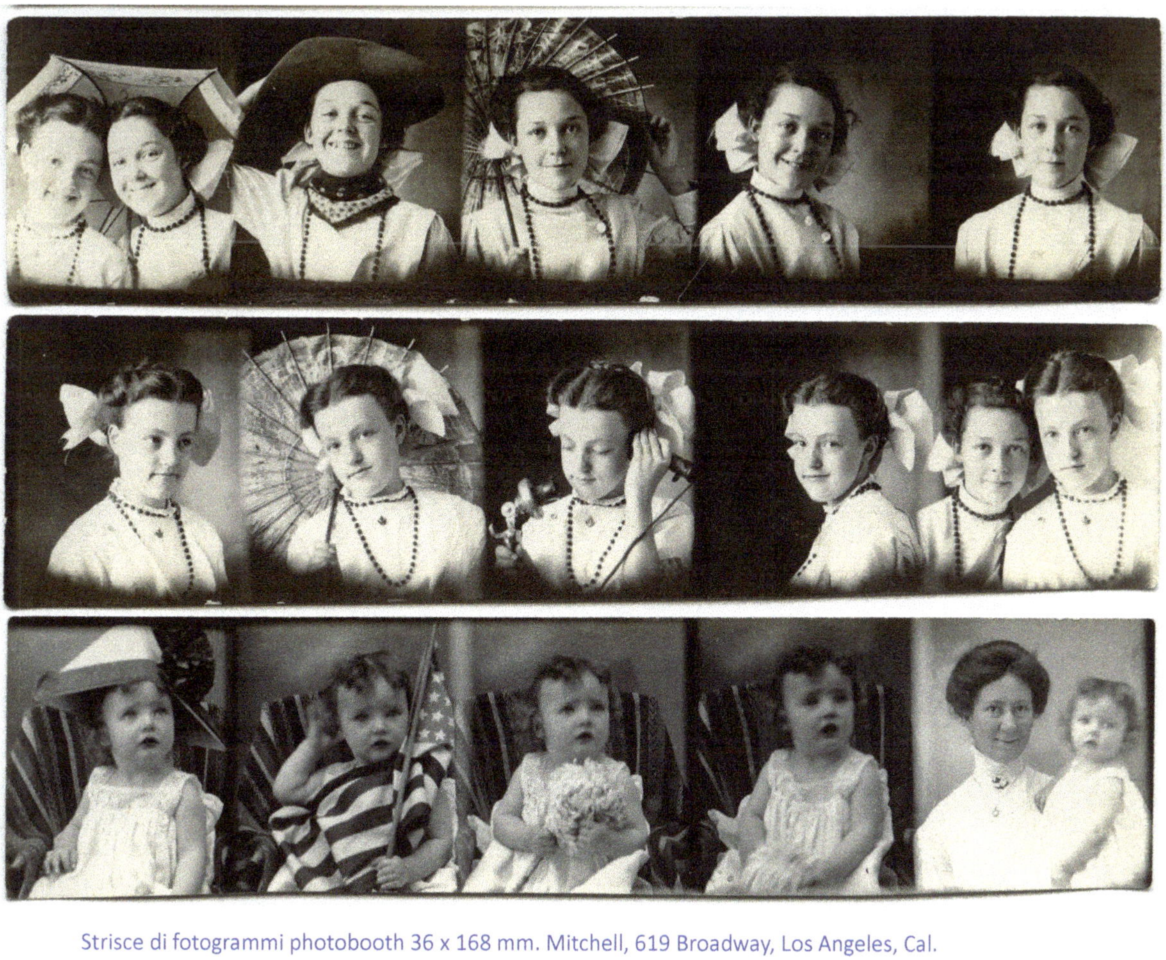

Strisce di fotogrammi photobooth 36 x 168 mm. Mitchell, 619 Broadway, Los Angeles, Cal.

Serie di fotogrammi photobooth montati su cartoncino stampato a rilievo, circa 75 x 235 mm.
La striscia a fondo pagina, 75 x 215 mm, è timbrata sul dorso con la scritta "FAMUS FOTO KO." - Room 5,
1.0.0 F.Temple - CAMBRIDGE, OHIO. I soggetti avevano a disposizione cappelli ed oggetti da posa.

Sistema Bosco *(1890 - 1900 ca.)*

La fotografia automatica viene spesso considerata un fenomeno di origine americana e fatto coincidere con l'invenzione delle cabine meccanizzate di inizio Novecento. Tuttavia la prima macchina che ottenne un successo commerciale effettivo fu progettata e costruita in Europa dall'amburghese Conrad Bernitt. Fu brevettata in Germania il 16 luglio 1890 e distribuita con il nome commerciale "Bosco" in riferimento all'allora famosissimo mago ed illusionista *Bartolomeo Bosco* (Torino 1793, Dresda 1863).

In sostanza si trattava di un automa meccanico in grado di produrre ferrotipi. La forma caratteristica di queste fotografie è quella di una vaschetta in ferro verniciato, con i bordi rialzati e spianati. I prodotti chimici di sviluppo e fissaggio potevano così essere versati nella quantità necessaria e trattenuti e per il tempo richiesto dal breve trattamento.

L'essicazione risultava rapida, dal momento che il supporto non assorbiva liquidi. Lo strato in gelatina si asciugava velocemente, ma non poteva ovviamente essere toccato fino a quando non induriva perfettamente. Si raccomandava pertanto di non fare asciugare al sole, il che significa che l'immagine conservava ancora una certa fotosensibilità. La piastra veniva poi riposta in un astuccio in cartone con impressioni a rilievo in oro e rosso.

L'apparecchiatura meccanica era costruita in due versioni: a mezza colonna da tavolo ed a colonna intera da pavimento. La prima richiedeva l'intervento di un operatore e l'automatismo era limitato al trattamento della lastra. La seconda era autonoma e funzionava con l'inserimento di una moneta.

Il tempo di consegna dell'immagine era di circa tre minuti. Il meccanismo fu distribuito ed installato in diversi Paesi, anche oltre Atlantico. Le serigrafie, in nero e oro, riportano disegni ed iscrizioni che, sul dorso della lastra, si adattano alla nazione di impiego. Ad esempio, a Parigi la denominazione *Bosco* venne sostituita con la scritta *Leoni*.

Ferrotipo *Bosco*, sistema automatico di Conrad Bernitt. Lastrina a vaschetta, dimensioni: 60 x 83 mm.

Sebbene i chioschi fotografici Bosco siano stati prodotti in serie, oggi sono introvabili. Un esemplare ben conservato ma non più funzionante è custodito presso il *Deutsches Museum* di Scienza e Tecnologia di Monaco. I caratteristici chioschi a colonna con base quadrata dei dispositivi Bosco sono rappresentati sul verso delle lastre prodotte con questo processo. Il successo del sistema Bosco fu probabilmente condizionato dalla diffusione limitata e dal fatto di presentarsi come curiosità strettamente legata a luoghi ed eventi di festa, fiere, turismo e Carnevale. I successivi brevetti di fotografia che si imposero in America furono invece immediatamente considerati un autonomo genere fotografico, in grado di rappresentare una efficace soluzione tecnica per l'autoritratto. In Europa proseguì invece a lungo la consuetudine del rito fotografico nello studio del professionista.

Gli impianti Bosco furono considerati una trovata, ancora troppo costosa, destinata ad una clientela un po' eccentrica, in cerca di novità. Sono note installazioni della macchina Bosco presso luoghi di fiera e divertimento come il *Castans Panoptikum* di Berlino e locali come *Urania*, sempre a Berlino, *Löwenbräukeller* e *Hofbräuhaus* a Monaco. A Budapest fu in funzione durante la fiera che celebrò, nel 1896, il millenario della colonizzazione magiara, come si ricava dal foglietto interno all'astuccio: «Souvenir du millénaire, 1896, Budapest».

Copertina dell'astuccio Bosco in cartoncino rosso con scritte impresse in nero. Le iscrizioni erano in origine dorate. Il pigmento nero sottostante tende ad apparire quando la verniciatura color oro, scarsamente adesiva, va persa a causa dei tentativi di pulizia che si succedono nel tempo.

Fotografia Bosco con la caratteristica forma a vaschetta del sistema Bernitt. Il finto oro, usato per decorare l'astuccio e la cornice a rilievo della vaschetta in metallo, dovevano connotare le ambizioni di preziosità dell'oggetto fotografico. Anche il verso della lastrina ha un trattamento superficiale dorato e brillante.

L'impressione è che le installazioni non siano mai state realmente fisse, come invece avvenne, quasi trent'anni dopo, per gli automi fotografici americani. Forse i chioschi seguivano situazioni stagionali ed eventi in grado di richiamare grande pubblico, come in occasione dell' *Oktoberfest*. Una ricerca sistematica ed approfondita sulla storia del processo Bosco non risulta finora svolta. Il sistema sembra caduto in disuso ancora agli inizi del Novecento.

I foglietti promozionali incollati all'interno dell'astuccio in cartoncino fanno comunemente riferimento a *Conrad Bernitt* come fabbricante unico e detentore dei diritti. Tuttavia si osserva anche l'indicazione che indica *Gustav Ullman* come gestore degli automi fotografici Bosco "Sistema Bernitt"; mentre *Leoni*, Boulevard Magenta 12, Parigi, risulta importatore e concessionario esclusivo per la Francia

La qualità e la criticità del processo non furono mai realmente in grado di reggere la competizione con i ferrotipisti ambulanti che offrivano immagini esteticamente migliori ad un prezzo inferiore. Infine bisogna considerare che la produzione industriale di questi impianti e la diffusione capillare richiedeva l'impiego di capitali finanziari di tutto rilievo, in un'epoca in cui il problema centrale, per la stragrande maggioranza della popolazione europea era ancora la semplice sussistenza.

Tre lastrine-vaschetta del sistema Bosco con scritte e disegni serigrafati su fondo metallizzato color ottone. In basso a destra, una stampa applicata sull'antina interna dell'astuccio in cartone. Come può osservare, furono prodotti materiali Bosco anche per il mercato di lingua portoghese.

Due astucci Bosco aperti, con la lastrina fotografica del sistema Bernitt infilata nell'apposita tasca.
Dimensioni dell'astuccio: 62 x 85 mm.

Sull'antina interna venivano incollati i fogli a contenuto promozionale ed informativo, come quello dell'immagine in basso a sinistra. Questi variavano a seconda dell'occasione.

Le stampe e i dorsi delle lastrine mostrano chiaramente la presenza di due elementi che caratterizzeranno i chioschi fotografici automatici nei decenni successivi: il paravento destinato a fare da sfondo ed a creare il minimo di riservatezza che la posa richiede e il seggiolino ad altezza regolabile.

Nei sistemi automatici l'obiettivo ha, per ovvie necessità costruttive dell'apparato, una posizione fissa. Pertanto è necessario che il soggetto provveda a regolare l'altezza del sedile in modo da trovarsi con il volto in asse rispetto alla ripresa.

Photomaton e Photomatic   *(1925 - 1940 ca.)*

La tecnologia dell'automazione e l'evoluzione della chimica fotografica consentirono la diffusione industriale dell'autoritratto fotografico meccanico solo dopo la prima guerra mondiale. Il fenomeno si affermò con forza, dapprima negli Stati Uniti, propagandosi poi progressivamente su scala mondiale.

L'invenzione che rivoluzionò la stessa percezione tradizionale del ritratto fotografico, destinata a divenire un fatto di costume sociale fino quasi all'avvento della fotografia digitale, nacque dai progetti di un immigrato americano di origine siberiana.

Anatol M. Josephewitz detto *Josepho* (Omsk 1894, San Diego 1980) era figlio di un gioielliere. A soli tre anni rimase orfano della madre. Il padre non pose ostacoli al suo spirito avventuroso e avido di esperienze. Dopo un breve periodo di studi tecnici, durante i quali subito si appassionò alla fotografia, a soli 15 anni, già era tanto intraprendente da trasferirsi a Berlino, dove lavorò come garzone di bottega presso un fotografo. Da qui tentò senza successo, a 18 anni, una prima trasferta oltre Atlantico, unendosi ai numerosi emigranti tedeschi che cercavano fortuna in America. Rientrato in Europa, a 19 anni aprì una sua attività di fotografo a Budapest. Fu qui che iniziò a progettare un apparato automatico, azionato a moneta. Il problema centrale che intendeva risolvere era quello di ottenere un'immagine positiva diretta su carta, in grado di rendere una scala tonale di buona qualità senza dover preventivamente registrare l'immagine su un negativo.

Nel 1920 tornò a Omsk, ma la Russia della rivoluzione comunista non offriva certo grandi prospettive a chi desiderasse affermarsi con iniziative commerciali individuali. Fu così che si mise in viaggio verso l'Oriente, attraverso la Mongolia e la Cina, giungendo infine a Shanghai. Qui Anatol, semplificò il suo cognome da quello originale di Josephewitz al più breve Josepho.

Egli iniziò a viaggiare attraverso la Cina come fotografo ambulante. Fu nel corso di quest'anno, il 1921, che egli stese in modo più organico i progetti preliminari della sua invenzione. A questo punto ritenne di essere pronto per ritentare il successo in America. Sbarcato a Seattle, decise che Hollywood poteva offrirgli l'opportunità di sviluppare le competenze meccaniche che gli occorrevano per mettere definitivamente a punto il suo dispositivo fotografico automatico. Questa città era la sede elettiva della cinematografia già all'inizio del Novecento. Negli Anni venti vi si producevano quasi mille film ogni anno. Era naturale che la tecnologia della meccanica di precisione applicata alle riprese fosse qui ben conosciuta ed applicata.

Josepho acquisì le esperienze di cui aveva ancora bisogno per completare il suo progetto e si recò a New York, dove contava di trovare appoggi e finanziamenti. In questa città, depositato il brevetto d'invenzione, riuscì a raccogliere la cifra, allora decisamente rilevante di 11.000 dollari che gli era necessaria per passare alla fase esecutiva.

Finalmente, nel settembre del 1925 il primo studio Photomaton aprì i battenti a Broadway, tra la 51esima e la 52esima strada. Si è calcolato che nei primi sei mesi di attività furono 280.000 le persone che vollero farsi ritrarre con il nuovo sistema che eseguiva una serie di otto scatti intervallati, in modo che fosse possibile assumere posture diverse davanti all'obiettivo. Il costo era di 25 centesimi, equivalenti al potere d'acquisto di poco meno di quattro dollari attuali.

I primi mesi dell'anno successivo costituirono il punto di svolta della vita di Anatol Josepho. Henry Morganthau, eminente diplomatico e uomo d'affari americano riunì un gruppo di imprenditori che fecero a Josepho un'offerta tale da non poter essere rifiutata: un milione di dollari. Cifra che va rapportata con l'incredibile valore che aveva a quel tempo. A questo patrimonio si aggiunsero in seguito i benefici ricavati dalla vendita dei diritti di brevetto in Europa.

La macchina fotografica automatica divenne in breve molto popolare come sistema per ottenere tessere di identificazione, licenze e passaporti. Rapidamente, constatato il successo economico dell'invenzione, sorsero sistemi fotografici automatici concorrenti: *Photomatic, Photo-Strip, Auto-Photo, Photo-Me*.

Tra i primi produttori industriali a costruire su larga scala cabine per autoritratto, è da segnalare la *International Mutoscope Reel Co. Inc.* di New York. Questa azienda produceva box per la proiezione di filmati a gettone, da installare in aree di divertimento, fiere ed esposizioni. Queste brevi e rudimentali proiezioni cinematografiche mute utilizzavano sequenze di positivi che venivano fatti scorrere per la visione individuale. L'azienda era dunque ben introdotta nel settore del divertimento "arcade" e possedeva la necessaria tecnologia ottica e meccanica.

I ritratti Photomatic della Mutoscope furono inizialmente positivi su lamiera, molto simili al sistema Bosco; dunque sostanzialmente ancora ferrotipi a produzione automatizzata. In seguito i perfezionamenti del materiale sensibile portarono ai Photomatic su carta, sempre a positivo diretto ed unico. Il montaggio fu inizialmente interamente metallico (illustrazioni nella pagina successiva), in seguito fu su cartoncino e negli anni Cinquanta con riquadro in plastica colorata.

Gli autoritratti in box furono utilizzati fino al loro declino per attestare in modo disinibito rapporti di amicizia, complicità ed affetto perché potevano essere istantaneamente condivisi e scambiati senza servirsi della mediazione, della valutazione estetica e del giudizio morale di qualcuno che fornisse un servizio professionale.

Qui sotto tre fotogrammi Photomaton. Le strisce erano in genere costituite da quattro riprese successive che permettevano di assumere pose differenti da utilizzare, una volta ritagliate, separatamente. La fotografia automatica fu la forma di ritratto che dette finalmente pieno democratico accesso alla raffigurazione personale, estendendo l'opportunità del ritratto agli strati sociali che ne erano rimasti, fino ad allora, ai margini.

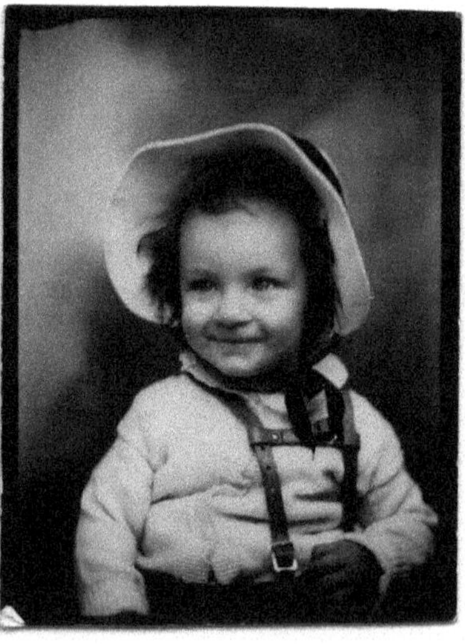

Fotografia eseguita in un chiosco automatico Photomatic della Mutoscope Reel Co. Inc. di New York
L'immagine è a supporto metallico, come nel sistema Bosco: sostanzialmente è ancora una tintype.

Autoritratto di una coppia di giovani donne ripreso in un box Photomatic. Fotografia eseguita con
il processo su carta che sostituì il sistema precedente. Montaggio in cartoncino 65 x 78 mm.

I ritratti photo-boot, in tutte le loro numerose varianti, costituiscono un genere solitamente correlato con eventi fieristici, feste, località termali e turistiche. I chioschi fotografici operarono abitualmente in occasioni e luoghi in grado di richiamare un vasto pubblico desideroso di immortalare il ricordo di una presenza. Sopra: ferrotipo montato in cartoncino, Colonial Village, Century of Progress, Chicago World's Fair 1934, Kay Hughes, Taken May 27, 1934. Sotto: Photomatic, Souvenir of the New York World's Fair 1939.

Eburneum

(1865 - 1870 ca.)

Il processo fotografico denominato *eburneum* fu descritto da *John Middleton Burgess* (Norwich 1842 - 1873) sul periodico "*The Photographic News*" del 5 maggio 1865. Egli, non E. Burgess, come invece appare in alcuni testi, fu dunque l'inventore di questo metodo di stampa a trasferimento di gelatina.

La lavorazione prevede l'impiego di una lastra al collodio che va preventivamente trattata con cera sulla superficie di vetro, in modo da facilitare il distacco dell'emulsione nelle successive fasi di trattamento. Dal momento che il procedimento produce un'immagine a lati invertiti, a causa del capovolgimento richiesto nel trasferire lo strato di collodio, è opportuno stampare il positivo da un negativo a sua volta girato. In questo modo il risultato finale risulta nuovamente corretto.

Dopo avere effettuato l'esposizione, si procede allo sviluppo dell'immagine positiva con acido pirogallico o con protosolfato di ferro, si prosegue poi con il necessario fissaggio e accurato lavaggio, seguito da viraggio all'oro. A essicazione avvenuta, la gelatina va staccata e trasferita a caldo sul supporto finale, costituito da un sottile foglio di avorio artificiale.

Il procedimento di Burgess ebbe una diffusione estremamente limitata per la sua difficoltà operativa, in quanto lungo e complesso. L'eventuale coloritura dell'immagine accresceva ulteriormente la raffinata rarità di questo oggetto fotografico.

La coloritura delle fotografie su avorio sintetico è infatti generalmente coprente e la sottostante immagine fotografica assume prevalentemente una funzione di traccia di riferimento per il lavoro, piuttosto che di figura fotografica evidente.

Alla rarità del processo contribuì probabilmente il fatto che Bourges mancò alla giovane età di 31 anni, senza poter raccogliere i frutti di una matura attività professionale.

John Werge, in "*The evolution of photography : with a chronological record of discoveries, inventions, etc., contributions to photographic literature, and personal reminiscences extending over forty years*", edito a Londra da Piper & Carter and J. Werge nel 1890 scrive del processo *eburneum* nei termini che seguono.

«Un altro nuovo metodo di stampa positiva fu introdotto in quell'anno [1865] da Mr. John M. Burgess, di Norwich, che lo ha denominato 'Eburneum'.

In effetti non si tratta di un nuovo modo di stampare fotografie, ma di un'ingegnosa applicazione della tecnica di trasferimento del collodio (stripping process). Il dorso del positivo in collodio va rivestito con una mistura di gelatina ed ossido di zinco e, quando secco, staccato dal vetro.

L'immagine finale assomiglia ad una stampa su foglio finissimo di avorio e possiede delicati mezzi toni insieme ad ombre brillanti. Ne possiedo alcuni esemplari e sono meravigliosi come in origine, dopo che è trascorso quasi un quarto di secolo.

Il processo è molto delicato e complicato e non credo che molte persone lo abbiano praticato. Di certo non conosco nessuno che lo abbia concretamente applicato finora.»

Qui accanto, un raro esemplare di Carte de Visite BURGESS EBURNEUM PROCESS. La CdV è stata riprodotta in modo da evidenziarne le caratteristiche di aspetto fisico.
Il supporto si presenta lucido e brillante, di un tono caldo avorio.
Lo spessore è di circa 0.5 mm.
Dimensioni: 56 x 92.6 mm.

In questa figura, il recto presenta un evidente effetto di reticolatura che sembra dovuto alla frammentazione superficiale della gelatina fotografica.

Il marchio BURGESS EBURNEUM PROCESS è stato impresso sul verso, in modo che risultasse in rilievo sul recto.

Il materiale appare leggero e rigido, quasi fosse un foglio di resina plastica di comune produzione moderna.

La scarsa flessibilità è la probabile causa delle scheggiature sui margini.
Il supporto è bombato: su un piano di appoggio, si alza fino a circa 3 mm.

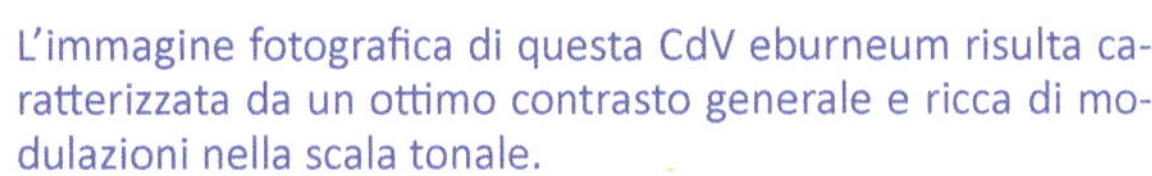

L'immagine fotografica di questa CdV eburneum risulta caratterizzata da un ottimo contrasto generale e ricca di modulazioni nella scala tonale.

Il ritrovamento di un originale fotografico, marcato in modo inequivocabile, permette di stabilire con certezza la classificazione dell'oggetto e l'identificazione del processo.

Come dimostra l'evidenza dei fatti, processi che vengono tra loro assimilati, come eburneum, ivorytype europea, ivorytype americana, crystoleum... presentano caratteristiche ben differenziate e non possono essere confusi, una volta che se ne è presa diretta confidenza tattile.

Sfortunatamente la piatta riproduzione fotografica tende ad accomunare in modo indistinto le fotografie, che nei libri sono necessariamente tutte stampate sulla medesima carta e con i medesimi pigmenti.

Avoriotipia: Ivorytype

(1855 ca. - 1860 ca.)

Con il termine avoriotipia (*ivorytype*) si indicano, a volte in modo generico, prodotti fotografici che si ritengono assimilabili per aspetto alle miniature artistiche su avorio. Si tratta di processi di stampa positiva, generalmente colorata a mano, che presentano analogie estetiche, ma che restano sostanzialmente differenti.

Innanzi tutto è opportuno distinguere tra due tipologie fondamentali di produzione fotografica artistica in colore, molto dissimili tra loro, che ebbero prevalente diffusione geografica diversa: l'avoriotipia su avorio naturale, che ebbe limitatissima applicazione in area europea e l'avoriotipia americana su vetro, comunemente identificata con il termine generico *"ivorytype"*, che godette di un buon livello di popolarità negli Stati Uniti.

Il riferimento che accomuna le diverse versioni di avoriotipia è il vocabolo "avorio". Ciò non significa però che il supporto sia effettivamente costituito da questo pregiato materiale. La denominazione nacque con l'intento di connotare con una forte analogia alla miniatura su avorio, un raffinato prodotto fotografico.

L'avorio era impiegato per le miniature artistiche con cui i più abbienti amavano farsi ritrarre nel XVIII Secolo. Le sue caratteristiche di inalterabilità, luminosità e superficie, perfettamente adatte al disegno ed alla coloritura, lo rendevano particolarmente idoneo a questo impiego.

Ivorytype di provenienza inglese. Immagine colorata a mano su strato di collodio. Supporto primario: avorio.

Si trattava di un supporto raro e costoso, ma il valore economico della miniatura era comunque elevato e questa spesa costituiva un elemento considerato non determinante da una committenza con larghe disponibilità economiche.

I brevetti depositati per tutelare le varie invenzioni correlate all'avoriotipia riguardano tutti variazioni di tecniche al collodio. Questo materiale possiede ottime caratteristiche di adesività sulle superfici vetrose o comunque difficili da utilizzare come supporto e rende possibile stendervi uno strato di emulsione da rendere fotosensibile.

Le diverse versioni di avoriotipia prevedono l'applicazione di tecniche di trasporto dello strato di collodio, in modo da riportare l'immagine su un nuovo supporto: avorio naturale animale, avorio artificiale vegetale, carte e paste in imitazione avorio. Il trasporto su avorio naturale animale, quello ricavato dalle zanne di elefante, sarebbe di rarità assoluta, dando luogo ad un oggetto artistico esclusivo, perfettamente conforme alle miniature artistiche.

L'avoriotipia europea è un'invenzione del fotografo *John Jabez Edwin Paisley Mayall* (Oldham, Lancashire, 1813 – London, 1901). Talvolta menzionato come di origine americana, errore indotto dal fatto che iniziò la sua attività di dagherrotipista a Philadelphia nel 1842, quando trasformò il suo cognome di nascita da Meal in Mayall. Nel giugno del 1846 cedette il suo studio in Chestnut Street al dagherrotipista Marcus Aurelius Root e rientrò in Inghilterra dove proseguì l'attività aprendo un nuovo studio fotografico di successo. Autore di vari perfezionamenti tecnici, egli registrò l'invenzione dell'avorio artificiale per uso fotografico nell'ottobre del 1855, con il brevetto inglese n.2381 definito come "Artificial Ivory for receiving photographic pictures". Dunque non si trattò dell'invenzione di uno specifico procedimento fotografico, quanto piuttosto dell'applicazione di una tecnica di sensibilizzazione e stampa con trasferimento su un nuovo supporto artificiale.

Mayall iniziò fin dai primi anni Ottocentocinquanta a sperimentare supporti fotografici in grado di consentire la produzione di ritratti su una superficie assimilabile a quella delle tradizionali miniature manuali a colori. La soluzione poi adottata fu appunto quella di impiegare l'avorio artificiale, un materiale che possiede i pregi di quello naturale, senza presentarne i difetti. Il composto si otteneva da un impasto a base di barite, avorio vegetale (*tagua* o *corozo*), derivato dall'albume vegetale della palma *Phytelephas aequatorialis* e gelatina adesiva. L'impasto veniva passato attraverso una serie di cilindri di laminazione. La calandratura produceva fogli che, essiccati e tagliati in piastre rigide, erano caratterizzati da una superficie liscia, brillante ed uniforme. Questa base si dimostrò eccellente per ottenere fotografie colorate in grado di competere con le migliori miniature su avorio. Lastre di avorio sintetico vennero prodotte e commercializzate espressamente per uso fotografico. La coloritura si effettuava con le tecniche e con i pigmenti già ben noti ai più abili miniaturisti. Le gradazioni delle tinte si ottenevano perciò con l'impiego di diversi colori, applicati con finissimi pennelli a tocco di punta.

Questa operazione produceva una struttura d'immagine caratterizzata da microscopici punti colore, stesi in modo piuttosto compatto, effetto che per certi versi anticipò l'aspetto delle opere del pointillisme francese, singolarmente assimilabile alle lastre diapositive a colori Autochrome Lumiere.

L'avorio sintetico possiede una superficie perfettamente adatta anche per la stesura diretta del collodio e per la successiva sensibilizzazione. Dunque la stampa può teoricamente essere effettuata anche come positivo diretto sul supporto sensibilizzato.

L'immagine deve risultare sufficientemente tenue, in modo da servire come base per la coloritura artistica a mano. Più generalmente il procedimento è da considerare un metodo a trasferimento di gelatina.

Elementi di montaggio di un ivorytype europeo in presentazione a quadretto.

Marcus Aurelius Root riconosce J.E. Mayall, operante in Regent Street, London, come inventore originale dell' ivorytype in *"The Camera And The Pencil: Or The Heliographic Art"*, Philadelphia, 1864. Egli si riferisce in particolare all'impiego di un supporto costituito da un composto di barite ed albume impastati e calandrati in fogli di superficie uniforme e aspetto di brillante materiale avorio. Afferma inoltre che il particolare articolo fotografico era distribuito da "Risler Heilman's Photographic Depot, Paris, France".

L'avoriotipia europea, secondo il procedimento originale di Mayall, ebbe una diffusione estremamente limitata a causa delle difficoltà operative che comportava e del costo, oltre che per l'abilità richiesta per la coloritura dell'immagine.
Questa tecnica è infatti coprente e la sottostante immagine fotografica assume prevalentemente una funzione di traccia di riferimento per il lavoro, piuttosto che di figura fotografica evidente.

L'avoriotipia americana, genericamente denominata *ivorytype*, si distingue sostanzialmente dal processo brevettato da Mayall e non prevede l'impiego di fogli rigidi di avorio artificiale. La denominazione del procedimento si richiamò comunque ancora apertamente all'intenzione di imitare l'aspetto della miniatura su avorio.

La variante del processo ivorytype che si affermò in America consiste sostanzialmente nella coloritura di un sottile foglio di un positivo impresso su carta ai sali d'argento. Il supporto subisce in seguito un procedimento di ceratura ed impregnatura collante a caldo a base di balsamo del Canada (una trementina ricavata dalla resina dell'abete balsamico *Abies balsamea*) e di cera d'api. Tale trattamento conferisce una certa trasparenza alle aree più luminose. Questo strato viene steso e fissato su un vetro con l'immagine a contatto della lastra.

Uno sfondo di cartoncino bianco brillante viene poi sigillato sul verso dell'immagine, disponendo minuscoli distanziatori di carta o cera in corrispondenza delle parti scure dell'immagine. Questo accorgimento serve per accresce l'effetto di profondità. Talvolta si utilizza anche un secondo foglio di cartoncino su cui vengono applicati i pigmenti colorati che debbono andare a registro con le corrispondenti aree dell'immagine translucida. Altra variante consiste nell'impiego di un ulteriore positivo monocromatico, stampato in modo tradizionale, che può essere applicato sul fondo per migliorare il contrasto finale dell'immagine.

Ivorytype di James W. Williams at The Artists' Emporium, n° 33 North Sixth St. Philadelphia. Montaggio originale, circa 28 x 33 cm.

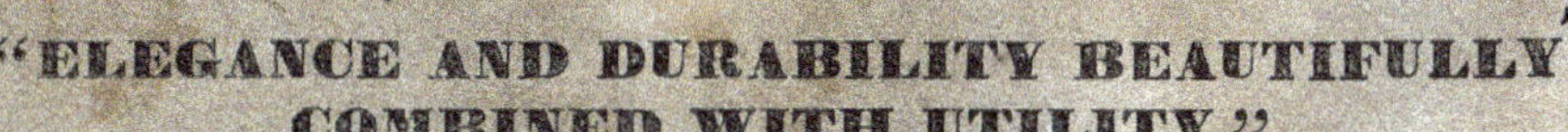

Locandina dello studio fotografico, incollata sul cartoncino di montaggio posto come sfondo della lastra ivorytype. Questo tipo di processo fotografico ebbe particolare diffusione nell'area di Philadelphia.

Recto di lastra ivorytype, montata sul cartoncino rigido di sfondo. Misure: 165 x 216 x 5mm.

Cartoncino di sfondo con finitura originariamente bianca brillante. Si notino i distanziatori.

Verso di lastra ivorytype osservata per riflessione in luce diretta.

Verso di lastra ivorytype osservata per trasparenza con illuminazione posteriore.

Angolo di lastra ivorytype con la faccia recto (lato di osservazione) in alto. Si noti che la coloritura non interessava l'intera superficie, ma solo l'area lasciata in vista dal riquadro ovale.

Angolo di lastra ivorytype osservata con la faccia al verso in alto. Il supporto in cellulosa del positivo colorato, impregnato di cera, risulta fragile e tende a frammentarsi sui margini.

Angolo di lastra ivorytype con il lato di incollaggio del positivo (verso) in alto. Si osservano: lo strato di cera a contatto del vetro, il foglio fotografico colorato ed impregnato, lo strato di cera di sfondo, steso sul dorso della stampa.

Le lastre Ivorytype hanno generalmente uno spessore di almeno 5 mm, fino a 7 mm ca. Qui sotto, una lastra con bordo di protezione in metallo, sigillata su fondo colorato.

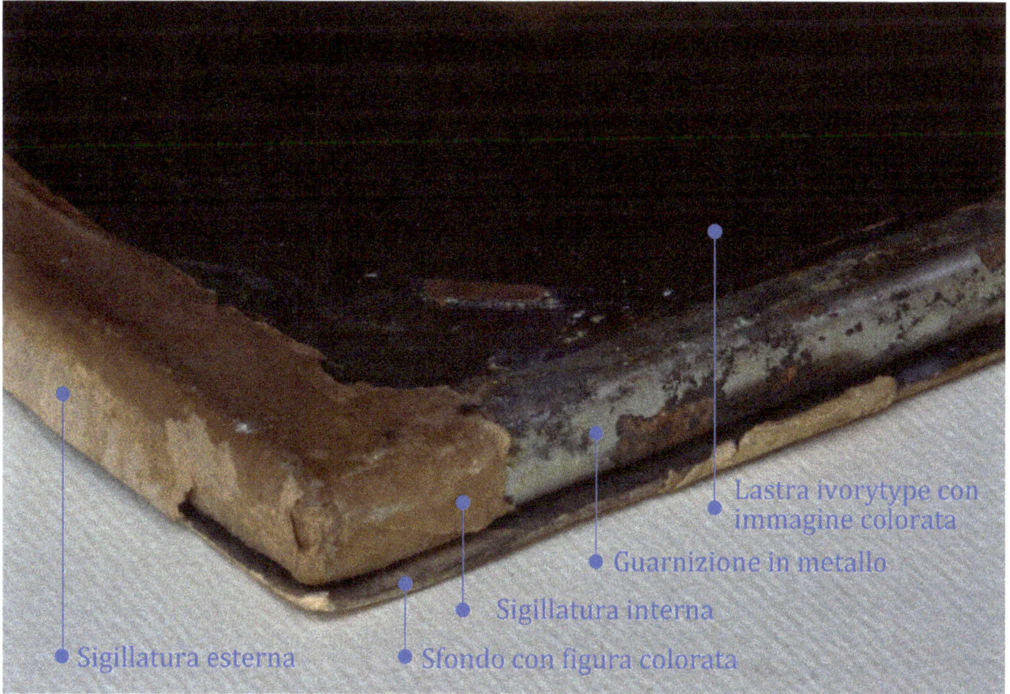

Il processo di stampa ivorytype include varianti che assunsero differenti denominazioni, talora producendo equivoci con processi completamente diversi. Qui un esemplare positivo su lastra, debolmente tinto sull'emulsione, in cui l'effetto finale è ottenuto grazie all'accoppiamento con uno sfondo colorato. Questa soluzione di montaggio viene identificata anche come kromotipia, chromofotografia e persino chromotype, che in effetti è la denominazione di un autonomo brevetto di stampa al carbone. In alto a sinistra, il cartoncino di sfondo, colorato a mano, montato a registro con la lastra. In alto a destra la lastra illuminata per trasparenza. In basso a sinistra la lastra nuda osservata in luce riflessa. Infine il montaggio completo.

I diversi elementi dell'ivorytype venivano poi sigillati insieme con un nastro in carta collata. I bordi del montaggio erano talvolta guarniti con una cornice in metallo destinata a proteggere dagli urti i margini della lastra di vetro. La confezione in presentazione da parete delle ivorytype è regolarmente realizzata in massicce cornici di legno dorato, generalmente ovali.

Frederick August Wenderoth (Kassel 1819, Philadelphia 1884) è riconosciuto in molti testi, ancora a partire da *"The Camera And The Pencil: Or The Heliographic Art"*, come il fotografo che divulgò l'*ivorytype* in America. Ciò è in effetti inappropriato e suscitò la reazione dello stesso Wenderoth che si riteneva inventore di un proprio processo specifico. Wenderoth fu fotografo, pittore, litografo e incisore.

Le varianti del suo processo si affermarono particolarmente nell'area di Philadelphia nel periodo degli anni 1860. Egli, in seguito alla pubblicazione di un articolo dedicato all'ivorytype su *"The British Journal of Photography"* del 5 agosto 1864, scrisse una lettera alla redazione, dedicando un approfondimento agli "Ivorytypes" per passare poi a presentare il suo nuovo prpocesso di stampa su vetro, rivendicato con la denominazione di "Toovytype". Ciò produsse una rettifica, pubblicata il 18 novembre 1864 sul medesimo periodico di cultura fotografica, in cui Wenderoth precisa quanto segue.

«Ho letto sul THE BRITISH JOURNAL of PHOTOGRAPHY un articolo che descrive il processo di realizzazione delle 'Toovytypes' da me inventate, non recentemente, come affermato dall'autore di 'The Camera and Pencil', ma circa sei anni fa. La descrizione è abbastanza corretta.

Il modo di produrre immagini colorate come qui descritto è divenuto molto popolare in America ed il mio successo in questo ha superato ogni attesa. Immaginando che alcuni dei vostri lettori desiderino produrre tale genere di immagini, sono felice di dare loro il supporto dei miei sei anni di esperienza.

Quando iniziai a realizzare queste opere, le montavo su vetro con cera pura: così ho proceduto per un paio d'anni. Tuttavia, a causa della difficoltà di espellere tutte le bollicine d'aria, ho aggiunto una vernice con un quarto di volume di gomma dammar che ha semplificato l'operazione perché riempie i pori della carta con maggiore efficacia. Tuttavia il prodotto è facilmente infiammabile e l'ho perciò in seguito sostituito con balsamo del Canada. Pensavo che questa fosse la soluzione migliore. Alla fine di altri due anni di esperienze mi sono reso conto che le immagini per le quali avevo impiegato balsamo o vernice tendevano ad ingiallire e mostrare un'intonazione color crema mentre le stampe per le quali avevo adoperato cera pura erano rimaste chiare ed inalterate. Sono perciò tornato ad impiegare la cera pura, che dopo sei anni di osservazione risulta sostanzialmente di colore invariato. Tuttavia non procedo più, come facevo, fondendo la cera in un recipiente, perché se questa diviene troppo calda, compromette sicuramente la purezza dell'immagine, tendendo ad ingiallire. Preferisco perciò strofinare un pezzo di cera solida sulla superficie della lastra calda, dal lato destinato a ricevere l'immagine, fino a produrre uno strato uniforme. Stendo poi la fotografia a faccia in giù, pressando e stirando con il pezzo di cera solida, fino a che tutta l'aria risulti espulsa. Infine, con la lastra ancora calda, provvedo ad eliminare tutta la cera in eccesso dall'intera superficie.

Al posto delle misure ridotte di Toovytype, ora stampo le mie opere maggiori su vetro bianco, di cui invio due esempi. Queste immagini sono stampate per contatto su strato di albume al cloruro d'argento ... [omiss]...

Ero così poco soddisfatto delle fotografie trasferite su vetro (sebbene fossero molto popolari) che ho deciso di abbandonarle, per trovare, se possibile, un metodo di stampa diretto su vetro. Potete giudicare voi stessi, dai campioni inviati, se ho avuto successo in questo tentativo.»

Ritratto femminile in ivorytype nel tradizionale montaggio di questo processo fotografico.
Studio di James W. Williams at The Artists' Emporium, n° 33 North Sixth St. Philadelphia.
Cornice ovale 30,5 x 35,5 x 5 cm. Lastra: 21,7 x 16,6 x 0,7 cm.

In alto a sinistra, lastra ivorytype osservata dal dorso, lato su cui aderisce il foglio fotografico con la stampa dipinta e impregnata di cera.

La coloritura più raffinata, precisa e modulata nei toni veniva applicata sul recto, sulla faccia destinata a essere montata a contatto del vetro, ma anche sul verso si può talvolta osservare del colore steso per rinvigorire i toni.

La sede delle lastre ha solitamente un'apertura di 17 per 22 cm circa e la cornice dorata è generalmente realizzata in legno massiccio, cui vengono applicate decorazioni in gesso dorato.

Il foglio pubblicitario con la locandina dello studio fotografico, quando presente, è generalmente incollato al cartoncino di chiusura.

Un ulteriore foglio di protezione del montaggio è spesso assente perché rimosso, molto deteriorato, oppure sostituito in epoca moderna.

Ivorytype americana su lastra 20,5 x 25,5 x 0,7 cm. Ritratto femminile dello studio
R. [Rudolph] Steinbach's GALLERY OF PHOTOGRAPHS, IVORYTYPES & AMBROTYPES
731 Nth Third St. Philadelphia. Il fotografo risulta attivo negli anni 1860 - 1861.

Le etichette pubblicitarie degli studi fotografici e dei fornitori delle cornici di montaggio originali, usate per la presentazione delle avoriotipie americane, convergono nel suggerire che la prevalente area geografica di diffusione delle immagini ivorytype americane rimase circoscritta intorno a Philadelphia, con qualche eccezione newyorkese.

Etichetta relativa alla ivorytype della pagina accanto:
R. [Rudolph] Steinbach's GALLERY OF PHOTOGRPHS, IVORYTYPES & AMBROTYPES 731 Nth Third St. Philadelphia.
Particular attention to the execution of MINIATURE PICTURES.

Gli studi più prestigiosi della costa orientale americana offrirono costose ivorytype alla clientela facoltosa.

Sotto: etichetta di Abraham Bogardus, 363 Broadway, New York. Si noti: negativa n.2.
Lo studio di Bogardus, fondato nel 1846, fu uno dei primissimi attivi in America.

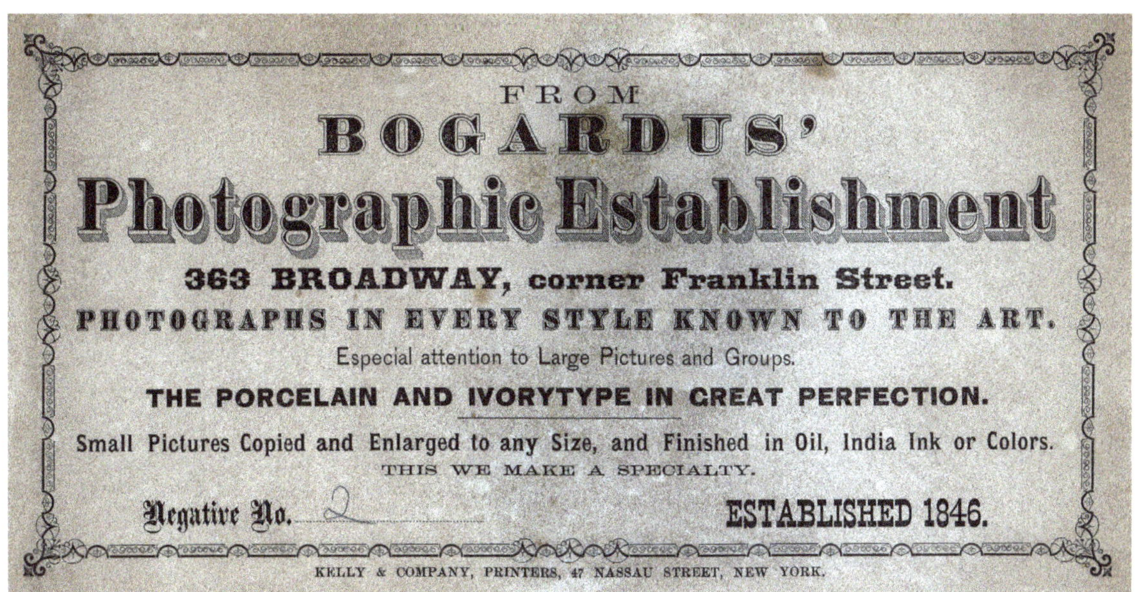

Ritratto di bambina tinto a mano: ivorytype dello studio di James W. Williams at
The Artists' Emporium, n° 33 North Sixth St. Philadelphia. Lastra: 16,5 x 21,5 x 0,4 cm.

Positivo di sfondo, montato a registro con la ivorytype della pagina accanto.
Stampa su albumina, studio fotografico Broadbent & Co, 912-914 Chestnut St. Philadelphia.

Dorso di lastra ivorytype osservato in luce riflessa attraverso lo strato impregnante di cera.

Positivo di rinforzo a registro sulla lastra ivorytype. Montaggio realizzato da due stampe diverse.

Fronte di lastra ivorytype. Resta visibile la giunzione in sovrapposizione dei due positivi.

Coppia di anziani in montaggio completo in presentazione da parete di ivorytype americana.

Crystoleum
(1880 ca. - 1900 ca.)

Questo antico processo di produzione e confezionamento fotografico viene spesso confuso con altri procedimenti di montaggio su vetro esteticamente simili. Le fotografie crystoleum presentano un aspetto paragonabile a quello delle pitture eseguite su supporto in vetro. Già prima dell'avvento della fotografia, fin dal Settecento, incisioni e stampe venivano incollate su vetro ottenendo un effetto estetico analogo.

Il processo crystoleum prevede l'impiego di una stampa fotografica all'albume, su sottile supporto cartaceo, da accoppiare a due vetri bombati. Il lato immagine, posto a faccia in giù, va fatto aderire perfettamente al vetro, con l'applicazione di un collante dal lato concavo. Ovviamente va posta la massima cura nell'eliminazione di ogni traccia di bollicine d'aria.

Il dorso della carta, quando è asciutto, può essere lavorato per abrasione, in modo da ridurre ulteriormente lo spessore e facilitare l'applicazione di un prodotto impregnante adatto a rendere trasparente il supporto. La coloritura dei dettagli, sul dorso dell'immagine, si effettua con tinte ad olio. Questo primo intervento interessa le aree a dettaglio più fine, mentre si tralascia la coloritura delle aree con massa colore più estesa ed uniforme.

Un secondo vetro convesso viene montato sul dorso del primo, inserendo sui margini sottili bande in carta che servono come distanziatori per evitare che il vetro interno tocchi il supporto fotografico. Tra le due lastrine di vetro convesso risulta quindi una sorta di sottile camera d'aria. Sul dorso del vetro interno vengono dipinte, sempre con colore ad olio, le masse estese di colore uniforme. Il fondo va infine chiuso con un cartoncino rigido che fornisce ulteriore consistenza all'assemblaggio.

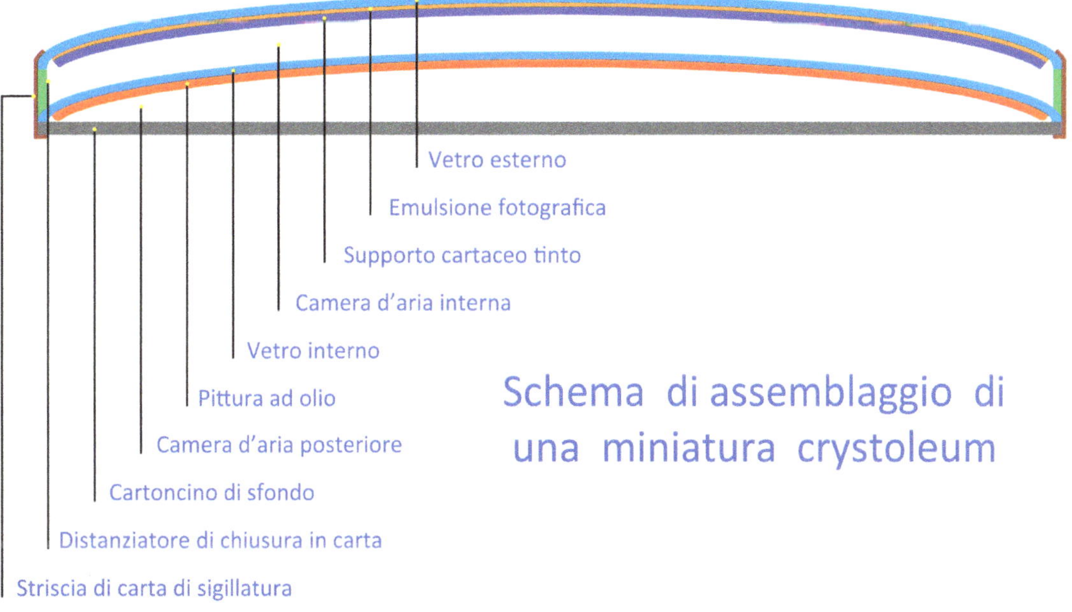

Schema di assemblaggio di una miniatura crystoleum

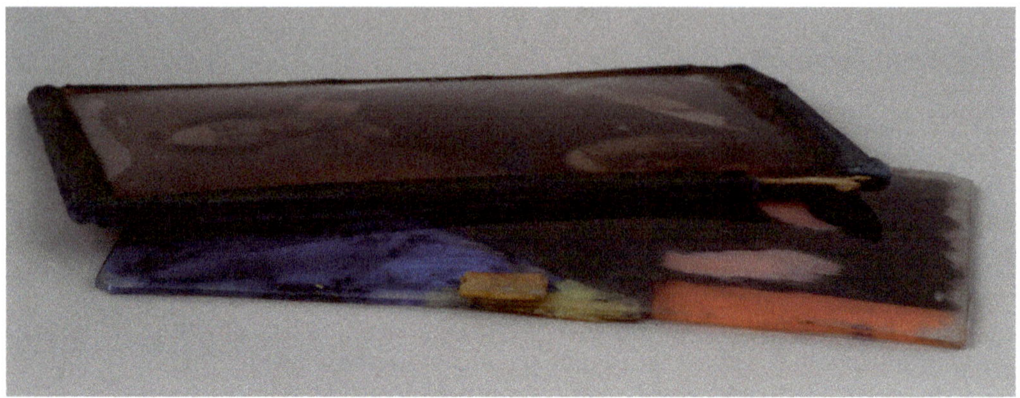

Coppia di vetrini bombati di una miniatura crystoleum, ripresi in modo da evidenziarne la lieve curvatura.

I diversi elementi vanno infine sigillati insieme con l'applicazione di una striscia di carta collata. I vetri per miniatura crystoleum venivano appositamente prodotti per questo tipo di montaggio fotografico. Le lastre piane non venivano ritenute adatte perché l'effetto estetico di profondità non risultava altrettanto efficace.

Le lastrine bombate hanno uno spessore di un solo millimetro e la curvatura è modesta: circa 5 mm di spessore complessivo quando il singolo vetro è appoggiato su una superficie piana. La dimensione dei vetri di una miniatura crystoleum, formato carte de visite è di 62 x 93 mm ca. Questo formato fu popolare negli anni Ottocentoottanta, mentre in epoca più tarda, verso la fine Ottocento si osserva un formato lievemente maggiore, di circa 65.5 x 97 mm.

L'aspetto complessivo dell'oggetto fotografico è quello di una immagine delicatamente colorata, ricca di profondità e di trasparenze brillanti.

Qui di seguito il procedimento di montaggio di una miniatura crystoleum viene descritto sulla base delle indicazioni tratte da *"Cassell's cyclopaedia of photography"* di Bernard Edward Jones, pubblicata a Londra nel 1911 da Cassell & Company ltd.

«Per la stampa si impiega carta all'albume, ritenuta l'unica adatta per questo processo perché sottile e tenace. La stampa va immersa in acqua calda. Quando il supporto è ben floscio, la carta va pressata tra due strati di carta assorbente. La stampa, ancora ben umida, viene stesa a dorso in giù sopra una lastra di vetro piano.

In questo modo si può procedere alla stesura dell'adesivo sulla superficie dell'immagine. Intanto si predispone il vetro di montaggio, stendendo dal lato concavo una colla all'amido oppure gelatina calda. La stampa, già trattata con l'adesivo, viene poi sollevata ed inserita, ben aderente e pressata, sul lato concavo del vetro. Il collante in eccesso va poi rimosso con cura. Ciò si ottiene pressando un pezzo di pergamena umida sul dorso della stampa bagnata. Con uno spazzolino da denti, si spinge l'adesivo dal centro verso l'esterno.

Con fermezza, senza una pressione eccessiva che può causare la rottura del vetro, si espelle ogni inclusione d'aria. La perfetta adesione dell'immagine alla superficie concava è indispensabile per la buona riuscita di tutto il montaggio. Al termine, dopo avere pulito accuratamente ogni traccia di collante, si lascia asciugare completamente. Il supporto fotografico cartaceo va poi reso translucido e ciò può essere ottenuto fondamentalmente con due procedimenti.»

Procedimento ad abrasione.

Si procede all'erosione del dorso del supporto della stampa all'albume utilizzando cartavetro a grana medio-fine, strofinando poi con smeriglio più fine, fino a togliere eventuali tracce di scalfitture ed ottenere una superficie uniformemente raschiata. L'obiettivo da raggiungere è quello di ridurre lo strato di cellulosa, rendendolo particolarmente sottile, senza giungere ad intaccare lo strato dell'immagine. Quando lo strato di carta è ormai raschiato via, la faccia frontale del vetro va riscaldata gradatamente con un fornello a spirito a fiamma schermata, mentre con un panetto di cera si sfrega sul dorso dell'immagine. In questo modo si impregna il supporto fotografico rendendolo translucido in modo uniforme. L'eccesso di cera, ancora allo stato fluido, va rimosso con un panno di flanella. Può risultare necessario ripetere il trattamento sulle aree più dense dell'immagine, in modo da ottenere a freddo una trasparenza omogenea in ogni zona.

Procedimento con balsamo impregnante.

Questo metodo non richiede necessariamente la raschiatura della carta di supporto e fa uso di soluzioni a base di balsamo di Canada in benzene o cloroformio oppure di balsamo di Canada, paraffina e cera bianca, misture da applicare sul dorso del supporto come nel precedente metodo. Il balsamo di Canada, usato anche in ottica per cementare le lenti, possiede ottime caratteristiche adesive e di trasparenza. Ciò lo ha reso particolarmente adatto per impregnare il supporto cellulosico delle stampe nei processi di presentazione fotografica che implicano il montaggio su lastra di vetro.

Quando la stampa così preparata è perfettamente asciutta, si procede alla tintura dei dettagli più minuti: occhi, labbra, collane e gioielli, stendendo il colore ad olio, diluito con olio di lino, mastice e trementina. Questi minuscoli dettagli richiedono ovviamente l'impiego di pennelli a punta molto fine. Conclusa la coloritura sul dorso dell'immagine incollata all'interno del vetro esterno, si colloca il secondo vetro, sul lato concavo del primo, dal momento che questo dovrà risultare interno al montaggio complessivo.

I due vetri debbono risultare vicini, mantenendo una sottile intercapedine, in modo da non risultare in contatto. Per ottenere questo risultato si possono inserire come distanziatori, lungo i bordi di separazione tra i due vetri, piccole strisce di cartoncino o di carta da incollare.

Pacchetto di montaggio di miniatura crystoleum

La coloritura del secondo vetro, sul lato concavo interno, può essere anche abbastanza approssimata, purché non ecceda i contorni delle aree a massa di colore uniforme.

Non è necessario curare gradazioni di ombre oppure luci, perché il colore di questo ultimo strato va a interessare masse omogenee come la pelle, i capelli ed il vestito. Lo sfondo del ritratto va invece generalmente lasciato inalterato ed in queste zone il vetro resta pulito e trasparente.

L'effetto delle tinte va osservato inserendo uno sfondo bianco dietro ai due vetri, tenendo conto della sovrapposizione con i colori già applicati sul dorso della fotografia. Qualora sia necessario procedere a correzioni, una pezza imbevuta di trementina consente di rimuovere agevolmente il colore ad olio. Quando anche la coloritura del secondo vetro è completata, l'assemblaggio va concluso sigillando con un nastro di carta e colla che unisce i due vetri bombati e lo sfondo in cartoncino bianco brillante.

A questo scopo, per le miniature formato CdV, i fotografi impiegavano lo stesso cartoncino di montaggio delle "carte de viste", con impressa sul dorso la denominazione, l'indirizzo e la grafica promozionale dello studio. Le presentazioni crystoleum di formato maggiore erano invece montate in cornici da parete, secondo il gusto dell'epoca.

Crystoleum assemblato, completo di tutti gli elementi.

Vetro esterno, recto, immagine osservata per riflessione.

Vetro esterno, dorso dipinto dell'albumina.

Fondo di chiusura in cartone. Lato interno.

Vetro interno, lato convesso a contatto col vetro superiore.

Vetro interno, verso, aree tinte al grezzo sul lato concavo.

Mentre il crystoleum disassemblato nella pagina precedente è piuttosto tardo e databile forse a inizio Novecento, il crystoleum in questa pagina è verosimilmente databile circa agli anni 1890. Di fattura più accurata e sfondo trasparente, appare ben delineato, modulato nei toni e delicato.

Questa tecnica di stampa, coloritura e montaggio presenta, per vari aspetti, interessanti analogie con l'ivorytype americana. Anche nella limitata dimensione *Carte de Visite* di questi esemplari, la produzione delle crystoleum richiedeva una perizia artigianale non comune e tempi di lavorazione che in epoca contemporanea appaiono inaccettabili. Questi costosi manufatti, che la sottile superficie di vetro bombato rendeva particolarmente fragile, erano comunque apprezzati per la preziosa e delicata resa del colore.

Dorso del cartoncino di chiusura con banda sigillante.

Vetro esterno, recto, immagine osservata per riflessione.

Vetro esterno, verso, dorso dipinto dell'albumina.

Vetro interno, lato convesso a contatto col vetro superiore.

Vetro interno, verso, aree tinte al grezzo sul lato concavo.

Accoppiamento lastrine visto dal lato convesso interno.

Assemblaggio di miniatura crystoleum formato CdV con accoppiamento dei vari elementi

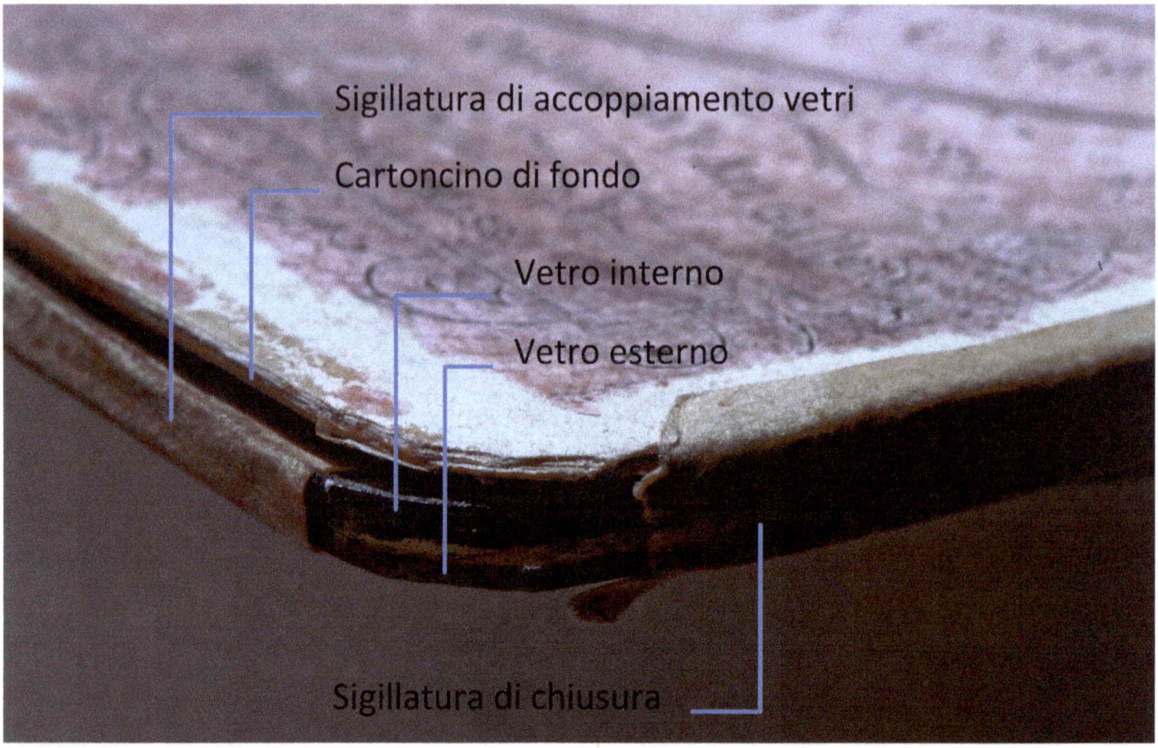

Orotone

(1880 ca. - 1930 ca.)

Le immagini in astuccio e particolarmente i dagherrotipi, si affermarono ampiamente nell'America settentrionale, a partire dagli anni 1840, divenendo per quasi due decenni il prodotto fotografico più popolare. In Europa invece, nel periodo successivo, le carte de visite si affermarono in modo generalizzato e le immagini in astuccio non ebbero la fortuna commerciale di cui godettero negli Stati Uniti. All'inizio del Novecento, le famiglie benestanti americane possedevano, gelosamente custodite tra i ricordi di famiglia, qualche rara immagine dei nonni o degli anziani genitori.

Il fascino di questi astucci con i ritratti argentati degli ascendenti più diretti è rimasto inalterato nel tempo. Pertanto è facile comprendere come l'opportunità di poter ottenere un prezioso ritratto fotografico, del tutto assimilabile ad un antico dagherrotipo ma con il vantaggio di una leggibilità e di una brillantezza decisamente superiori, abbia potuto soddisfare l'ambizione di ricchi e benestanti, attenti a ciò che è esclusivo e raffinato.

A differenza della dagherrotipia, i processi a polvere dorata non richiedono particolari condizioni di osservazione e la visione dell'immagine è sempre ben contrastata e luminosa sotto qualsiasi angolo di osservazione.

La connotazione racchiusa nel materiale usato, apparentemente finissimo oro, sopravanza in magnificenza le lastre argentate della dagherrotipia, testimoniando lo splendore della condizione sociale di chi poteva permettersi questo tipo di ritratto. Non stupisce dunque che questi costosi processi abbiano raccolto il favore di notai, dirigenti, alte cariche e facoltose personalità della borghesia.

La riproduzione delle immagini realizzate impiegando i processi con sfondo di contrasto a polvere dorata, come del resto quasi tutte le fotografie di questo libro, è "impossibile" perché si tratta di procedimenti con specificità fisiche che richiedono la percezione tattile diretta e comunque la lettura binoculare propria della nostra esperienza visiva.

La riproduzione a stampa tradizionale è sempre forzatamente bidimensionale ed affidata ad un solo punto di visione. Molti dei processi antichi producono invece un effetto di profondità che viene interpretato soggettivamente dall'osservatore.

Le *orotone* e le *miniature doré* vengono osservate attraverso un sottile strato di cristallo che introduce l'effetto ottico della rifrazione. L'angolo di incidenza di osservazione di ciascuno occhio è, a distanza ravvicinata, apprezzabilmente diverso .

Le alte luci sono infatti restituite in luce riflessa di granelli finissimi di polvere dorata. L'insieme di questi minuscoli elementi costituisce la struttura dell'immagine e riflette la luce in modo differenziato, variando, anche solo di pochissimo, l'angolo di illuminazione e la posizione di visione.

Pertanto la medesima lastra orotone e miniature doré appare "diversa" a ciascuno dei due occhi, presentando riflessi e giochi di interferenza e sovrapposizione generati in modo diffuso e casuale dai microscopici granelli dorati.

Da un certo punto di vista è dunque possibile affermare che questo tipo di immagini è stereoscopico, in quanto ciascuno dei due occhi vede una "sua immagine" ricavandone un effetto soggettivo di profondità tridimensionale.

Fin dai primi anni di produzione delle lastrine per lanterna magica, i fotografi si erano resi conto che un positivo leggero stampato su vetro, acquistava una buona leggibilità accoppiandolo con un fondo di contrasto sufficientemente brillante.

L'accidentale osservazione di questo comportamento indusse alcuni isolati sperimentatori a produrre occasionalmente oggetti fotografici che potevano essere proposti per l'aspetto originale che si richiamava, per certi versi, ai processi fotografici più antichi.

Ciò significa che la tecnologia per la produzione di immagini orotone era già disponibile e nota prima che questo processo fosse formalmente definito ed effettivamente praticato.

Apparentemente simile ai risultati del procedimento orotone è il processo brevettato nel 1890 dal fotografo giapponese *A. Hanbeh Mizuno di Yokohama* (Shizuoka 1852 - 1920).

Inconsueto taglio di ripresa, in "piano americano" (cowboy shot) di un giurista. Orotone Anni Venti.

La fama delle sue immagini dorate non restò circoscritta al Giappone, dato che furono esibite a Chicago (World's Columbian Exposition) nel 1893, a Parigi nel 1900 ed ancora in America, a Portland nel 1905. Tuttavia la produzione rimase limitata al suo studio. Il procedimento di Mizuno subì variazioni ed evoluzioni per cui non può essere considerato come una tecnica fotografica rigidamente definibile.

In sostanza si tratta di un procedimento di stampa positiva che sfrutta le caratteristiche di fotosensibilità del bicromato di potassio, al quale viene unita la polvere dorata. Su una lastra in vetro si esegue la stampa a contatto. L'esposizione sulla lastra in vetro produce l'indurimento dello strato di gelatina in proporzione alla luce ricevuta.

Il pigmento metallico viene poi cosparso sulla gelatina e rimane incorporato in ragione della consistenza delle varie aree diversamente impressionate, generando la modulazione dei toni. Dalla lastra, si esegue poi il trasferimento su carta dello strato di gelatina che viene infine rivoltato e fatto aderire sul supporto finale, di regola costituito da lacca nera.

Il lato dorato risulta in vista e va pertanto protetto con una vernice resistente. Il brevetto originale prevede a questo scopo l'impiego del rivestimento con "urushi", prodotto di origine naturale, usato tradizionalmente in Giappone per ricoprire con una laccatura gli oggetti da cucina. Si tratta dunque di un procedimento a trasporto, per certi versi simile alla stampa fotografica al carbone.

Il principio estetico di queste immagini si richiama lontanamente ai fondamenti estetici delle antiche lacche artistiche giapponesi note come "Maki-e", per cui in riferimento alle opere di Mizuno si parla di *"makie photograph"*.

Stabilire una data affidabile ed un riconoscimento ragionevolmente credibile per l'invenzione del processo orotone è impresa problematica e dai risultati discutibili. Un positivo orotone può essere prodotto applicando la lavorazione ad una lastra di positivo sottoesposto già preesistente. Non si può infatti escludere che, nel periodo di massimo successo di questa lavorazione, qualche fotografo abbia provato la tecnica su lastre che già aveva nella propria disponibilità.

Non mancano rari esempi di esperimenti episodici che sfruttano l'effetto prodotto da un fondo di contrasto di aspetto metallico brillante applicato a contatto del dorso di una lastra positiva. Il risultato di questo genere di accoppiamento era già stato empiricamente rilevato da fotografi ed appassionati. Anche la definizione di questo procedimento è soggetta alla confusione di termini che indicano la medesima tipologia di oggetto fotografico.

Edward Sheriff Curtis (Whitewater 1868, Whittier 1952) è accreditato come primo fotografo ad avere sistematicamente applicato il processo ad una produzione commerciale universalmente riconosciuta. Egli rivendicò l'originalità del proprio metodo con la denominazione di *Curt-Tone*.

Ritratto di profilo, vignettato, di una dama.
Orotone Anni Venti.

E.Curtis, in società dal 1896 con *Thomas Guptill*, iniziò a realizzare ritratti orotone probabilmente negli ultimi anni dell'Ottocento. Anche il suo fratello minore *Asahel Curtis* produsse orotone da riprese fotografiche eseguite nell'area del monte Rainier, probabilmente tra gli anni 1895 e 1897.

Tuttavia E.Curtis iniziò la produzione commerciale di orotone oggi nota, intorno all'anno 1917, probabilmente in coincidenza con i miglioramenti tecnici che egli riuscì ad apportare al metodo di lavorazione.

Gli orotone sono immagini fotografiche positive ai sali d'argento, il cui supporto primario altro non è che la tradizionale lastra in vetro alla gelatina, originariamente al collodio secco. A questo supporto va poi applicato il rivestimento di contrasto in polvere dorata che gli conferisce il caratteristico effetto tonale e l'impressione di profondità e presenza che solo l'osservazione diretta può dare.

E.Curtis impiegò a lungo le lastre al collodio secco della "Seed Dry Plate Company", fondata nel 1876 ed in seguito acquistata nel 1902 dalla Eastman Kodak Company, che ne proseguì la produzione, continuando ad utilizzare il nome originale sulle scatole di questo prodotto.

Nel 1931, quando l'interesse per gli orotone andava ormai calando, il periodico di fotografia *The Camera* raccomandava le lastre "Hammer Dry Plate", caratterizzate da grana fine e giusto grado di contrasto.

Il metodo di doratura delle fotografie era già conosciuto, ma poco praticato, fino agli anni intorno al 1917.

Ma è proprio da quell'anno che diversi fotografi iniziarono a realizzare orotone decretando il successo di un procedimento che rispondeva alle esigenze di una clientela in cerca di una tipologia di ritratto originale e prestigiosa.

Coppia di ragazze, forse sorelle, in una originale posa fotografica. Ritratto epoca Anni Venti stampato in orotone.

L'interesse di professionisti ed appassionati risultò favorito dalla pubblicazione di svariati articoli su prestigiose riviste di tecnica fotografica, quali: "Doretypes and how to make them" su *Studio Light* nell'ottobre 1917; "Doretypes and How to Make Them" su *The Photographic Journal of America*, 1917; "The Doretype: a de luxe style of portrait photograph" su *The British Journal of Photography*, nel gennaio del 1918.

Si parte da un negativo sovraesposto e la stampa può essere realizzata direttamente a contatto su una lastra piuttosto sottile. Il positivo deve apparire considerevolmente più leggero di quanto richieda una corretta esposizione. L'alternativa largamente utilizzata consiste nel fotografare il negativo originale.

Il positivo su lastra viene in questo caso ottenuto impiegando una fotocamera che serve come strumento di riproduzione; con questa metodo non si fa altro che fotografare il negativo originale.

Gli orotone vengono osservati dal lato della superficie in vetro e non da quello su cui è stesa la gelatina. Pertanto i lati appaiono invertiti (destra/sinistra). Ne consegue che gli orotone prodotti per contatto presentano, di regola, i lati invertiti, mentre le riproduzioni positive su lastra eseguite dal negativo originale con fotocamera, risultano correttamente orientate.

La produzione di un orotone non implica necessariamente il viraggio del positivo, che potrebbe teoricamente essere lasciato in bianco/nero. Tuttavia la modulazione dei colori caldi che distingue gli orotone si raggiunge pienamente con l'intonazione seppia.

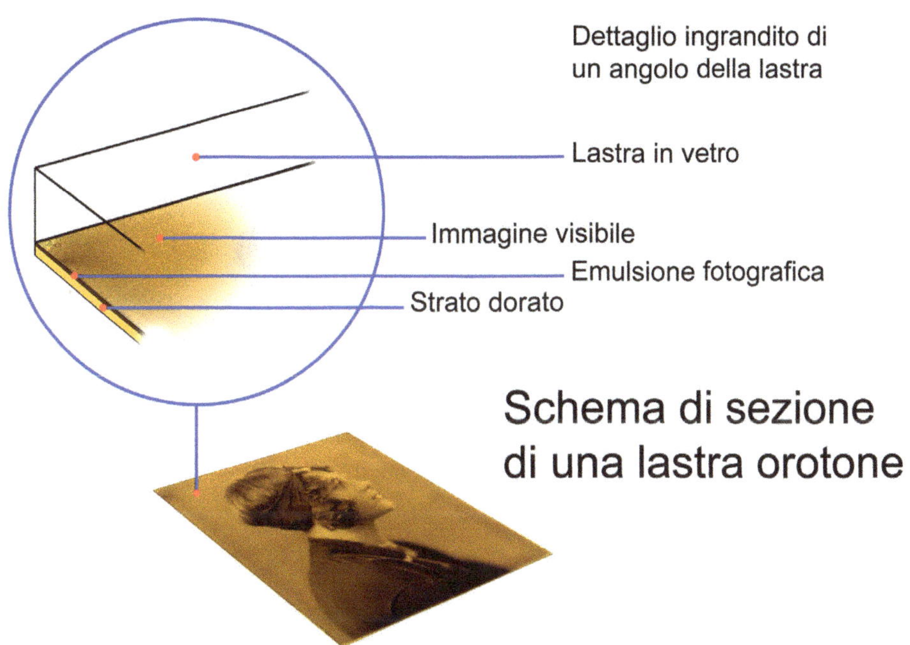

Il viraggio prevede il passaggio in due diverse soluzioni chimiche: la sbianca e l'intonazione. Si conclude poi con il lavaggio e l'essicazione.

La convinzione comunemente diffusa che il rivestimento di contrasto degli orotone sia costituito da polvere d'oro o anche foglio oro è errata. Certamente l'equivoco fu incoraggiato dalla convenienza dei fotografi che potevano indubbiamente trarre vantaggio dall' ambiguità del termine che identifica il processo.

Gli esami condotti con la spettrofotometria, attraverso la rilevazione della fluorescenza X, hanno consentito di rilevare la composizione elementare dei rivestimenti di alcuni orotone di provenienza e produzione diversa. Il risultato ha permesso di stabilire che furono generalmente impiegate polveri di bronzo e ottone.

Ciò nonostante si osserva che diversi fotografi dichiararono formalmente di impiegare pigmenti a base d'oro, fatto che non può essere definitivamente escluso se non analizzando un maggior numero di campioni. In ogni caso i prodotti di rivestimento che potevano essere usati allo scopo erano comunemente disponibili in commercio, come "Bronze Powder Works, Elizabeth, N.J." e "German-American Bronze Powder Manufactiring Co., N.Y.", polveri composte da miscele finissime di rame e zinco. Una percentuale di zinco intorno al 10% conferisce un tono più scuro e bronzeo, mentre una percentuale leggermente maggiore, intorno al 15% produce un effetto molto più dorato, con modulazioni color miele brillante.

La stesura della polvere dorata sul lato emulsione della lastra richiedeva l'impiego di un fluidificante o comunque la confezione di una miscela adatta a tenere in sospensione il pigmento.

In relazione alla produzione degli orotone ricorre frequentemente, nei testi moderni, il riferimento all'impiego di olio di banana come solvente.

Birches (betulle). Orotone su lastra 125 x 90 mm. U.S.A. Anni Venti.

Ritratto di giovane dama in interno d'abitazione
Orotone in area Philadelphia, inizio anni Venti.

Questa indicazione risale ad un cenno marginale di un'assistente di studio di E.Curtis, inserito in una memoria che non trattava espressamente del processo denominato *Curt-Tone*.

Alcune analisi finora condotte su campioni di orotone non hanno permesso di rilevare la presenza di questa sostanza, che comunque è caratterizzata da un'altissima volatilità e potrebbe dunque risultare non rilevabile a causa del tempo trascorso.

Va infine notato che il termine olio di banana non ha alcuna attinenza con una presunta origine vegetale di questa sostanza chimica. Si tratta infatti di acetato di amile, un solvente per vernici caratterizzato appunto da un intenso odore dolciastro che richiama l'aroma della banana.

I suoi vapori sono tossici: in definitiva si tratta di una sostanza pericolosa, da maneggiare con la massima cura, limitandone per quanto possibile anche l'inalazione.

Una miscela di acetato di amile (olio di banana), acetone, benzene e nitrato di cellulosa può essere impiegata per realizzare una vernice adatta a tenere in sospensione le polveri da doratura (*bronzing liquid*). Questa soluzione fu tradizionalmente impiegata nell'industria e nell'artigianato per la doratura ornamentale. Tuttavia esistono almeno due valide alternative perfettamente adatte per impiego fotografico.

Il risultato da ottenere è infatti un liquido che mantenga in sospensione omogenea le polveri dorate, non una soluzione in cui i pigmenti risultino disciolti. L'impiego di un solvente risulta pertanto poco appropriato.

Il periodico *"The Photographic Journal of America"* raccomandava, in un articolo del 1917, l'impiego di vernice per lastrine di lanterna magica, da preferire al comune *bronzing liquid* che comportava perdita di luminosità e intonazione bronzea.

Tale soluzione non provoca danni all'emulsione, asciuga rapidamente, possiede resistenza all'abrasione, mantiene un'ottima trasparenza e risulta economicamente conveniente. Le vernici commerciali pronte per l'impiego su lastrine fotografiche da proiezione erano composte a base di balsamo di Canada oppure di gomma dammar in soluzione di benzene e trementina.

La stesura uniforme del fondo dorato rappresentava la fase più critica del procedimento e dalla sua riuscita dipendeva la luminosità e l'effetto di profondità apparente dell'immagine fotografica. L'operazione richiedeva grande perizia artigianale. L'applicazione si poteva eseguire almeno in quattro diverse modalità.

Ragazza di profilo. Orotone su lastrina 82 x 101 mm. Composizione fotografica insolita per la messa a fuoco, che porta l'attenzione sulla ciocca di capelli che esce dalla fascia fermacapelli. La sfocatura è stata ottenuta con una grande apertura di diaframma in ripresa. Questo accorgimento, accanto ad una scelta di illuminazione brillante ma diffusa, accentua l'effetto di profondità.

La più semplice, dal punto di vista tecnico, consisteva nell'impiego di un pennello particolarmente morbido, ma questo sistema richiedeva una particolare perizia manuale, in modo da non lasciare tracce delle pennellate. Tutta la superficie doveva risultare omogenea e del medesimo spessore. Un'altra modalità di applicazione è quella che potremmo definire a scorrimento.

Questo modo di operare è simile al sistema adoperato dai fotografi nella preparazione delle lastre al collodio. Con una mano si trattiene la lastra dal basso, mentre con l'altra si versa la vernice di doratura. Inclinando rapidamente il vetro in tutte le direzioni, con un movimento circolare del polso, si ottiene lo scorrimento del fluido che va a ricoprire l'intera superficie.

L'eccesso va sgocciolato da un angolo. L'operazione richiede rapidità ed esperienza e riesce perfettamente solo se la vernice possiede la giusta viscosità, con il corretto e ottimale rapporto tra vernice e polvere dorata in sospensione.

Una particolare modalità di doratura è costituita dall'impiego della cosiddetta *"japanner's gold size"*, una lacca di antica tradizione giapponese che veniva venduta già pronta per l'impiego. Diluita in trementina, se ne applicava uno strato sottile che si lasciava parzialmente asciugare.

Una volta che la superficie diveniva sufficientemente consistente, pur rimanendo ancora appiccicosa, si cospargeva la polvere dorata. La stesura andava eseguita in modo uniforme, con movimento circolare e verso l'esterno, adoperando una pezza di cotone fine.

Sul finire dell'epoca di maggior popolarità degli orotone, i perfezionamenti tecnici apportati all'aerografo consentirono di spruzzare con la necessaria uniformità e precisione anche le emulsioni dorate. L'areopenna è forse lo strumento più adatto per riscoprire oggi i raffinati risultati estetici degli orotone.

I termini considerati sinonimi del processo, oltre a quello di Curt-Tone, utilizzato da E.Curtis per distinguere le proprie opere, sono svariati. Le denominazioni ricorrenti nelle pubblicazioni di tecnica fotografica stampate negli anni Venti e rilevate sulle confezioni dei prodotti commerciali dell'epoca sono: orotone, goldtone, doretone, dorotone, d'orotone e minature doré.

I primi due vocaboli: orotone e goldtone hanno una radice analoga che denota perfettamente la caratteristica fondamentale di questo particolare procedimento fotografico. I successivi tre vocaboli meritano qualche riflessione.

Un fotografo newyorkese di cui rimangono scarse tracce, tale I. Buxbaum, presentò alcuni orotone in occasione dell'evento espositivo "Providence Convention " nel 1917. Su un numero del 1918 del periodico di cultura fotografica *"Photo-Era magazine"* comparve un articolo riferito alle esperienze di Buxbaum in cui si invitava a rivolgersi a lui per tutte le indicazioni necessarie.

Si leggeva inoltre che la prima lastra eseguita con successo fu una fotografia di sua figlia Doroty e ciò suggerì al fotografo di adottare la denominazione di Dorotype per designare il processo da lui "scoperto".

L'articolo precisa inoltre che il termine doretype è da ritenersi un travisamento del vocabolo. Ragionevolmente è invece possibile ipotizzare che la radice del termine doretype tragga origine dal vocabolo francese "doré" che significa appunto dorato.

I procedimenti ambrotipici a sfondo di contrasto dorato, un tempo apprezzati per la finezza estetica del risultato, si prestano ad essere nuovamente valorizzati dai cultori contemporanei delle antiche tecniche di stampa fotografica.

Brillante orotone in confezione "miniature doré" realizzato da una ripresa in interno d'abitazione.
La cura per l'illuminazione ed il sapiente uso dello sfocato sottolineano la successione dei piani.

Stampe e trasporti - 4.4.1

Miniature doré   *(1920 ca. - 1930 ca.)*

La miniature doré rappresenta la fase conclusiva e forse il vertice di raffinatezza estetica dell'epoca delle immagini su vetro in astuccio. Costituisce infatti l'ultima erede della dagherrotipia e dell'ambrotipia. Unisce gli elementi tecnici dei processi antichi all'eleganza ed al gusto ricercato di inizio Novecento.

Dal momento che non risulta possibile distinguere differenze, anche minime, tra procedimenti che appaiono identici nei risultati e di cui è stata rivendicata in passato un'autonoma identificazione con modalità talvolta pretestuose, questo testo si limita a distinguere gli orotone in genere, le minature dorè e la variante a sfondo di contrasto con lastra metallica.

L'ideazione di questo prezioso oggetto fotografico è dovuto alla creatività del fotografo newyorkese *Theodore C. Marceau* (Ogdensburg 1859, New York 1922). Egli, figlio di un generale francese, iniziò la sua carriera di fotografo seguendo per il governo americano la spedizione del 1882 a Santiago del Cile, organizzata per osservare dal Sud America il passaggio del pianeta Venere. In seguito lavorò per i governatori dell'Ohio e della California. Si stabilì a Cincinanti circa nel 1856, iniziandovi l'attività di studio fotografico che caratterizzò il suo modo di operare. Egli era interessato agli aspetti creativi, tecnici e commerciali della fotografia.

Il lavoro di produzione quotidiana non sembra che fosse di suo interesse. L'idea originale che gli consentì di raggiungere rapidamente il successo economico, fu quella di aprire studi ben attrezzati in società con giovani fotografi di grande competenza professionale, raccoglierne i frutti del successo e reinvestirli altrove, nel medesimo tipo di impresa. In questo modo avviò progressivamente una catena di studi fotografici, ricavando risorse anche dalla cessione dei suoi diritti ai soci che preferivano mettersi in proprio nella gestione di una delle sedi.

Così estese l'attività a San Francisco e numerose altre importanti città. A New York ebbe due studi, specializzandosi nella fotografia di celebrità ed artisti. Il mondo in cui Marceau preferiva operare era quello sfavillante della vita di Brodway, un ambiente in cui si muoveva perfettamente a suo agio, coltivando amicizie e favori che aiutavano il successo delle sue attività. Amante dei viaggi, delle belle automobili, delle collezioni d'arte, Marceau conduceva una vita brillante ma dispendiosa.

Nel 1891 egli sposò *Amanda Jeanne Allen*, vedova *Fiske* (suo marito era scomparso vittima di omicidio). Questa donna si dimostrò interessata a sfruttare economicamente Marceau e gli fu sfacciatamente infedele. Il rapporto si risolse con il divorzio, contese per l'affidamento del figlio e controversie patrimoniali. La donna, ancora risposatasi per un breve periodo, si distinse in seguito nelle cronache del New Yourk Times per il suo eccessivamente disinvolto comportamento sociale. Ciò non impedì a Marceau di godersi una vita allietata da viaggi, brillanti amicizie e collezioni d'arte.

Theodore Marceau fu molto attivo in vari ambiti professionali e sociali, facendosi apprezzare per genio ed iniziativa. Nel 1905, insieme a *Pirie McDonald* fondò la "Professional Photographers Society of New York State". Fu animatore della "Copyright League" per fare pressioni sul Congresso, in modo da ottenere una legislazione che privilegiasse una forte tutela del copyright sull'immagine fotografica.

Astuccio *miniature doré* aperto. Luminosità e contrasto dell'immagine variano apprezzabilmente con il mutare dell'angolo di illuminazione e di osservazione. Il soggetto qui ripreso è forse un'attrice.

Antine esterne di un astuccio *miniature doré* aperto. Lavorazione in finta pelle con profilo dorato.

Interno dell'antina sinistra di un astuccio in confezione *miniature doré*, con profili decorati color oro e impressione a rilievo del marchio Marceau.

Non gli mancarono riconoscimenti internazionali: Marceau venne nominato "Officier d'Académie" dal Ministero della Pubblica Istruzione francese. Un infarto lo colse, a 63 anni, nella sua abitazione a Premium Point, New Rochelle, N.Y. dopo un party organizzato in occasione dell'imminente messa in mare del suo nuovo yacht.

Lo stile di vita che amava condurre ne fece il fotografo preferito della bella società, ricercato e conteso nelle feste, amabile conversatore ed apprezzato esperto d'arte.

Poco dopo la sua morte, Theodore Marceau Jr., giurista formato a Yale e poco interessato alla fotografia, cedette l'attività ed il marchio. Il lusso delle miniature doré resta a testimoniare in forma concreta l'indole di un uomo che seppe interpretare il fasto gaudente della Belle Époque nella East Coast nordamericana.

La scelta usare la doratura come sfondo di contrasto dell'immagine, rispose ad esigenze di compiaciuta ostentazione, accanto ad una qualità di resa estetica adatta a suscitare meraviglia ed approvazione.

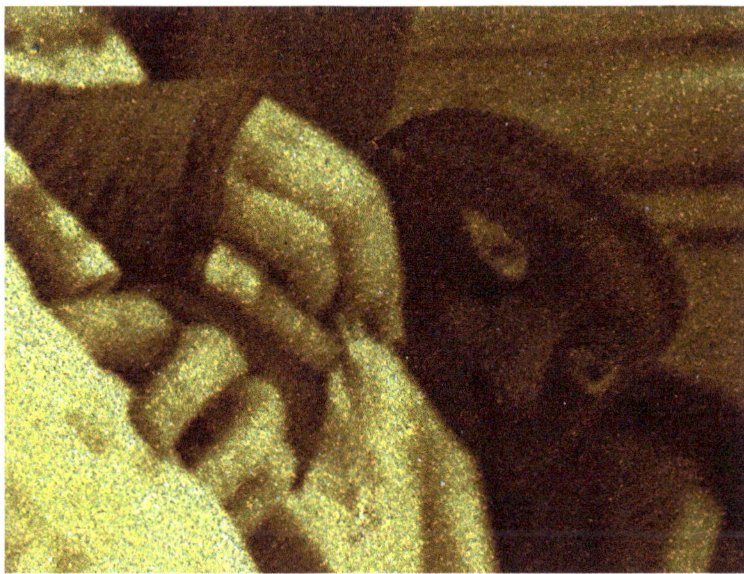

Dettaglio del ritratto femminile in costume della pagina precedente.

La mano trattiene una maschera. La lettura fine dei dettagli di un orotone, tanto quelli più luminosi che quelli più densi, è imprecisa perché il processo presenta un basso livello di microcontrasto.

L'effetto generale è affidato alla struttura materiale dei granelli dorati che producono l'impressione di buon dettaglio anche nelle aree in cui non esistono informazioni fotografiche, come per esempio nelle aree più illuminate del volto o sul tessuto chiaro dell'abito.

Nella confezione *miniature doré* la lastrina orotone resta alloggiata in un incasso in cartoncino morbido, incorniciata e coperta sui bordi da un riquadro mat abbellito da due sottili profili dorati. Le diverse parti sono fissate stabilmente con un collante.

Sul dorso delle lastrine di montaggio miniature doré è, di regola, applicata una striscia in carta che riporta il nome del cliente, un codice con il numero di serie e talvolta la data di esecuzione.
Il brevetto miniature doré proteggeva il modello di confezione, non il processo orotone in sé.
Le dimensioni delle lastrine destinate a questo tipo di montaggio sono standard: 82 x 107 mm.
con spessore di 1.5 mm. L'astuccio completo è di : 108 x 138 mm, con spessore 18 mm.
Nelle illustrazioni qui sopra, a partire da sinistra: dorso di lastrina miniature doré.
Segue il marchio impresso a rilievo sull'antina interna con stemma, "photographer", Marceau, MINIATURE-DORE' PATENTED. Infine il marchio Davis & Sanford New York, 597 Fith Ave., MINIATURE-DORE' PATENTED.

Positivi accoppiati a lastra dorata *(1920 ca. - 1940 ca.)*

L'effetto di un decisivo miglioramento nella leggibilità delle lastre sottoesposte, trattate ed appoggiate su uno sfondo fortemente riflettente, fu subito notato da molti fotografi. Bastava appoggiare la lastra fotografica su un foglio molto chiaro per poter leggere tutti i dettagli dell'immagine. L'idea di usare metalli brillanti come fondo di contrasto fu una conseguenza naturale di questa osservazione. L'impiego di polveri e vernici dorate diede luogo agli orotone.

Quest'ultima variante di orotone non costituisce un procedimento fotografico tecnicamente autonomo. Si tratta infatti semplicemente di una lastra positiva che diventa a tutti gli effetti un orotone per il solo fatto di essere stata accoppiata ad una piastra metallica dorata.

Dal punto di vista teorico, qualsiasi positivo fotografico su lastra può potenzialmente essere trasformato, anche a distanza di molto tempo, in un orotone. L'accoppiamento ad un fondo di contrasto in lamina metallica dorata non altera in alcun modo la natura del positivo su vetro. Ciò che muta è solamente la forma della visualizzazione.

Fatta questa doverosa premessa, questo testo si occupa ovviamente degli orotone che sono stati deliberatamente confezionati in origine secondo le modalità che caratterizzano la presentazione orotone.

I positivi accoppiati a lastra dorata, all'osservazione risultano generalmente meno brillanti degli orotone prodotti con la verniciatura direttamente applicata al lato dell'emulsione fotografica. Tuttavia la leggibilità ed il contrasto rimangono adeguati e l'immagine conserva perfettamente l'effetto di profondità.

In genere tutti i migliori orotone posseggono un'elevata trasparenza nelle alte luci, avvicinandosi alla fotografia in stile high-key, cioè a tono alto con aree luminose quasi trasparenti. L'effetto finale di queste superfici non è quello fastidioso che si può osservare nelle zone bruciate di una qualsiasi normale fotografia. Infatti il fondo dorato ha una propria struttura fisica che induce la percezione di consistenza e dettaglio anche dove oggettivamente manca la registrazione ed i granuli di argento metallico dell'immagine sono completamente assenti.

L'impiego di lastre dorate come sfondo di contrasto presenta diversi vantaggi rispetto alla doratura della lastra fotografica. Innanzi tutto la fotografia originale non resta sottoposta ai rischi di un trattamento mal riuscito, che potrebbero danneggiarla irrimediabilmente. La lastra in vetro segue infatti i normali processi di sviluppo, fissaggio, eventuale viraggio ed asciugatura.

La doratura è un procedimento completamente separato dall'immagine e va eseguito su un supporto metallico su cui è più semplice ottenere uno strato riflettente omogeneo e perfettamente aderente. Inoltre un innegabile vantaggio è costituito dalla possibilità di predisporre lastre di contrasto secondo numero, qualità e dimensione desiderati, tenendo i materiali pronti per il montaggio.

L'impiego risulta immediato e senza altra preparazione, esattamente nel momento in cui serve. Anzi l'intera confezione commerciale dell'oggetto fotografico può essere allestita in serie, pronta all'uso. La produzione fotografica, in definitiva, riguarda solo la realizzazione del positivo su lastra. Ciò che segue è semplicemente un montaggio meccanico.

Orotone in lastra positiva accoppiato a lastra dorata. Montaggio in cornice d'ottone.
Ritratto di signora in pelliccia. Area di provenienza: Connecticut U.S.A.

Lastra positiva osservata per trasparenza.

Lastra montata sullo sfondo di contrasto dorato.

Disassemblato di una confezione per presentazione da parete o esposizione su mobile.
Positivo accoppiato a lastra dorata. Dimensioni della lastra in vetro: 82 x 102 mm.

Lastra positiva osservata per trasparenza. Area di provenienza: Philadelphia. Dimensioni 82x102 mm.

Questo tipo di confezione è tecnicamente piuttosto semplice da realizzare, ma è certamente più costoso del comune montaggio in cornice di una stampa fotografica su carta, sebbene l'effetto estetico finale sia indiscutibilmente più gradevole ed originale. Va infine considerato il fatto che un eventuale banale incidente può causare la rottura del vetro di protezione di una normale fotografia, fatalità a cui si rimedia facilmente con una sostituzione. La rottura della lastra, in un positivo accoppiato a fondo dorato, implica invece l'irrimediabile distruzione dell'originale.

La fragilità degli orotone, spesso esposti in confezioni che presentano un certo grado di rischio, non ha consentito di conservare integri nel tempo molti esemplari di questo genere, a ciò si aggiunge la limitata produzione che ne fu fatta. Ne risulta, come inevitabile conseguenza, la rarità di questi raffinati prodotti della fotografia degli anni Venti.

Elementi di montaggio in cornice di un positivo su lastra in accoppiamento a piastra metallica dorata.

Stampe e trasporti - 4.5.0

Crystalphoto   *(1890 ca. - 1920 ca.)*

I procedimenti storici di montaggio fotografico a trasporto su vetro presentano una varietà impressionante di tipologie tra cui è spesso difficile stabilire chiare distinzioni. Ivorytype e crystoleum, per esempio, presentano evidenti analogie. I montaggi fotografici stabilmente aderenti al vetro ebbero prolungata popolarità e continuarono ad essere prodotti fino ai primi decenni del Novecento.

La classificazione proposta dalla *Cassell's Cyclopaedia of Photography* definisce alcune categorie di montaggio che costituiscono l'evoluzione di procedimenti già largamente praticati in passato, generalmente più noti, che poco si discostano dal tradizionale ivorytype americano.

Chromo-Crystal (Cromocristallografia) è una immagine fotografica di aspetto simile al crystoleum e popolare nel periodo iniziale delle stampe su albume. La stampa positiva veniva incollata a faccia in giù su una lastra di vetro spesso, colorata a mano e chiusa sul dorso con un altro vetro. L'immagine sembrava in questo modo affondata nel vetro. Il metodo fu impiegato a inizio Novecento per produrre stampe ornamentali ed articoli decorativi da arredamento.

I soggetti sono prevalentemente costituiti da bambini o fanciulle teneramente atteggiati in pose romantiche di gusto liberty. Gli ambienti rappresentati sono generalmente interni di case borghesi, con scenografie un po' teatrali.

Dopo il 1910 circa l'applicazione della lastra di chiusura di sfondo venne progressivamente abbandonata. Le presentazioni incorniciate assunsero le dimensioni di un piccolo quadro, da appendere a parete o esporre su mobili da salotto.

Il termine *Chromo-Crystal* associa l'idea del cristallo al termine che connota il colore. In effetti si utilizzavano lastre di normale vetro su cui veniva fatta aderire perfettamente l'immagine, solitamente fotografica, ma in seguito anche cromolitografica.

L'aspetto è sostanzialmente monocromatico, anche se lievissime intonazioni di colore possono essere presenti su alcuni dettagli e sull'abbigliamento. Il colore può essere applicato sulla superficie incollata a vetro, ma anche sul dorso, in modo simile ai crystoleum. Per questa tipologia di immagini la *Cassell's Cyclopaedia of Photography* usa anche il termine *Chromo-Photographs*.

Tutti questi procedimenti sono intesi come multipli fotografici, anzi se ne prevedeva espressamente una produzione commerciale su larga scala, dal momento che la destinazione prioritaria era quella decorativa e spesso costituivano oggetto da regalo.

Il fragile materiale con cui sono stati realizzati ha consentito a un numero piuttosto ristretto di esemplari di sopravvivere al tempo ed al rischio degli spostamenti. Ciò rende tali oggetti non certamente rari ma sicuramente inconsueti. La coloritura di questo genere di fotografie su vetro è sempre manuale, anche se verosimilmente effettuata in piccole serie.

In questo capitolo vengono descritti procedimenti fotografici di montaggio che appartengono al medesimo genere, anche se presentano un ampio ventaglio di variazioni. Per tale categoria di oggetti fotografici si impiega qui il termine unificante *crystalphoto*.

I procedimenti qui considerati non vanno confusi con il crystallotype (anche detto chrystollotype), inventato da *John Adams Whipple* (1822-1891), che nel 1850 brevettò un processo che utilizzava negativi all'albume su vetro.

L'azienda che storicamente ebbe un ruolo di massimo rilievo nella produzione di questa tipologia di immagini fu la *Baker's Art Gallery,* in Columbus, Ohio. Lo stabilimento fu fondato dal fotografo *Lorenzo Marvin Baker* (Copenhagen NY 1834, Columbus 1924), attivo fin dai primi anni 1860. Nel 1886 egli iniziò l'attività, al n.112 di E. Broad Street, che fu poi proseguita dalla famiglia per quattro generazioni, fino al 1955. L'intero archivio Baker's Art Gallery è attualmente custodito dalla Ohio Historical Society.

Le stampe positive Baker's, intonate con viraggio e permanentemente montate su vetro, sono "firmate" e quindi facilmente identificabili. Tuttavia altri studi fotografici produssero apprezzate immagini con 'scene di genere' altrettanto raffinate, spesso in forma anonima.

Le composizioni *crystalphoto* erano evidentemente destinate ad un pubblico che si compiaceva dei tradizionali valori della famiglia benestante: rispetto dei ruoli sociali, quiete, eleganza composta, lusso classicheggiante. Il procedimento tende ad esaltare gli effetti di luce ed ombra, con un accuratissimo studio compositivo. La posa apparentemente rilassata e naturale era frutto di una costruzione scenografica attenta ad ogni dettaglio. Qui il volto lievemente inclinato del bimbo è in realtà mantenuto in posizione da uno stativo di arresto che si intravvede, sfocato, dietro alla sedia.
Le creazioni Backer's rappresentano un'immagine idealizzata della bellezza femminile e fanciullesca.

Variante cristalphoto di produzione anonima. Sul dorso della stampa fotografica incollata al vetro sono stati colorati i dettagli del cesto e dei fiori. Il positivo su carta è stato accoppiato ad un vetro dipinto a colori densi e contorni imprecisi, come nei montaggi crystoleum.

L'effetto complessivo delle tinte è estremamente tenue ed i colori del vetro di sfondo sono appena percettibili solo quando l'illuminazione dell'oggetto fotografico è più vigorosa.

Le composizioni fotografiche per montaggio cristalphoto connotano intensamente attimi romantici che richiamano momenti di vita familiare attraverso rappresentazioni oleografiche di gusto pittorico.

Nella fotografia di ritratto individuale l'aspirazione comunemente diffusa è quella di apparire, assecondando le aspirazioni sociali condivise. La 'fotografia di genere', definita come rappresentazione di persone e ambienti con connotazioni folkloriche, di costume e antropologiche, raffigura la società ed il mondo compiacendo, allo stesso modo, le aspirazioni e le convinzioni sociali prevalenti.

Le finalità psicologiche di comunicazione sono la rassicurazione e la complicità di consenso.

In un'epoca in cui il problema dello stabile accesso ai beni essenziali costituiva per molti la maggiore preoccupazione quotidiana, queste immagini esprimevano un desiderio ed un auspicio che veniva esibito con l'esposizione tra le pareti domestiche, appeso come quadro, a decorare un angolo della 'stanza buona' dove si ricevevano gli ospiti. Le cartoline del Novecento ebbero la medesima funzione.

Esempi di crystalphoto della Baker's Art Gallery, in Columbus, Ohio

Elementi di una presentazione fotografica crystalphoto

- 1   Cristallo aderente alla stampa
- 2   Emulsione fotografica
- 3   Supporto cartaceo della stampa
- 4   Colore sul dorso della stampa
- 5   Colore sul cartoncino
- 6   Cartoncino di sfondo

Le stampe fotografiche montate in aderenza alla lastra di vetro e qui definite come *crystalphoto* presentano sostanzialmente la struttura rappresentata nello schema, che raffigura in modo unitario le varianti di questo tipo di presentazione fotografica.

In ogni caso la fotografia è montata perfettamente aderente al cristallo dal lato dell'emulsione con l'immagine, così come avviene per i *crystoleum*, che però sono sempre su vetro bombato e realizzati secondo modalità specifiche.

L'immagine non è colorata sul recto, come avviene invece nel caso di immagini di aspetto simile, ma non fotografiche, prodotte con procedimenti di stampa a colori, montate anch'esse aderenti al vetro.

In quest'ultimo caso si tratta di cromolitografie montate su vetro o anche di *chromophoto*. Le *crystalphoto* possono avere elementi colorati sul dorso e talvolta essere accoppiate ad un cartoncino eventualmente colorato, ma possono presentarsi anche prive di qualsiasi coloritura.

Crystalphoto della Baker's Art Gallery, Columbus, Ohio. Lastra 155 x 205 mm su cornice 210 x 260 mm. L'immagine, montata insieme al cristallo, veniva definitivamente fissata con una colla permanente sul recto del quadro. L'oggetto fotografico era dunque destinato a non essere più separato nelle sue parti.

Opalotipia: Opalotype *(1860 ca. - 1930 ca.)*

Opalotipìa (*Opalotype*) è in termine che unifica variati di procedimenti fotografici di stampa su vetro opalino bianco. La sua specificità sta nell'impiego di un supporto primario adatto a fornire una qualità, una brillantezza, un contrasto ed una leggibilità sconosciute alla dagherrotipia ed all'ambrotipia e paragonabili solo all'avoriotipia europea. Il supporto vetroso possiede un aspetto latteo opalino, è traslucido, ma non trasparente.

Il procedimento base fu brevettato dal fotografo Joseph Glover e dall'orologiaio John Bold, entrambi operanti a Liverpool. Il brevetto copre sostanzialmente l'uso di supporti vetrosi bianchi, dipinti o colorati in pasta, senza addentrarsi nella definizione dello strato fotosensibile utilizzato. Probabilmente la soluzione tecnica inizialmente adottata fu quella di impiegare albume oppure collodio come mezzo di dispersione per gli alogenuri d'argento.

Nella registrazione del brevetto non compare il termine opalotype, che si affermò solo una decina d'anni dopo, attraverso la stampa specialistica inglese del settore fotografico. Varianti del procedimento furono brevettate negli anni successivi sotto varie denominazioni, come la *Helioaristotipia* brevettata da William Helsby, di Liverpool, nel 1865.

Si può fare una distinzione tra i principali processi fotografici applicati alla fotografia opalotype sulla base della seguente classificazione:

Albume (fascia di anni compresi circa tra il 1860 ed il 1890);

Collodio (umido e secco, anni compresi circa tra il 1860 e l'inizio Novecento);

Carbone (carbon transfer, anni compresi circa tra la fine anni 1860 e fine anni 1930).

Il vetro opalino può essere intonato in pasta, nel qual caso l'agente opacizzante è incorporato nel materiale (*pot opal glass*), oppure placcato trasparente su bianco (*flashed opal glass*), cioè ottenuto con uno strato neutro trasparente fuso su vetro bianco.

Parlare di colorazione è improprio, dal momento che l'effetto opalino bianco non nasce per effetto di pigmenti bianchi. L'opalescenza è infatti generata da microinclusioni presenti nella pasta vitrea. Tali particelle, di misura compresa tra 0,4 e 1,3 micrometri, sono disperse nella massa del materiale in una concentrazione tale da diffondere la luce che attraversa il vetro.

In pratica si tratta di una sorta di effetto nebbia, prodotto dall'interazione tra rifrazioni, diffrazioni e riflessioni che si producono come risultato dell'illuminazione sui corpuscoli sospesi nell'impasto. Nell'arco dei secoli, gli agenti opalinizzanti adottati nell'industria vetraria sono stati estremamente vari per qualità e composizione chimica.

I vetri opalini di produzione industriale non risultarono immediatamente adatti per l'impiego fotografico, a causa della superficie imperfetta. Per questo motivo, furono brevettati e prodotti specifici procedimenti di trattamento dei vetri.

In Inghilterra, James Alexander Forrets, membro fondatore della Società Fotografica di Liverpool ed editore del periodico di tecnica fotografica locale, che poi diverrà "*The British Journal of Photography*", era commerciante in vetrerie. La sua competenza nel settore specifico lo portò a brevettare nel 1864 una lavorazione per lastre opaline che le rendeva pronte per la stampa fotografica.

In quegli anni, anche William George Helsby, registrò diversi brevetti relativi all'opalotipia, con la preoccupazione di ottenere supporti dal tono più gradevolmente caldo di quelli fino ad allora impiegati. In America, apprezzate lastre per opalotype erano vendute dalla Scovill Manufacturing Company, grande azienda che produceva ed importava ogni genere di materiale fotografico, a partire dalla lastre per dagherrotipia. Nel catalogo Scovill tali supporti sono indicati come "Scovill Porcellain Glass". Negli Stati Uniti i vetri opalini per fotografia furono infatti spesso definiti indifferentemente come glass, ma anche come porcellain, termine fonte di equivoco nell'identificazione di questo tipo di procedimento di stampa.

Una volta concluso il trattamento fotografico, sopra allo strato immagine era necessario stendere una vernice di protezione, al fine di prevenire eventuali danni meccanici da abrasione. Infine era generalmente necessario procedere alla sagomatura dell'oggetto fotografico, in modo da renderlo adatto al montaggio nell'astuccio di presentazione, spesso a profilo ovale. Questa operazione richiedeva una perizia particolare perché il taglio di un materiale così duro e fragile implica un elevato rischio di rottura. Per questo motivo, non di rado si preferiva eseguire la sagomatura prima della stampa fotografica.

Inizialmente l'opalotipia fu considerata un procedimento fotografico destinato ad una clientela di lusso. La produzione di vetro opalino di qualità rimase infatti limitata e costosa fino agli anni intorno al 1880, quando i perfezionamenti tecnici ne abbassarono notevolmente il prezzo.

Astuccio ovale in velluto violetto, Wenderoth, Taylor & Brown, Philadelphia and New York.
Custodia originale della opalotipia illustrata nelle pagine che seguono. All'interno è riportata a penna la nota "dicembre 1868" con i riferimenti della giovane donna fotografata in un delicato ritratto, finemente dipinto a mano nei dettagli del vestito e degli accessori. Frederick Augustus Wenderoth operava in quegli anni con studio al numero 914 di Chestnut Street in Philadelphia. Egli fu forse il primo ad eseguire fotografie col procedimento opalotype in America. Dimensioni dell'astuccio: 72 x 88 mm.

Le confezioni ovali furono apprezzate tra il 1860 ed il 1870, ma questo tipo di profilo richiedeva una particolare abilità nel taglio del supporto vetroso, operazione che veniva rifinita con un utensile adatto a sminuzzare il margine ricurvo. A causa della delicatezza dell'operazione, la lastrina veniva generalmente sagomanta prima di procedere al processo fotografico. Dimensioni dell'ovale: 61 x 76 mm.

In alto a sinistra si può osservare il dorso della lastrina opalotype, con il caratteristico bordo scheggiato. Il supporto ovale dell'immagine veniva solitamente protetto con un vetro dall'identico profilo, accoppiato e sigillato con un nastro di carta. Una cornicetta in ottone completava la protezione per l'inserimento in astuccio. Nel caso di montaggio su pannello in quadretto da muro, il fissaggio si effettua invece ripiegando alternativamente all'interno ed all'esterno i dentelli che coronano il telaio.

Confezione con supporto da esposizione su mobile (sul dorso) e anello per sospensione a muro.
Opalotype con finitura superficiale porosa *egg-shell finishing*. Dimensioni della lastra: 81 x 107 mm.

A destra, in alto, una opalotype inglese, forse ricavata da una miniatura. Misure: 11 x 15 cm.

Nelle illustrazioni in basso, una opalotype 80.7 x 107 mm tratta da una confezione in astuccio con mat ovale e vetro bombato.

Si tratta di una opalotipia all'albume. L'applicazione dello strato fotosensibile può essere effettuata facendo colare la soluzione di cloruro d'ammonio in albume sulla lastra e spargendo il fluido su tutta la superficie per effetto della gravità.

Questa era la procedura comunemente usata per il collodio. Tuttavia l'albume si distende con difficoltà a causa dell'elevata tensione superficiale.

Il sistema più diffuso per risolvere tale problema consisteva nell'impiego di un frullatore a mano, meccanicamente simile a quello che un tempo si usava in cucina.

Si fissava la lastrina con una ventosa. Il supporto veniva avvicinato ad un evaporatore e tenuto in rotazione. La lastrina, così scaldata e trattata a vapore per rompere la tensione superficiale, veniva poi posta in orizzontale.

A questo punto si versava la soluzione all'albume che poteva essere uniformemente distribuita, sempre grazie alla rotazione. Il dorso della lastra mostra ancora chiaramente la traccia di questa operazione.

Fotografia a smalto   *(1855 ca. - 1920 ca.)*

La fotografia smaltata su ceramica e porcellana nacque dall'esigenza di ottenere stampe su supporti adatti a resistere al deterioramento prodotto dagli agenti ambientali nel corso del tempo. Il costo di questa tecnologia e la necessità di presentarla in confezione adatta ne ha scoraggiato la diffusione, attualmente limitata ad impieghi di memoria iconografica cimiteriale.

Curiosamente, in epoca prefotografica, fu proprio il figlio di un famoso ceramista inglese, Thomas Wedgwood (1771-1805), a distinguersi nelle prime ricerche sulla via della scoperta della fotografia. Egli, con la collaborazione del chimico *Sir Humphry Davy* (Penzance 1778, Ginevra 1829), pubblicò nel 1802 un *'Metodo per copiare pitture e disegnare profili su vetro per azione della luce sul nitrato d'argento'*. I primi positivi su ceramica cominciarono ad affermarsi solo in seguito all'invenzione del processo al collodio, quindi dopo il 1851. Nel 1854 i francesi Bulot and Cattin brevettarono un processo di coloritura e vetrificazione in fornace di immagini fotografiche che prevedeva il trasporto dello strato al collodio su un'ampia varietà di supporti, inclusi metalli, vetro, ceramica e porcellana.

Il fotografo che raggiunse i vertici della qualità e della notorietà fin dalla seconda metà dell'Ottocento, anche a livello mondiale, nella stampa fotografica su ceramica, fu il parigino Lafon de Camarsac (1821-1905). Egli, l'11 giugno 1855, presentò all'Accademia delle Scienze due distinti procedimenti: uno per le immagini monocromatiche ed uno per quelle colorate.

Il primo procedimento prevedeva la stampa del positivo su lastra al collodio. La fotografia veniva virata ai sali d'oro o di platino. Lo strato immagine doveva poi essere staccato per procedere al trasporto sul supporto finale, generalmente costituito da un medaglione convesso in rame smaltato. Il successivo trattamento in fornace distruggeva il collodio fissando l'immagine che andava poi protetta con un altro sottile strato trasparente, vetrificato a fuoco.

Il procedimento per gli smalti colorati prevedeva l'impiego di un supporto in rame coperto da smalto bianco sul quale si applicava una soluzione di resina a base di bitume di Giudea e trementina. Su questo supporto metallico si effettuava il trasporto dello strato al collodio. La colorazione era eseguita a mano con pigmenti adatti alla vetrificazione a fuoco.

Alcuni processi fotoceramici antichi si basano sulla fotosensibilità del bicromato di potassio che tende a divenire insolubile in proporzione della luce che riceve. *Louis Alphonse Poitevin* (Conflans sur Anille, 1819-1882) brevettò nel 1855 un metodo di stampa fotografica al carbone che sfruttava questa caratteristica. Lo spoglio delle parti di bicromato unito alla polvere del carbone nelle aree meno esposte e quindi più solubili, permette la formazione dell'immagine.

I supporti di questo strato fotosensibile possono essere i più vari. Un limite del processo originale è la ristretta gamma tonale. I successivi miglioramenti permisero di ottenere una resa più modulata dei mezzi toni, aprendo la strada ad impieghi più estensivi ed in particolare alla stampa su vetro, porcellana e ceramica. Poitevin inventò nel 1860 un metodo di stampa alle polveri di carbone che sfruttava la sensibilità dei composti del ferro.

Il fotografo parigino *Pierre Michel Lafon de Camarsac* (1821-1905) registrò il suo primo brevetto per la fotografia a smalto nel 1854. Nel corso degli anni perfezionò variazioni dei processi a trasporto a carbone. La stampa effettuata su lastra in vetro andava infatti trasferita sul supporto finale per essere smaltata in fornace. I suoi prodotti fotografici sono generalmente su una base costituita da piastre in rame, ma utilizzò anche medaglioni con altre basi metalliche, ceramica e porcellana. In questo modo produsse fotografie su piatti, tazzine ed altre stoviglie per esposizione in arredo. La qualità del suo lavoro gli consentì di ottenere una medaglia d'oro nel corso dell'Esposizione Universale di Parigi del 1867. Nel 1867 Lafon de Camarsac dichiarava di avere già prodotto 15000 smalti nel suo laboratorio, al n.3 di Quai Malaquais, Parigi.

Fin dagli anni intorno al 1860 diversi fotografi svilupparono variazioni del processo di Lafon de Camarsac oppure acquistarono la licenza per applicare il suo brevetto. Tra questi si distinse il fotografo parigino Mathieu Deroche, che acquistò la licenza nel 1866. Egli operava nel laboratorio al n. 39 di Boulevard des Capucines, Parigi, che rapidamente diventò uno degli studi più rinomati della capitale per la produzione di fotosmalti.

Lafon de Camarsac e Deroche furono i due fotografi europei più illustri nella produzione di fotosmalti nella seconda metà dell'Ottocento, ma non mancarono altri prestigiosi concorrenti.

Ovale fotoceramico di Mathieu Deroche del 1881.
Generalmente gli smalti di Lafon de Camarsac e di Deroche riportano il nome del soggetto, l'anno di esecuzione ed il monogramma del fotografo.
La produzione Deroche riporta la dicitura "Procédé Lafon de Camarsac" sulle opere più antiche eseguite su licenza e "Procédé Mathieu Deroche" su quelle successive, eseguite con il perfezionamento da lui stesso brevettato. Questo ovale misura 93 x 118 mm ed è montato in cornicetta di ottone su quadretto da arredo di 170 x 215 mm, rivestito in velluto color bordeaux.

Nel 1857 l'inglese James A. Forrest presentò una relazione alla Liverpool Photographic Society in cui descriveva un processo di stampa fotografica su vetro o porcellana con trattamento in fornace a 750°. Tale procedimento era però delicato e non sempre produceva risultati affidabili. Tuttavia fu da questo metodo che iniziarono gli esperimenti di un incisore francese operante a Londra: Ferdinand Jean Joubert de la Ferté. Egli registrò il suo brevetto per la fotografia a smalto nel 1860. Il metodo utilizzava uno strato fotosensibile al bicromato di ammonio, miele e albume. In seguito all'esposizione, per impressione da negativo, si formava un'immagine debolmente positiva su cui si spargeva la polvere da smalto. Si procedeva poi con un fissaggio in alcool ed acido acetico. Dopo il lavaggio e l'essicazione l'oggetto fotografico veniva posto in fornace per concludere il processo di smaltatura.

La produzione di smalti fotografici su ceramica è sempre rimasta piuttosto limitata, a causa dei costi e della delicatezza del procedimento. Il massimo vantaggio che accomuna questa tipologia di oggetti fotografici è l'inalterabilità nel tempo agli agenti di deterioramento dell'immagine. Fino ai primi del Novecento questi processi furono impiegati per decorare raffinati oggetti d'arredo, inclusi piatti e tazze, quadranti di orologi, spille, ciondoli... oggetti da regalo o da esibire nei 'salotti buoni' e che dovevano possedere la funzione di memoria d'immagine.

Minuscolo ritratto fotografico smaltato a fuoco su ceramica. Probabile procedimento *dusting-on* a base di polvere di minio rosso. Dimensioni dell'immagine: 25 x 31 mm. Montaggio in astuccio: 60 x 70 mm.

La fotoceramica si presta a realizzare immagini colorate artisticamente con tinte stabili nel tempo. I ritratti realizzati con i processi fotografici su vetro, ceramica, porcellana e metalli smaltati furono apprezzati fino a inizio Novecento ed esibiti anche come eleganti complementi d'arredo.

La rarità e la delicatezza di una lavorazione che richiedeva elevate competenze professionali e qualificata perizia artigianale, induce a considerare queste fotografie come autentici oggetti d'arte.

I fotografi che si dedicavano a questo tipo di produzione erano coscienti del valore oggettivo di tali immagini e pertanto, quasi generalmente, le firmavano e datavano.

La fotografia a smalto, anche nei suoi usi più raffinati, fu progressivamente sostituita dai processi su supporto cartaceo, più pratici, economici e resistenti agli stress meccanici.

L'impiego della fotoceramica rimane attualmente confinato al ristrettissimo genere della ritrattistica funebre per uso cimiteriale.

I procedimenti fotografici su ceramica trovano oggi occasione di rinascita nella stampa digitale su piatti e tazze personalizzate da regalo.

Montaggi ornamentali

I *bijoux* fotografici non costituiscono semplicemente oggetti da considerare nella loro tipologia di montaggio. Singolarmente classificati non presentano modelli autonomi di processi fotografici, ma la loro realizzazione comporta l'applicazione di interessanti variazioni di metodi di stampa e trasporto che è interessante considerare.

La varietà delle soluzioni decorative che un tempo hanno goduto di popolarità è decisamente estesa per forma e confezione: medaglioni, pendenti, spille, collane, bracciali. L'idea di identità e corrispondenza tra i soggetti ritratti e la presenza fisica del loro ricordo è stata talvolta spinta in questi montaggi fino a limiti che oggi consideriamo imbarazzanti. Infatti alcune confezioni ornamentali sono realizzate per poter incorporare ciocche di capelli, quali reliquie dei soggetti per i quali si intendeva dimostrare memoria affettuosa. Tali resti fisici, strettamente associabili al ritratto della persona amata, non raramente sono elaborati in forma di intrecci dalla raffinatissima trama geometrica. Intrecci regolari e compatti di capelli furono confezionati addirittura in forma di bracciale per sostenere ed incorporare piccoli medaglioni fotografici.

Qui a fianco, due esempi di spille fotografiche. Questo genere di oggetti venne realizzato per due diverse tipologie di impiego: l'esibizione decorativa di ritratti familiari, da indossare per testimoniare affetto ai propri cari; la promozione di personalità socialmente o politicamente rilevanti.

Negli U.S.A. le spille fotografiche vennero prodotte e diffuse come gadget a supporto delle campagne politiche per l'elezione dei presidenti fin dalla fine dell'Ottocento. Svariati sono i metodi fotografici utilizzati.

Alcune spille sono prodotte con ceratura e deformazione a caldo del supporto cartaceo, poi applicato al bottone con spilla. Gli esemplari più pregiati sono autentiche fotografie a smalto.

Altre volte si osserva l'applicazione dello strato fotosensibile al supporto metallico, direttamente impiegato come positivo fotografico.

Diversi sistemi di ceratura, verniciatura e lucidatura, permettevano di ottenere una superficie brillante e resistente alle abrasioni. Questo tipo di presentazione fotografica sopravvive ancora oggi nella produzione industriale pubblicitaria.

Dagherrotipo tinto da ¼ di lastra. La fotografia a colori rimase per decenni un sogno irraggiungibile.

I primi processi positivi a colori - 5.1.0

Princìpi e cenni storici

Il colore fu il determinante elemento che mancò alle prime immagini fotografiche. Come illustrato nei capitoli precedenti, fu adottata la sola alternativa che allora apparve praticabile: la coloritura manuale. Tuttavia esperimenti e ricerche proseguirono per decenni nel tentativo di raggiungere risultati concreti di qualità accettabile. Le ricerche furono sostenute dal progressivo sviluppo delle conoscenze scientifiche sulla luce e sul colore. Ciò portò a distinguere i due sistemi fondamentali di generazione del colore: sottrattivo ed additivo.

Nel sistema sottrattivo le tinte vengono generate da tre colori fondamentali (CMY: ciano, rosso magenta e giallo) costituiti da pigmenti che agiscono come filtri. La loro sovrapposizione sottrae i colori complementari, restituendo alla visione solo le tonalità che dipendono dalla miscela localizzata dei colori primari in ogni singola area. Alcuni processi che sfruttano il sistema additivo impiegano filtri nei colori primari prevedono un successivo assemblaggio (*processi ad assemblaggio*), in altri la separazione colore è ottenuta sensibilizzando selettivamente gli strati di emulsione bianconero ai tre colori primari (*processi multistrato*).

Dal momento che si tratta di un sistema a pigmenti osservati normalmente per riflessione su supporto riflettente, in genere carta bianca, non è richiesto alcun apparato di proiezione o visione in trasparenza: in pratica si tratta di stampe di immediata osservazione. A meno che vengano realizzate diapositive da proiezione, come nel caso delle Uvachrom. Questo testo si occupa primariamente di processi a positivo unico, pertanto non sono considerati ulteriori approfondimenti nelle applicazioni per la stampa dei vari processi a sistema additivo: ad assemblaggio, imbibizione, sbianca colore, cromogeni, diffusione colore.

Nel sistema additivo le tinte vengono generate da tre colori fondamentali (RGB: rosso, verde e blu primario) che si aggiungono come somma di luci colorate. La sovrapposizione dei tre fasci colorati produce ovviamente il massimo chiarore, cioè il bianco. All'opposto il buio assoluto, cioè il nero, è conseguenza della mancanza di tutte e tre le illuminazioni. Sovrapposizioni parziali dei colori fondamentali, a differenti livelli di intensità di ciascuna delle tre luci, generano tutte le tonalità di colore.

Questa modalità, che unisce i processi a tripla proiezione, ebbe però scarse applicazioni pratiche alle origini della fotografia in colore. Fu invece impiegata una sua variante che consiste nell'uso di un'emulsione fotosensibile in bianconero attraverso uno schermo composto da minutissimi filtri nei tre colori primari, giustapposti senza sovrapposizione.

La lastra viene poi convertita in un positivo in cui i grani costituiti dagli elementi-filtro costituiscono una fitta trama di punti colorati la cui somma restituisce la sensazione d'insieme del colore. Questo effetto corrisponde a quello teorizzato dagli artisti del puntinismo (*pointillisme*) o divisionismo che è però ottenuto impiegando pigmenti e non filtri.

La famiglia dei procedimenti colore che adottano questa forma di sistema additivo è principalmente quella dei *processi a schermo* (*screen process*). Di questa categoria fanno no parte i processi: *Joly* 1895, *McDonough* 1897, *Autochrome Lumière* 1907, *Omnicolore* 1907, *Dufay* 1910, *Paget* 1913, *Agfa Color* 1916, *Finlay* 1929 e *Dufaycolor* 1935.

I primi tentativi di ottenere immagini a colori furono condotti con sperimentazioni nell'ambito della fotografia a colore diretto, detta anche eliocromia o fotocromia. Procedimenti di questo tipo prevedono la registrazione del colore direttamente nella struttura chimico-fisica del materiale fotosensibile e la restituzione del colore come lettura immediata dell'immagine in luce ambiente.

Alexandre Edmond Becquerel fu tra i primi ad intraprendere sperimentazioni in questa direzione ed a giungere a qualche risultato concreto ma instabile alla luce. Dei tentativi del reverendo Levi L.Hill si è detto nel capitolo 2.3.0 di questo libro. Successi marginali furono in seguito ottenuti da Alphonse Louis Poitevin nel 1865 e da Abel Niépce de Saint Victor nel 1867. Tutti questi esperimenti appaiono fondati su trattamenti elettrochimici e sulla sbianca dello strato fotosensibile e sono accomunati dal sostanziale insuccesso dei tentativi di rendere l'immagine stabile alla luce, condizione necessaria per la successiva osservazione.

Il primo ricercatore ad ottenere risultati concreti e riconosciuti scientificamente fu *Gabriel Jonas Lippmann* (Bonnevoie 1845, Oc. Atlantico 1921) con un processo basato sul fenomeno dell'interferenza, presentato per la prima volta pubblicamente nel 1893, che gli valse il premio Nobel nel 1908. La tecnica da lui impiegata richiede una preparazione del materiale fotosensibile talmente complicata e critica da risultare alla portata solo di laboratori chimici ben attrezzati. La raffinata complessità del processo ha portato a paragonare il processo Lippman alla moderna olografia e ciò fornisce una spiegazione implicita delle difficoltà che ne impedirono l'applicazione commerciale, nonostante l'ottima qualità nella resa fotografica dei colori.

La possibilità di realizzare fotografie a colori utilizzando materiali fotosensibili a base di alogenuri d'argento restava comunque condizionata dalla possibilità di disporre di emulsioni sensibili a tutti i colori dello spettro visibile e non solo a quelli di tono freddo, come accadeva per le lastre ortocromatiche disponibili fino ai primi anni del Novecento.

I progressi verso la produzione di lastre pancromatiche sono segnate dai contributi di vari ricercatori. *Hermann Wilhelm Vogel* scoprì nel 1873 un metodo per accrescere la sensibilità nella zona del verde. *Josef Maria Eder* scoprì nel 1884 che l'eritrosina consentiva di accrescere la fotosensibilità per il verde ed il giallo. *Adolf Miethe* e *Arthur Traube* brevettarono nel 1903 l'impiego dell'etil-isocianina estendendo così la sensibilità al rosso-arancio fino a giungere alla piena resa del rosso con l'impiego del *pinacynol* cloruro e ioduro.

A questo punto, sulla base delle conoscenze sulla teoria del colore che in quegli anni si andavano perfezionando, fu possibile iniziare sperimentazioni che applicassero i sistemi di sintesi dei colori primari. Fu infatti nel 1861 che *James Clerk Maxwell* formulò per la prima volta con completezza la teoria della percezione tricromatica del colore. Egli ne dimostrò praticamente la correttezza con la proiezione, a registro, di tre immagini fotografiche, filtrate in rosso, verde e blu di un nastro colorato.

Praticamente questo esperimento segnò la nascita della fotografia a colori, così come ancora viene concepita, in analogico e in digitale, nelle applicazioni fotografiche, cinematografiche e video. La prima macchina fotografica per la ripresa in tricromia venne progettata da *Louis Ducos du Hauron* nel 1876, presto seguita da altri brevetti che sfruttavano il medesimo principio.

È interessante notare che i materiali fotografici a colori prodotti negli scorsi decenni hanno manifestato evidenti problemi di stabilità, con perdita di saturazione e alterazione sensibile delle tinte, mentre le lastre e le pellicole di inizio Novecento appaiono spesso ancora sostanzialmente in buone condizioni di conservazione.

I primi processi positivi a colori - 5.2.0

Autochrome *(1907 - 1930 ca.)*

Auguste e Louis Lumière erano geniali inventori ma anche e soprattutto imprenditori ricchi di intuito ed estremamente abili nel riconoscere ed applicare commercialmente principi e tecnologie che altrimenti sarebbero rimaste a lungo ignorate. L'Esposizione Internazionale di Parigi del 1889, in occasione della quale fu edificata la tour Eiffel, si rivelò per loro un'opportunità straordinaria. Qui conobbero personalmente inventori come Thomas Alva Edison, Georges Méliès ed Émile Reynaud. L'intuito industriale rese ai Lumiére immediatamente chiara l'importanza dell'invenzione di *Léon Guillaume Bouly* che nel 12 febbraio 1892 aveva brevettato il *Cinématographe* che utilizzava pellicola non perforata. Il brevetto fu aggiornato l'anno successivo con il n°219.350 ma non più rinnovato. I Lumiére perfezionarono l'invenzione adottandone anche la denominazione e depositando il nuovo brevetto il 13 febbraio 1895.

Il genio imprenditoriale dei fratelli si espresse in una molteplicità di applicazioni industriali quali la lastra fotografica secca ad alta rapidità, la fotografia a rilievo (realizzata con un processo denominato *fotostereosintesi*) ed il cinema tridimensionale, che sfruttava l'anaglifia. Diversi brevetti, anche nel settore della meccanica, costituiscono un intelligente perfezionamento di principi e brevetti già noti. L'invenzione della lastra Autochrome potrebbe apparire del tutto originale se non presentasse così evidenti affinità con idee che fondono ispirazioni diverse in campo grafico e scientifico.

Autochrome Lumiére da stereoscopia 45 x 105 mm.

Ai fratelli Lumiére va comunque riconosciuto il merito di una lungimirante comprensione che permetteva di concretizzare commercialmente applicazioni tanto eterogenee ed apparentemente poco significative se considerate singolarmente. L'incontestabile realtà storica è che il 17 dicembre 1903 Auguste e Louis Lumière depositarono lo storico brevetto per la fotografia a colori.

Fino ad allora, la soluzione comunemente adottata era quella di effettuare tre diverse riprese del medesimo soggetto, selezionate nei tre colori primari, in modo da ottenere come prodotto finale una stampa multistrato a colori. I Lumiére compresero che i filtri potevano essere direttamente incorporati nel materiale sensibile.

La fecola di patata si presentava come un ottimo materiale, adatto a recepire i necessari copulanti e costituire una grana sufficientemente fine. I granuli nei tre colori primari andavano stesi sul supporto in vetro con rivestimento in vernice. Lo strato di normale emulsione fotografica per il bianconero svolgeva la funzione di regolare i livelli di intensità luminosa.

Dopo l'esposizione, il trattamento non si discostava sostanzialmente da quello tradizionale del materiale bianconero, se non per la necessità di un'inversione adatta a trasformare il negativo in un positivo da osservare per trasparenza.

Il nocciolo del problema non era tanto costituito dall'idea scientifica in sé, quanto piuttosto dalla sua applicazione pratica in forma industriale. La produzione richiedeva infatti la costruzione di impianti complessi con tolleranze di fabbricazione ristrettissime.

La migliore tecnologia chimica e meccanica di inizio Novecento doveva essere messa alla prova al limite delle possibilità allora disponibili. La fabbrica fu pronta a fornire un mercato fotografico ormai maturo nel 1907.

A partire da quell'anno e per quasi un trentennio, l'autocromia restò senza reali concorrenti, fino all'affermazione delle nuove pellicole colore in rullo.

Port des Célestins, Parigi, 13 marzo 1910, diframma f/8, posa 8 secondi.
Su lastra stereo Autochrome Lumiére 45 x 105 mm.

La lastra Autochrome rappresenta un'invenzione di straordinaria attualità perché costituisce a tutti gli effetti un prodotto della ricerca biotecnologica. Il nucleo di questa tecnologia si fonda infatti sull'impiego di un materiale assolutamente naturale: la fecola di patata. La struttura che filtra e recepisce la luce colorata consiste in una fittissima rete di granuli che vanno a comporre un tappeto di compatti punti colorati. Questi, per sintesi additiva, generano la percezione di ogni altro colore.

Il medesimo impianto grafico caratterizza la composizione cromatica utilizzata dagli artisti che si espressero attraverso il *puntinismo*. In Francia, tra la fine dell'Ottocento e l'inizio del 1900, diversi grandi pittori adottarono il *pointillisme* come forma espressiva. Georges Seurat e Paul Signac furono i maggiori esponenti e teorici di questo movimento artistico. L'opera che segnò l'avvio di questa esperienza creativa fu "*La Grande Jatte*", realizzata tra il 1884 ed il 1886, in seguito ad una interminabile serie di prove e studi tecnico-scientifici.

La tecnica pittorica del *puntinismo*, più nota in Italia con la denominazione di *divisionismo*, si basa su un accurato studio dei meccanismi della percezione visiva, fondata sulla divisione dei toni che si realizza attraverso le cellule sensibili al colore sul fondo dell'occhio (coni). La sensazione delle diverse tonalità e sfumature viene elaborata dal cervello sulla base di queste informazioni nervose.

Il puntinismo non rappresenta quindi un modo di produrre e stendere i colori con la semplice mescolanza: si tratta piuttosto di un approccio scientifico alla rappresentazione ed all'osservazione del colore. I pittori puntinisti, identificati anche come neo-impressionisti per l'influsso diretto delle esperienze impressioniste, dipingevano con piccoli tocchi di pennello separati, utilizzando i colori primari.

Le sfumature dei colori secondari sono percepite come elaborazione del nostro sistema percettivo. Infatti, ad una certa distanza, non è possibile distinguere i singoli minutissimi tocchi di pennello e l'effetto complessivo risulta diverso da quello prodotto da una semplice mescolanza di vernici. Le tinte non sono pertanto generate direttamente dal pennello ma piuttosto percepite dall'azione convergente di occhi e cervello: in questo modo appaiono più brillanti, pure e vive.

Una essenziale spiegazione dell'artista divisionista italiano Gaetano Previati, teorico del movimento, unisce la pittura divisionista e l'autocromia in una medesima enunciazione: «riproduce le addizioni di luce mediante una separazione metodica e minuta delle tinte complementari». Si tratta di un concetto formulato nel testo "*Principi scientifici del divisionismo*", del 1906: proprio l'anno prima della commercializzazione delle lastre a colori Lumiére. Tra i processi un tempo impiegati per realizzare rappresentazioni a colori, va ricordata la cromolitografia, tecnica di stampa che utilizza colori separati per generare un'immagine finale composita.

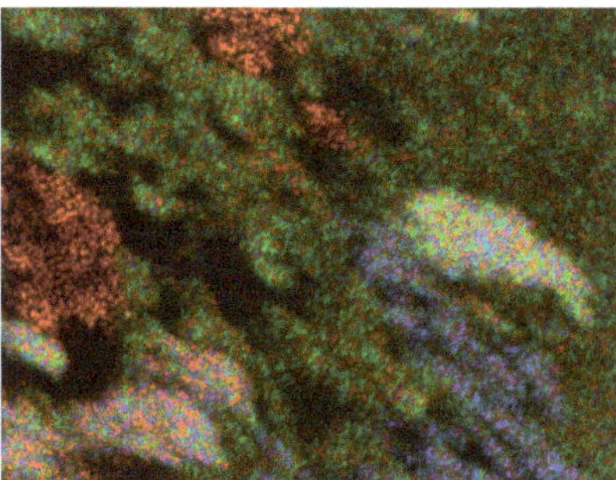
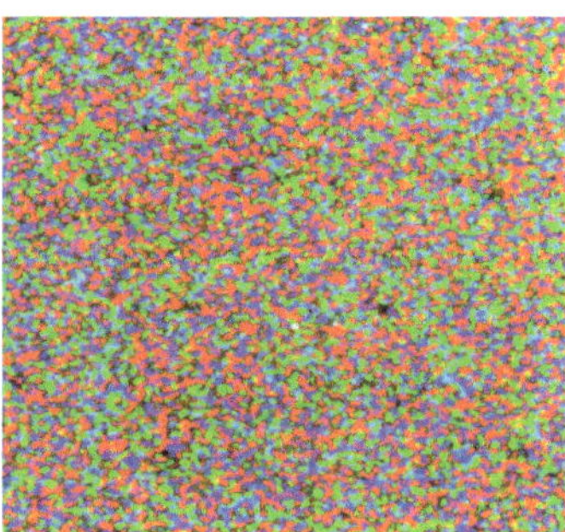

La grana dei filtri colore in fecola nel progressivo ingrandimento di una lastra Autochrome Lumiére.

Questa tecnica divenne estremamente popolare proprio negli anni tra Ottocento e Novecento.

Singolari similitudini uniscono l'autocromia ed i procedimenti di creazione grafica a colori divenuti popolari nello stesso periodo storico.

I fratelli Lumiére erano attenti ed informati su tutte le novità che si andavano sviluppando in un'epoca ricca di stimoli e novità.

Essi ebbero il merito di sfruttare l'opportunità di trasferire all'invenzione fotografica un principio scientifico ormai noto, per rivoluzionare il modo di rappresentare la realtà.

Dettaglio di lastra Autochrome Lumiére 45 x 105 mm.

Il brevetto della lastra Autochrome Lumière fu depositato il 17 dicembre 1903, ma divenne noto al pubblico solo con la presentazione all'Accademia delle Scienze, il 30 maggio 1904. Tra la registrazione del brevetto *"L'obtention de photographies en couleurs"* e l'inizio della produzione industriale delle lastre intercorsero quattro anni. Ciò potrebbe stupire, in relazione alla rapida applicazione dell'invenzione del cinematografo. Fu infatti necessario un lungo periodo per procedere alle indispensabili sperimentazioni e per realizzare l'allestimento dei macchinari necessari alla produzione industriale.

Materiali e trattamenti richiedevano infatti un elevato e costante standard di tolleranza nelle diverse lavorazioni. Il successo commerciale portò rapidamente ad uno sviluppo considerevole delle potenzialità della fabbrica, che nel 1913 riusciva già a fornire 6000 lastre al giorno.

Autochrome Lumiére 45 x 105 mm stereo e montaggio in telaio metallico.

Scatola Autochrome Lumiére per lastre 9x12 cm. Conteneva 4 *plaques*, qui con scadenza ott. 1914

Il processo Autochrome sfrutta il principio di sintesi additiva dei colori ed impiega come filtro granuli di fecola di patata in rosso-arancio, verde e blu violetto.

Un successivo brevetto del 1906, al fine di proteggere in modo più completo l'invenzione, descrive il processo in modo molto più generalizzato, estendendo il sistema dei colori utilizzabili.

Inizialmente infatti essi erano definiti come arancio, violetto e verde oppure rosso, verde e blu.

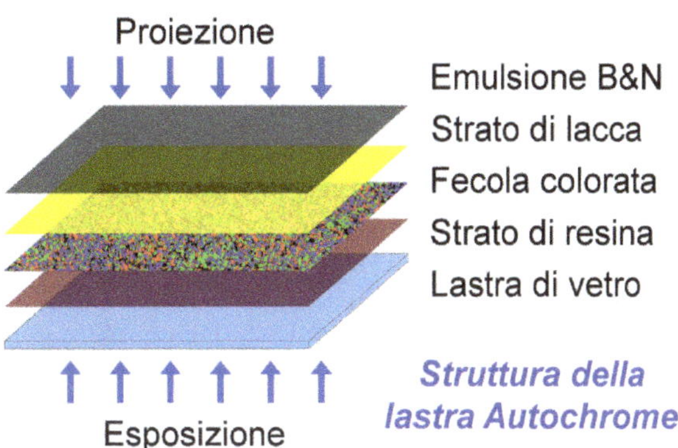

Strati di una lastra Autochrome Lumiére.

Viene perciò brevettato l'impiego di "qualsiasi numero di colori". L'uso di polvere di riempimento nera venne indicato come opzionale.

Le particelle di fecola di patata impiegate per la fabbricazione delle lastre erano raffinate fino a raggiungere la dimensione di 7 millesimi di millimetro, colorate nelle tre tinte primarie mischiate e disperse con una distribuzione di circa 9000 grani per millimetro quadrato. I microscopici interstizi tra i granuli risultavano colmati con l'aggiunta all'impasto di finissima polvere nerofumo ricavata dal carbone. Era necessario evitare la sovrapposizione di questi microfiltri, per cui il mosaico dei tre colori doveva essere generato con una pressione di oltre 5 tonnellate per centimetro quadrato. Ciò consentiva anche di assottigliare lo spessore dello strato filtrante e contenere quindi la conseguente riduzione di sensibilità. Veniva poi steso un sottile strato impermeabile di lacca, necessario per proteggere il filtro colore a mosaico tricromico durante il trattamento di sviluppo, inversione e fissaggio. Infine veniva steso lo strato di emulsione fotosensibile pancromatica. L'esposizione si effettuava con il vetro rivolto verso l'obiettivo, mentre l'osservazione avviene per trasparenza, illuminando il lato emulsione.

Autochrome Lumiére da stereoscopia 45 x 105 mm.

Le autocromie di minori dimensioni possono essere visualizzate con l'apposito visore per stereoscopia, nel caso delle lastre stereo, oppure con un visore portatile per trasparenze.

Quest'ultimo dispositivo fu costruito in forma di astuccio per offrire la duplice funzione di custodia e di supporto di osservazione. Le lastre più grandi necessitano invece di uno strumento ottico detto diascopio (*Diascope*).

Si tratta sostanzialmente di un visore con un alloggiamento per appoggiare la lastra autochrome sopra ad un vetro. Al di sotto, protetto dall'illuminazione ambientale, è posizionato uno specchio.

L'osservazione dell'immagine avviene per riflessione, sulla superficie dello specchio.

Le lastre Autochrome stereoscopiche furono immediatamente molto apprezzate perché univano la percezione visiva della profondità a quella del colore. Nei primi anni del Novecento questa era una stupefacente esperienza per chiunque. Per esibizioni destinate alla visione di un pubblico, la soluzione era costituita dalla lanterna magica. Il surriscaldamento della lastra produceva la progressiva degradazione del colore e comportava anche il serio rischio di rotture, per cui conveniva adattarsi a brevi tempi di visione.

La qualità del colore fornita da una lastra Autochrome era molto elevata, tuttavia la struttura della grana comportava talvolta un effetto di velatura nebbiosa che si accentuava nelle alte luci, particolarmente nel cielo.

Autochrome, da lastrina stereo 45 x 105 mm.

Quello che poteva apparire come un limite oggettivo, produceva una visione che era assimilabile alle sognanti ambientazioni della pittura impressionistica. Tale originale qualità contribuì a mantenere il successo di questa tecnologia fotografica quasi per un trentennio, fino a quando si affermarono nuove soluzioni in grado di risultare decisamente competitive.

Il complesso processo di fabbricazione rendeva le lastre Autochrome relativamente costose, per cui il naturale consumatore di questo prodotto fotografico era l'artista o l'amatore benestante. Il trattamento non risultava particolarmente complicato, ma era certamente critico e consentiva tolleranze limitate, per cui gli errori conducevano frequentemente a risultati scadenti. I cultori più appassionati riuscirono a sviluppare lievi variazioni di processo che permettevano una manipolazione che concedeva maggior spazio alla creatività di una fotografia che si avvicinava agli effetti del pittorialismo.

Il banchiere francese Albert Kahn fu un entusiasta cultore del processo Autochrome. Egli inviò fotografi in vari Paesi del mondo con l'intenzione di realizzare un archivio fotografico del Pianeta (*"Archives de la Planète"*). Così raccolse tra il 1909 ed il 1931 una poderosa collezione di autocromie realizzate in una cinquantina di diverse nazioni. Questi 72.000 pezzi, custoditi nel museo Albert Kahn di Boulogne-Billancourt, rappresentano il fondo di maggior rilievo mondiale per questa particolare tecnologia fotografica.

Studiosi e cultori della storia e delle tecnologie fotografiche stanno tornando in questi anni a considerare con interesse l'antico processo a colori. In Francia la riscoperta e la sperimentazione possono sfruttare le strumentazioni originali Lumiére, nel quadro di una valorizzazione archeologica industriale. Anche negli Stati Uniti si svolgono attività volte a far rivivere l'autocromia anche come tecnica di espressione artistica.

Alcune prestigiose istituzioni culturali francesi hanno proposto, particolarmente nel corso del 2007, varie iniziative culturali ed espositive dedicate all'autocromia in occasione della ricorrenza del centesimo anniversario del brevetto Lumiére.

L'*Institute Lumiére*, voluto dagli eredi, è ovviamente il promotore delle iniziative di valorizzazione del lavoro dei geniali fratelli attraverso le strutture del museo Lumiére e della sala cinematografica presso il quartiere Monplaisir, proprio sui luoghi storici della famosa industria fotografica, dove sorgevano le antiche officine, sul territorio dell'ottavo arrondissement di Lione, accanto al castello di famiglia.

La resa di colore delle lastre Autochrome Lumière non è propriamente fotografica nel senso che assegnamo oggi al termine. Infatti l'atmosfera che le riprese restituiscono si discosta dalla realtà oggettiva e sembra proporre un'interpretazione, piuttosto che la rappresentazione autentica delle tinte. Questa distorsione, che avvicina l'immagine fotografica al sogno, costituisce un valore specifico di queste lastre. All'effetto pittorico concorrono l'aspetto fisico e la gamma ad intonazione delicata della grana, insieme alla scelta dei soggetti.

Il lungo tempo di esposizione costringeva infatti a preferire pose rilassate e raffigurazioni che assumevano uno stile espressivo più vicino all'affresco che alla fotografia istantanea. La ripresa tendeva quindi a privilegiare generalmente la composizione di una sospensione statica, illuminata da un colore avvolgente, steso a minutissimi tocchi in punta di pennello.

La sensazione predomina in questo modo sulla percezione. L'emozione può svilupparsi più liberamente. Le originali funzioni di una tecnica artistica figurativa tendono così a prevalere sulla tecnologia fotografica, proprio grazie all'infedeltà creativa del materiale.

Nei primi Anni Trenta fu introdotta la commercializzazione di una variante del processo su pellicola, denominata Filmcolor. presto seguita dal "Filmcolor ultra-rapide " e "Lumicolor ultra-rapide" che sostituirono le Autochrome in lastra di vetro. Il lievito di birra prese il posto della fecola di patata consentendo di ridurre le dimensioni della grana e la sua opacità.

La rapida diffusione delle fotocamere per materiale fotosensibile in rullo decretò l'immediato successo del nuovo supporto che però si esaurì nel giro di pochi anni. Kodak aveva infatti iniziato a rendere disponibile, dal 1935, la *Kodachrome*, una nuova pellicola multistrato (*integral tripack*) di eccellente qualità per la fotografia a colori sottrattiva, d'impiego molto pratico e conveniente. L'anno successivo, il 1936, entrò in commercio l'*Agfachrome*. Da quegli anni iniziò l'epoca della fotografia a colori a diffusione popolare.

Ritratto di una giovane, in una ripresa stereoscopica amatoriale: Autochrome Lumiére 45 x 105 mm.

Riproduzione del dipinto "El billete" del pittore spagnolo Joan Cardona Lladós (1877-1957) eseguito su lastra Autochrome, misure 130x197 mm. La qualità della resa colore è qui particolarmente evidente.

I primi processi positivi a colori - 5.3.0

Uvachrom *(1918 - 1930 ca.)*

Questo procedimento fu sviluppato dal tedesco *Arhur Traube* (Berlino1878, New York 1948) che già aveva introdotto l'uso dell'isocianina (*isocyanine*) nelle emulsioni fotosensibili e studiato l'impiego del ferrocianuro di rame come mordente per applicazioni fotografiche. L'impiego dell'etil-isocianina con le lastre agli alogenuri d'argento, studiato da Traube insieme a Adolf Miethe nel 1902, aprì la strada alla produzione delle pellicole pancromatiche sensibili all'intero spettro visibile.

I materiali fotografici fino ad allora impiegati non avevano infatti sensibilità per l'arancio ed il rosso, ciò costituiva evidentemente un limite decisivo per la fotografia a colori. Il brevetto dei due scienziati, registrato nel 1903 consentì di produrre materiali di sensibilità estesa a colori che non potevano fino ad allora essere registrati. La Perutz di Monaco fu la prima azienda a produrre lastre pancromatiche.

Arthur Traube brevettò il procedimento *Uvachrom* nel 1916. Curiosamente la denominazione scelta dall'inventore è associata al suo cognome, che in italiano significa appunto "uva". Il processo è talvolta erroneamente identificato come "Uvachrome", con la "e" finale, forse per similitudine con la denominazione delle lastre Autochrome. Tuttavia la bibliografia originale d'epoca, in tedesco, impiega il termine Uvachrom, così come appare impresso sulle etichette delle lastre.

Traube fondò nel 1918 l'azienda *Uvachrom A.-G.f. Farbenphotographie, München* per valorizzare industrialmente la sua invenzione, che però non ebbe successo commerciale a causa del costo elevato e della complessità del trattamento. Questo genere di immagini fotografiche a colori richiede infatti complicati passaggi di lavorazione e risulta particolarmente critico per quanto riguarda l'allineamento a registro delle pellicole multistrato nei colori fondamentali.

L'aspetto complessivo è più luminoso delle Autochrome, ma la qualità del colore non è competitiva rispetto alle lastre dei Lumière, almeno così appare dagli esemplari attualmente sopravvissuti. Non è possibile escludere che ciò dipenda dall'alterazione subita dai coloranti con il trascorrere dei decenni.

Questo procedimento fu impiegato anche per la produzione di stampe a colori come cartoline ed illustrazioni, sempre con la denominazione *Uvachrom* ed in seguito, nel 1929, con quella di *Uvatype*. Arthur Traube era ebreo e pertanto nel 1933 fu costretto a lasciare la Germania nazista, cedendo le sue attività industriali.

Il processo Uvachrom si basa sul sistema sottrattivo di generazione del colore e comporta la sovrapposizione a registro di strati trasparenti della medesima immagine nei colori fondamentali. Il metodo prevede la realizzazione di negativi di separazione da cui si ricavano i corrispondenti positivi. Le immagini a base argento sono poi trattate con sbianca in ferrocianuro di rame come mordente per l'assorbimento dei colori. Dopo il fissaggio e l'essicazione, gli strati vanno posti a registro.

Il materiale Uvachrom fu caratterizzato da una bassa sensibilità e pertanto poco adatto alle riprese di ritratto, dunque ebbe un utilizzo prevalente nelle riproduzioni d'arte e nel paesaggio. Le lastre diapositive a colori Uvachrom sono a tutti gli effetti dei positivi unici e pertanto possono essere moltiplicate solo con la riproduzione fotografica.

L'impiego dominante delle lastre Uvachrome resta quello delle riproduzioni d'arte e, marginalmente, della ripresa di paesaggio.

La delicata modulazione dei toni, resa possibile dai negativi di separazione, consente di ottenere tenui variazioni luminose che altri processi colore non raggiungono.

Le immagini in Uvachrom sono particolarmente luminose in confronto alle Autochrome, che necessitano invece di una luce decisamente intensa per poter essere osservate in trasparenza oppure proiettate.

Le lastre Uvachrom originali sono identificabili dall'etichetta *Uvachrom A.-G.f. Farbenphotographie. München*. L'etichetta adesiva veniva applicata a conclusione del montaggio.

Negli esemplari riprodotti in queste pagine si osserva un assemblaggio di strati positivi in colore apparentemente composto solo da un accoppiamento rosso e ciano. Tuttavia nella lastra Uvachrom qui a sinistra si percepisce debolmente la presenza di tonalità gialle e verdi e dunque è possibile che lo strato giallo sia talmente indebolito da non risultare leggibile.

La definizione sarebbe decisamente a vantaggio delle Uvachrom, se il montaggio a registro perfetto dei positivi non fosse così critico. L'allineamento di ogni più minuto dettaglio dell'immagine, fino al livello massimo di ingrandimento, risulta infatti quasi impossibile.

Qui sotto, due dettagli ingranditi delle lastre Uvachrome precedenti. Si possono osservare parziali disallineamenti dei positivi a registro.

L'immagine appare come diacromia in cui sono evidenti gli strati ciano e rosso.

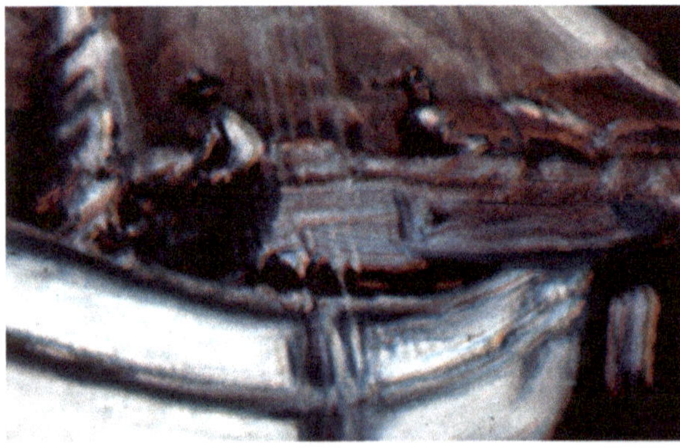

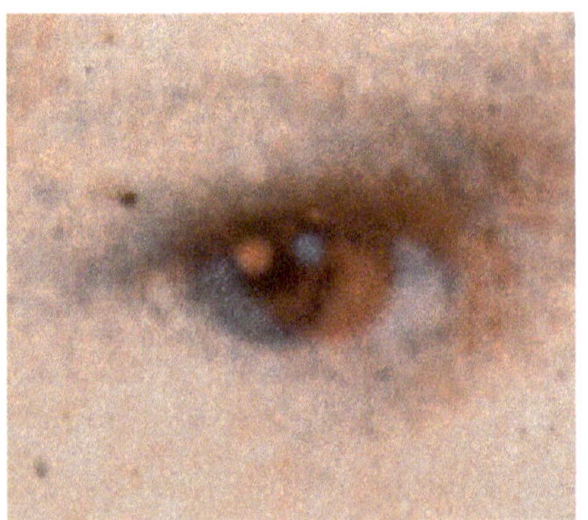

Paget - Finlay Colour   *(1913 - 1930 ca.)*

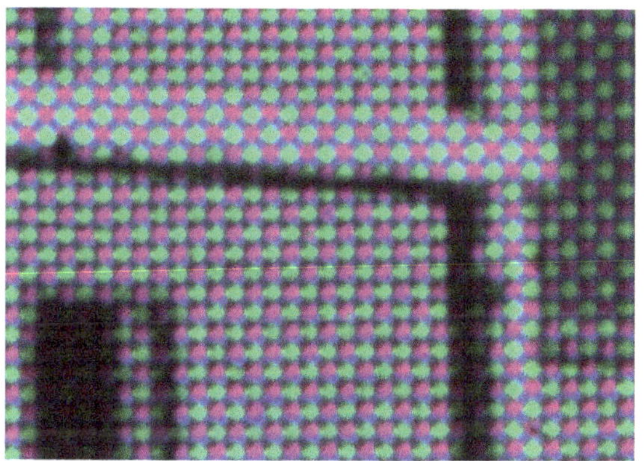

Matrice a retino di filtri colore Finlay Colour.
Il retino appare molto regolare e definito, ma
la definizione dell'immagine resta modesta.

Nel 1906 l'inglese Clare L. Finlay brevettò un processo per la fotografia a colori fondato, come quello dei fratelli Lumiére, sui princìpi della teoria del colore formulata nel 1861 da James Clerk Maxwell.

La struttura dell'immagine in rosso, verde e blu non è realizzata a dispersione, come nella grana Autochrome, ma utilizza un mosaico geometrico. La produzione di lastre con questo sistema iniziò nel 1908 con la denominazione di Thames Colour Screen.

Inizialmente il metodo prevedeva l'impiego dello schermo colore separato dalla lastra con l'emulsione, ma dal 1909 il filtro colore venne incorporato nella lastra.

Un successivo brevetto del 1912 di G.S. Whitfield diede luogo alla fabbricazione di lastre a mosaico di colori con la marca Paget Prize Plate Company, produzione che fu attiva dal 1913 al 1920. Dal 1929, fu commercializzata una nuova lastra per fotografia a colori con il metodo Finlay, denominata Finlay Colour. Questo materiale, per le sue caratteristiche, fu in competizione con le lastre Dufaycolor, anch'esse a matrice geometrica di colore. Il mosaico, poco visibile a occhio nudo, diventa però evidente con l'ingrandimento in proiezione, per cui la definizione è inferiore a quella offerta dalle lastre Autochrome, che però hanno una sensibilità inferiore.

Paradise Inn, Mount Rainer, Finlay Color Process. Lastra
colore 80 x 100 mm. L'alterazione delle tonalità prodotto
dal disallineamento delle matrici dei filtri è qui evidente.

Il processo Finlay Colour prevede una matrice di filtri accoppiata alla lastra fotosensibile con emulsione bianconero ed un separato schermo per la visione che viene accoppiato, dopo il trattamento con il positivo, per produrre l'immagine composita a colore rinforzato.

I problemi maggiori manifestati con il tempo dalle lastre Paget e Finlay consistono nel parziale distacco della matrice unita alla lastra e nel disallineamento degli schermi mosaico. Inoltre possono verificarsi alterazioni cromatiche tendenti al rosso-magenta.

Laghetto delle anatre a Point Defiance Park. Prova di ripresa e trattamento in
Paget Color Process eseguito dal Tacoma Camera Club. Lastra colore 80 x 100 mm.

Coppia di fotografie a colori realizzate in Dufaycolor e montate in lastrine da proiezione 8x8 cm.

I primi processi positivi a colori - 5.5.0

Dufaycolor

(1920 ca. - 1940 ca.)

Il francese *Louis Dufay* (1874-1936) brevettò il suo processo fotografico a colori nel 1908, chiamando inizialmente le sue lastre *Dioptichrom*.

Il materiale fotosensibile consiste in un fitto reticolo di tracce colorate nelle tinte primarie. Questo mosaico, chiamato *reseau*, funziona da filtro e restituisce la composizione del colore. Una conseguenza negativa è l'abbattimento dell'intensità luminosa che giunge allo strato fotosensibile pancromatico, per cui la sensibilità che caratterizzava questo materiale era estremamente ridotta. Inoltre la struttura a retino, per quanto fine, non consente di raggiungere una definizione elevata. La pellicola colore *Dufaycolor*, essendo diapositiva, veniva generalmente montata tra due vetri sigillati per poter essere visualizzata in proiezione. Il surriscaldamento del supporto che questo impiego comporta, ha talvolta causato seri danni alle immagini.

Pellicola Dufaycolor in montaggio slide da proiezione 82x82 mm. Soggetto: "Up Great Langdale".
Il fotogramma fa parte di una serie di riprese del 1937.

La prima fase della produzione industriale durò pochi anni e riprese solo dopo la prima guerra mondiale nel 1920, con la *Versicolor*, nel cui stabilimento si produsse il materiale sensibile in film colore denominato *Versicolor-Dufay*. L'azienda ebbe varie vicissitudini commerciali che portarono la proprietà in Inghilterra: *Spicer-Dufay* nel 1932, *Dufaycolor Ltd* nel 1933, *Dufay-Chromex Ltd* nel 1937.

Il periodo di produzione del materiale *Dufaycolor* è sostanzialmente coincidente con quello dell'Autochrome. I due processi avevano pregi e difetti differenti, ma il successo commerciale fu decisamente a favore del materiale Lumière.

Pellicola Dufaycolor montata sotto vetro 8x8 cm con dettagli del *reseau* progressivamente ingranditi.

Cuscinetto
Cushion pad
Astuccio
completo
Full case
Fondo dell'astuccio
Guarnizione
Pinch-pad
Coperchio in
papier-mâché
impresso a rilievo
Mezzo astuccio
Half case
Lastra : plate
Vetro di protezione
Cornice : preserver
Riquadro : mat
Elementi di montaggio
di un astuccio fotografico

Montaggio e presentazione - 6.1.0
L'astuccio fotografico: Case

L'astuccio fotografico è la forma di conservazione e presentazione classica per il dagherrotipo e per l'ambrotipo. Esso si dimostrò perfettamente valido come protezione per le delicatissime lastre a positivo unico. Appoggiato semiaperto sugli elementi d'arredo di casa, era adatto per esporre le immagini. Era infatti indicato per riporre e trasportare in sicurezza le fotografie.

Gli astucci per le immagini realizzate in dagherrotipia vennero inizialmente prodotti da aziende artigianali che già realizzavano eleganti custodie per gioielli e regali di prestigio. Gli strumenti, le conoscenze, i materiali e le maestranze necessari per realizzare le preziose scatole foderate per le gioiellerie potevano essere agevolmente riconvertiti per le nuove crescenti richieste del mercato fotografico. Un numero ristretto di stabilimenti sviluppò l'attività al punto di coprire il fabbisogno di intere aree nazionali. I primi astucci rigidi per dagherrotipi furono realizzati utilizzando una grande varietà di materiali: corno, madreperla, legno e pellame.

La produzione in serie ebbe modo di manifestare, in questo particolare settore, tutta la convenienza di lavorazioni specializzate e razionalizzate, con una rigida successione di interventi da parte dei lavoratori, che acquisivano una particolare raffinata abilità nell'esecuzione di una precisa mansione. Fu questa nuova organizzazione del lavoro a consentire la commercializzazione di prodotti di elevata perfezione estetica, a costi contenuti ed accessibili a larghe fasce di popolazione.

La lavorazione degli astucci veniva effettuata in stabilimenti che potevano occupare anche decine di operai ed operaie specializzati in falegnameria, lavorazione di tessuti, metalli, cuoio e resine termoplastiche. La caratteristica che accomunava tutta la produzione di questi pregiati manufatti era la massima precisione di confezione. Le tolleranze di lavorazione dovevano essere estremamente ristrette per consentire il corretto adattamento delle diverse parti. L'astuccio doveva infatti richiudersi perfettamente, senza antiestetici scostamenti.

Due incisioni tratte dal catalogo E. & H.T. Anthony, produttore di materiali per confezioni fotografiche.

Campioni di astucci fotografici in legno

1

2

3

4

5

6

7

8

9

Fondo di astuccio a tre elementi. Miglioria introdotta nel 1849 per compensare le deformazioni.

Ancora oggi, a distanza di un secolo e mezzo, possiamo osservare in questo manufatto l'assenza di deformazioni e disallineamenti. La scatola veniva costruita sulla base di un modello dalle dimensioni precisamente corrispondenti alle varie misure dei dagherrotipi già sigillati e montati con riquadro mat e cornice preserver.

Gli astucci fabbricati fino verso la fine del 1850 erano prodotti in legno di pino, facile da lavorare ed economico. Fondo e coperchio furono inizialmente realizzati con un pezzo unico, assottigliato verso i margini e più spesso nella parte centrale. Questa scelta comportava la possibilità di deformazioni per il naturale ritiro del legno. A partire dal 1849 fu introdotto un miglioramento decisivo con la fabbricazione di piastre in legno a tre elementi. Il pezzo centrale fu disposto con le fibre nel senso del lato maggiore dell'astuccio, mentre le fasce in testa ed in piede furono orientate con le fibre in senso trasversale per compensare le eventuali tensioni di deformazione del legno.

Le quattro listerelle incollate lungo i bordi ebbero inizialmente le estremità tagliate a 45° nel punto di unione sugli angoli. In seguito fu adottato anche l'incastro a tenone e mortasa per accrescere la resistenza della costruzione. Tuttavia per la resistenza meccanica dell'insieme è fondamentale il ruolo della guarnizione *pinch-pad*. I quattro segmenti che delimitano la struttura del telaio sono infatti saldamente incollati alla parte interna della guarnizione. Questo è l'elemento che sopporta la pressione prodotta dall'inserimento dell'immagine montata nella cornice preserver.

Astuccio Pretlove.

Il pinch-pad consiste in una striscia di carta o tessuto collato rivestito in velluto. I fabbricanti degli astucci in legno e rivestiti in pelle con decorazioni a rilievo non sempre imprimevano il loro marchio ed il nome rilevato sugli astucci non può essere ritenuto come quello dell'artigiano, spesso un dipendente dello stabilimento, che creò quel particolare disegno.

Tuttavia sono noti alcuni nomi di produttori che "firmavano" gli astucci: *William Shew, David Pretlove, Anthony Paquet, Charles Loekle, Benjamin True, Gaskill & Copper*.

Gli astucci più antichi furono decorati con disegni molto lineari, eventualmente solo un profilo dorato semplice o doppio. In seguito furono impressi a rilievo motivi geometrici. La finissima pelle in marocchino, in varie tonalità di marrone, rosso cupo o vinaccia scura, fu progressivamente sostituita da più economiche soluzioni in carta pressata e laccata o tessuto.

Tuttavia il materiale che resta associato al periodo di maggior fortuna della produzione degli astucci fotografici è la resina termoplastica.

La denominazione inglese *daguerreotype case* nacque dai primi astucci in legno rivestito in pelle e realizzati per il montaggio dei dagherrotipi. Seguendo i criteri di identificazione e catalogazione comunemente adottati negli USA, *daguerreotype case* è un astuccio fotografico realizzato in qualsiasi materiale, mentre *Union Case* è considerato, per estensione del termine commerciale, l'astuccio in resina termoplastica. Il termine Union viene quindi riferito all'intera categoria di astucci fotografici termoplastici.

Daguerreotype case in legno di Myron Shew, Philadelphia.

La denominazione "Union" non ha origini patriottiche ma si riferisce semplicemente all'amalgama dei componenti che è appunto un'unione di sostanze. Le resine termoplastiche si rivelarono particolarmente adatte per questo nuovo impiego. Inizialmente furono usati materiali plastici come l'ebanite, creata da Thomas Hancock nel 1843, ed il *bois durci*, materiale di origine animale brevettato nel 1856 da Francois Charles Lepage.

Un astuccio Union si presenta con una superficie dura e generalmente lucida. È abbastanza pesante in relazione alle dimensioni dell'oggetto. Le antine sono unite da snodi a due cerniere. La chiusura è generalmente ottenuta con un pulsante meccanico a scatto, con sgancio a pressione.

L'adozione delle resine termoplastiche per il montaggio dei dagherrotipi consentì di rafforzare la connotazione di valore ed unicità artistica dell'oggetto. Le caratteristiche del materiale permettevano infatti di ottenere rilievi di elevata qualità, profondità e finezza.

Le decorazioni a rilevo che ornano gli astucci erano ottenute da matrici inizialmente a disegno geometrico, poi sempre più elaborate, giungendo allo sviluppo di temi floreali e di gusto vittoriano, fino a rappresentazioni figurative più complesse di cultura familiare, storica e mitologica.

Le aziende di maggior prestigio nella produzione degli astucci fotografici chiamarono famosi artisti del tempo a disegnare le decorazioni degli astucci fotografici da produrre in serie.

Molti testi di storia della fotografia indicano nella guttapèrca (gutta-percha) il materiale impiegato per la fabbricazione dei primi astucci fotografici termoplastici.

Esempi di astucci in resina termoplastica tipo *Union Case* con decorazioni a rilievo.

La guttapèrca rappresenta una delle prime resine termoplastiche prodotte industrialmente. Tuttavia il suo impiego nella fabbricazione degli astucci fotografici è controverso: esperti come Floyd Rinhart e Paul K. Berg dichiarano convinzioni divergenti. Resta comunque documentato che già in occasione della Great Exhibition del 1851, a Londra, la *Gutta Percha Company* aveva presentato quadri di montaggio per dagherrotipi fabbricati con questo nuovo materiale.

Gutta Percha è la specifica denominazione dell'azienda produttrice e dunque è il nome proprio del marchio. La popolarità presto raggiunta da questo materiale fece in modo che il nome commerciale fosse adoperato comunemente, come termine generico. La materia prima è costituita dal lattice della pianta "Isonandra Gutta" (ora a rischio di estinzione a causa dello sfruttamento) e da altre specie del medesimo ordine, originarie dell'arcipelago malese e particolarmente dell'area di Singapore. Il chirurgo militare inglese dott. *William Montgomerie*, in servizio nelle Indie, ne osservò le proprietà e ne diffuse la conoscenza a partire dal 1842. Il lattice viene raccolto e lavorato in modo simile al caucciù, ma il prodotto finale risulta più rigido di quest'ultimo.

La guttapèrca tende a manifestare, con il trascorrere dei decenni, vari problemi: è poco resistente all'ossidazione e all'esposizione alla luce solare e, con il tempo, la sua superficie diventa porosa e può sfaldarsi. La resina termoplastica è un polimero di isoprene. Questo materiale fu largamente impiegato nel corso di tutta la seconda metà dell'Ottocento e particolarmente apprezzato per la produzione delle palle da golf e per l'oggettistica legata alla moda. Le sue ottime caratteristiche di isolante elettrico furono sfruttate, a quel tempo, per la realizzazione dei cavi transoceanici.

Oggi risulta impiegato marginalmente in odontoiatria e per altre rare applicazioni scientifiche.

La *Wadham's Manufacturing Company*, attiva negli anni successivi al 1850 a Torrington, Connecticut, fu tra le prime fabbriche di astucci.

La sua modesta e commercialmente sfortunata produzione fu caratterizzata dall'impiego dell'aggancio di chiusura brevettato da *Kingsley & Parker*.

Pioniere della produzione di astucci fotografici in resina fu *Samuel Peck*. Egli avviò uno studio di fotografo dagherrotipista nel 1848 a New Haven, Connecticut, in società con *William Augur Tomlinson* e *Phineas Pardee*.

Nel 1845 Peck rilevò interamente la proprietà proseguendo fino al 1850, anno in cui iniziò la produzione di astucci.

Astucci termoplastici Union Case da ¹/6 di lastra.

Sebbene Samuel Peck abbia iniziato a sperimentare l'impiego delle materie termoplastiche fin dal 1852, il suo primo brevetto di applicazione relativa agli astucci è dell'ottobre 1854.

I brevetti di Samuel Peck e di suo cognato Halvor Halvorson coprivano la fabbricazione dell'astuccio termoplastico prodotto con un composto di fibre di legno, colorante e shellac, sostanza resinosa secreta dalla femmina dell'insetto *Laccifer Tachardia*, originario dell'India. Lo stabilimento fu attivo fino al 1860, anno in cui subentrò la Scovill Manufacturing Co. di Waterbury.

Alfred Critchlow, attivo in Florence, Massachusetts, sviluppò il suo processo di produzione di astucci fotografici termoplastici fin dall'anno 1852. Critchlow rivendicò in seguito di essere l'inventore della composizione originale del materiale con cui sono realizzate le Union Case, ma i suoi brevetti sono successivi a quelli di S.Peck.

Lo stabilimento *A.P. Critchlow Co.* fu attivo dal 1853 e fino al 1858, anno in cui la proprietà passò a David G. Littlefield. L'azienda mutò perciò la denominazione in *Littlefield, Parsons & Co.*

Questa manifattura produsse una varietà di forme destinata a rimanere ineguagliata: circa 400 tipi di *Union Case*, rispetto ai quasi 1200 modelli noti e classificati di tutta la produzione storica americana. Dal 1866, quando l'epoca delle immagini in astuccio era ormai al tramonto, l'azienda assunse la denominazione *Florence Manufacturing Co.*

Nel 1853 iniziò la sua attività un'altra importante azienda per la manifattura di astucci fotografici, costituita dalla società di *Holmes, Booth & Haydens*. La particolarità della sua produzione consiste nella realizzazione di astucci colorati. Di norma la tinta degli union case è bruna e presenta varietà di marrone scuro, con intonazioni calde oppure fredde. Holmes, Booth & Haydens produssero invece anche astucci con tonalità grige, verde bottiglia, nocciola, senape e terra di Siena.

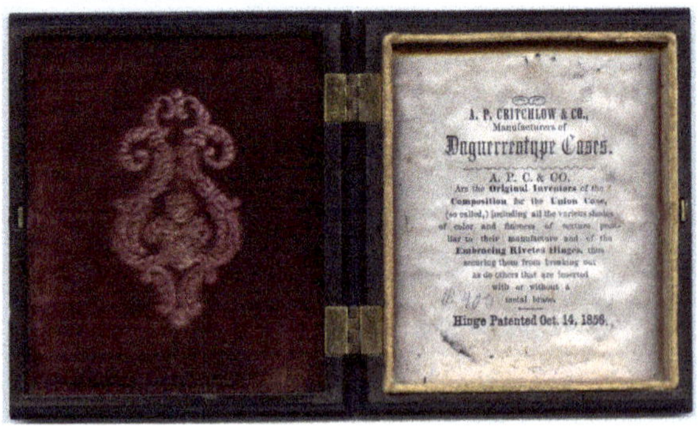

In alto: un astuccio Union Case della Holmes, Both & Haydens', Waterbury.
Sotto: «A.P. Critchlow & Co., Manufacturers of Daguerreotype Cases. A.P.C. & Co. are the Original Inventors of the Composition for the Union Case, (so called,) including all the various shades of color and fineness of texture peculiar to their manufacture and of the Embracing Riveted Hinges, thus securing them from breaking out as do others that are inserted with or without a metal brace. Hinge Patented Oct.14, 1856.»

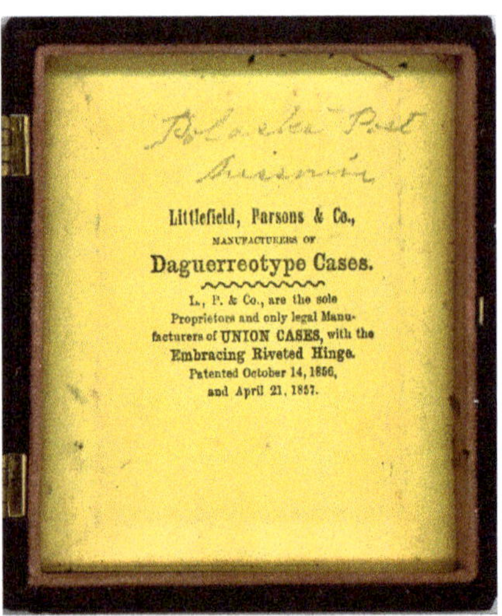

Astuccio Littlefield, Parsons & Co.

Gli astucci fotografici sono di regola rettangolari. J.L. Baldwin brevettò la confezione a scatola tonda, nota col nome di "oreo", il cui coperchio viene serrato ed aperto a vite, con un breve movimento di torsione. Altri stabilimenti di successo nella manifattura degli astucci furono Levi Chapman e Francis Key. Lo stabilimento di E. & H.T. Anthony fu tra quelli di maggiore importanza commerciale. Gli astucci termoplastici tipo Union Case sono un oggetto fotografico quasi esclusivamente americano. Il solo fabbricante europeo noto è John Smith, attivo a Brimingam. Egli registrò modelli di astucci tra il 1850 ed il 1860. I suoi prodotti appaiono i soli in cui nome e data di brevetto appaiono impressi sull'astuccio.

Le immagini fotografiche montate in astuccio richiedevano l'assemblaggio di parti talvolta prodotte da diverse manifatture: lastra, astuccio, preserver, mat... Poteva poi accadere che nel corso degli anni in cui i dagherrotipi e gli ambrotipi furono effettivamente impiegati, maneggiati ed esposti, si verificassero danni di varia natura. Ciò costringeva a riassemblarli in montaggi che talvolta utilizzavano pezzi di ricambio che provenivano da altri astucci, anche più antichi, che venivano così "cannibalizzati".

Esempi di ganci di chiusura

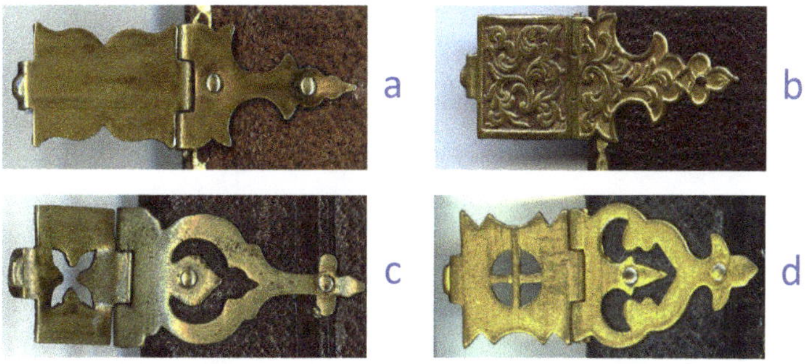

Esempi di aganci di chiusura per astucci in legno ed in pelle.

Astucci fotografici in legno decorati con impressioni a rilievo a carattere floreale, 1850 circa.

Gli astucci classici per dagherrotipi ed ambrotipi furono prevalentemente costruiti in legno rivestito di pelle tipo marocchino, come nell'esempio in alto a sinistra, e prodotti fino ai primi anni successivi il 1850. Gli astucci a rilievo più elaborati furono impressi con decorazioni a rilievo su rivestimento in cartapesta (papier-mâché) verniciata. Tra il 1850 e 1860 circa vennero prodotti raffinati astucci con inserti in madre-perla e colori a olio, applicati a mano su fondo laccato nero, come nell'esempio in alto a destra.

Astuccio americano per dagherrotipo, ripiegabile a portafoglio; modello da tasca adatto al trasporto. Costruzione in legno, cartone e pelle con chiusura a molla. Il rivestimento esterno è in velluto con applicazione agli angoli di guarnizioni in ottone stampato con decorazioni a rilievo.

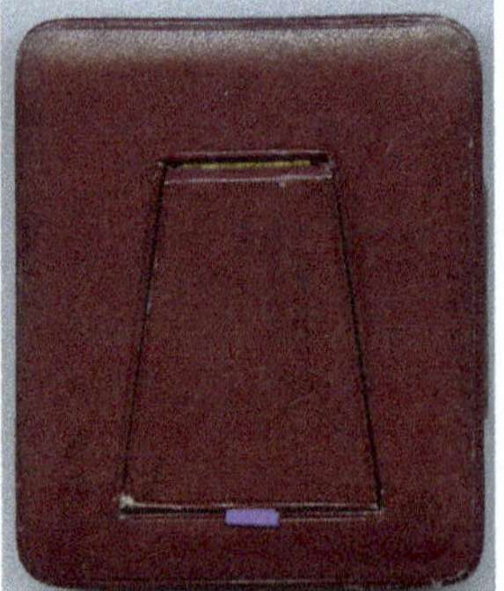

Astuccio inglese per esposizione come soprammobile e da viaggio. Spesso usato per fotoceramiche. Rappresenta un modello al tramonto dell'epoca delle immagini in astuccio, anni di inizio Novecento.

I cuscinetti: Pad

Negli astucci fotografici l'immagine montata è inserita nell'alloggiamento dell'antina a destra. L'interno del coperchio, a sinistra, è imbottito con un cuscinetto (*pad*) in tessuto. Le funzioni di questo elemento, al di là della finalità decorativa, sono molteplici. In primo luogo serve per mantenere in posizione il montaggio dell'immagine e per accrescere la sicurezza in caso di eventuali urti. In secondo luogo offre uno schermo alla luce durante l'osservazione dell'immagine. Ciò è particolarmente importante in relazione ai dagherrotipi, perchè un pannello opaco che protegga dall'illuminazione diretta, produce un'ombra uniforme sulla lastra argentata e permette una buona visione anche in condizioni ambientali non ottimali.

I cuscinetti degli astucci più antichi sono generalmente in seta, raso o comunque in fine tessuto liscio. Le tinte sono solitamente in tonalità scure: rosso cupo e mattone, a volte con variazioni più brillanti verso il giallo e l'arancione. Rari sono i colori freddi come l'azzurro ed il verde scuro. Dopo i primi anni 1840 si afferma l'imbottitura dell'antina in velluto, sempre in colori caldi e scuri, data la funzione di schermo antiriflettente richiesta al cuscino. Dopo il 1850 si impongono i cuscini goffrati con impressioni a caldo di vari disegni, inizialmente piuttosto elementari, in posizione centrale, con semplici volute geometriche o d'ispirazione floreale. Dopo il 1855 circa i disegni diventano sempre più complessi, con intrecci di foglie, fiori ed elementi figurativi come vasi, fontane ed uccelli, fino a rappresentare scene graficamente molto elaborate.

Astuccio in legno e pelle marocchino, con cuscinetto interno in velluto goffrato a disegno elaborato.

Campioni di cuscinetti - 6.2.1

1

2

3

4

5

6

7

8

9

10

11

12

13

14

15

16

17

18

19

20

21

22

23

24

25

26

27

28

29

30

31

32

Dagherrotipo da ¹/6 di lastra montato in astuccio. Confezione: 82 x 108 mm. Lastra 78 x 102 mm.

I riquadri: Mat

Il riquadro (*mat*) è un elemento di assemblaggio caratteristico delle immagini fotografiche a positivo unico confezionate in astuccio. Consiste in un piccolo passepartout che inquadra graficamente in una finestra la lastra sottostante, posta a suo diretto contatto. Il vetro di protezione sta appoggiato sul mat e l'insieme va accuratamente sigillato con un nastro in carta. Tra riquadro e lastra, può essere eccezionalmente inserito un cartoncino morbido di interposizione.

Nei primi anni dell'epoca dell'immagine in astuccio, gli eleganti riquadri mat in ottone erano sconosciuti e si impiegava un cartoncino leggero o addirittura un foglio di carta con profilo dorato. Agli inizi, la decorazione del profilo fu eseguita con semplici linee disegnate a mano, impiegando inchiostro di china.

Il contatto diretto della finestra in carta produsse, col trascorrere del tempo, inevitabili alterazioni chimiche nell'area del contatto con la superficie della lastra. Inoltre la soluzione apparve esteticamente meno brillante di quella offerta dai raffinati riquadri in metallo dorato che presto furono introdotti.

I primi riquadri mat metallici furono realizzati per tranciatura da lastre di ottone relativamente spesse. In seguito il profilo interno fu lavorato in modo da risultare smussato con angolazione verso l'interno. Nella seconda metà dell'Ottocento si affermò la produzione di mat stampati su lastra sottile, adatta ad essere impressa in rilievo con sofisticate modellature. I riquadri mat vennero fabbricati con varie modalità di lavorazione, molte delle quali furono brevettate.

Esiste un'estesa varietà di forme: ovali, ellittiche, a volute semplici o elaborate, singole, multiple. I riquadri furono prodotti in ottone, dorati a fuoco, a freddo, incisi, impressi a rilievo, stampati con varie tecniche. Anche la superficie subiva un accurato trattamento di finitura satinata, ghiaccio, granulata, a trama. I mat furono considerati un elemento determinante ai fini del pregio estetico della confezione delle immagini in astuccio.

Da sinistra verso destra: lastra con l'immagine; eventuale cartoncino distanziatore; riquadro mat; montaggio completo con preserver e vetro di protezione.

Il cliente finale poteva sceglierli tra una varietà di proposte che avevano costi di acquisto molto differenziati. I modelli più prestigiosi erano oggetto di specifici brevetti e pertanto venivano marcati dal fabbricante per accrescere il prestigio di quello che era considerato un oggetto di moda.

Esattamente come oggi si apprezza una firma famosa sugli accessori d'abbigliamento di lusso, il punzone di un celebre studio, della Galleria di un rinomato dagherrotipista, di un noto fabbricante o importatore, sottolineava il valore dell'oggetto fotografico.

Tipologie di profilo delle finestre mat - 6.3.1

A

B

C

D

E

F

G

H

I

L

M

N

O

P

Q

R

Campioni di riquadri mat in carta - 6.3.2

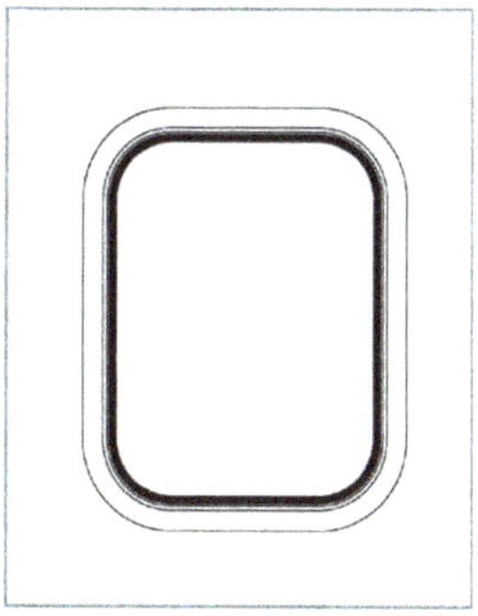

I

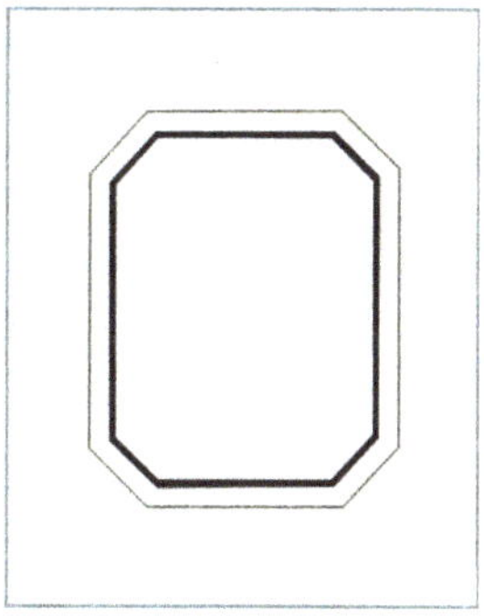

II

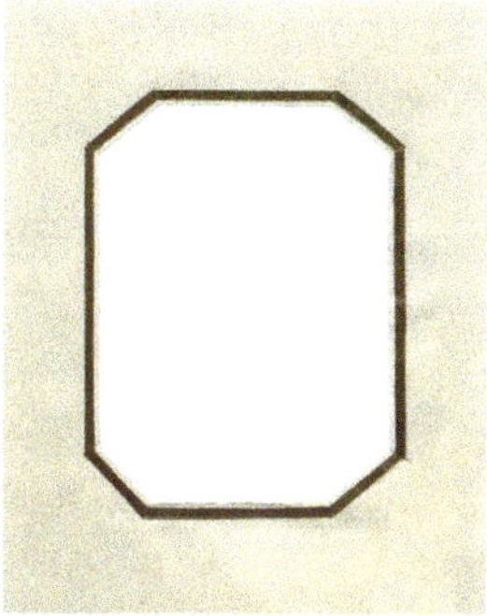

III

IV

V

VI

VII

VIII

IX

X

XI

XII

XIII

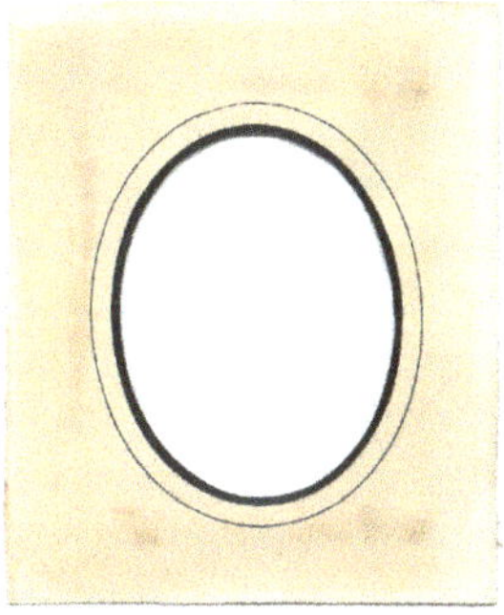

XIV

XV

XVI

Campioni di riquadri mat in ottone - 6.3.3

G01

G02

G03

G04

G05

G06

G07

G08

G09

G10

G11

G12

G13

G14

G15

G16

B01

B02

B03

B04

F01

F02

F03

L01

L02

L03

L04

L05

L06

L07

L08

L09

Le pagine precedenti presentano modelli di riquadri mat riuniti seguendo diversi criteri.

A pagina 274 (sezione 6.3.1) sono raccolte le tipologie di profilo di apertura finestra mat. L'idea è quella di proporre una classificazione delle forme in modo che sia possibile identificarle con un una lettera. Il rettangolo arrotondato è dunque definito come forma "F", mentre l'ovale corrisponde alla forma "G".

Le sagome sono considerate secondo un principio generale di aggregazione, per cui la finestra ad arco è indentificata dalla lettera "B" anche se esistono varianti del profilo di curvatura. La serie è composta iniziando dai mat più antichi, anni 1840 circa, procedendo verso la fine degli anni 1850 e tenendo conto di una certa omogeneità di forma elementare. Non è rappresentato il rarissimo profilo "S", che ha la forma di scudo gotico ⌂ invertito.

Riquadro mat ad arco. Sagoma di apertura finestra tipo "B".

A pagina 275 (sezione 6.3.2) sono riuniti i campioni più significativi di riquadri mat in carta, identificati con una serie di numeri romani. Le finestre in carta sono caratteristiche degli albori della dagherrotipia, fino verso l'anno 1845. I mat in carta sono talvolta definiti come "tipo Philadelphia", in relazione all'area di maggiore diffusione in America. Sono comunque caratteristici dei montaggi del primissimo periodo anche in Europa e particolarmente in Francia ed in Europa Centrale.

Le pagine 276 e 277 (sezione 6.3.3) presentano una selezione di mat in ottone senza pretesa esaustiva, al fine di mostrare un campionario comunque significativo dell'enorme varietà di modelli che furono prodotti. La clientela di un fotografo ben fornito di assortimento poteva scegliere tra un'estesa gamma di abbinamenti per comporre l'insieme: astuccio, mat, preserver.

I primi mat brevettati erano punzonati sull'angolo della piastra tranciata, dove è possibile talvolta rilevare anche il marchio dello studio fotografico. I mat a lastra sottile stampata, di epoca successiva, furono invece marcati lungo i margini esterni.

Esempi di punzonature su riquadri mat.

Montaggio e presentazione - 6.4.0
Le cornici: Preserver

Fino agli anni immediatamente successivi il 1840 i montaggi dei dagherrotipi prevedevano l'impiego di riquadri mat o passepartout, ma non l'uso di una ulteriore cornice che chiudesse i margini del pacchetto di confezione. Il telaio metallico di completamento, denominato in inglese *preserver*, cominciò ad essere utilizzato dagli anni successivi al 1845 circa.

Le prime cornici in ottone furono realizzate per impressione a stampa con disegni geometrici abbastanza lineari, anche se comunque caratterizzati da una certa finezza. Dopo il 1850 divennero progressivamente più sofisticati, fino a giungere ad un livello di eleganza quasi barocca.

Il materiale di partenza è il foglio laminato di una lega di ottone (rame, zinco e stagno) che poteva variare per qualità, composizione e trattamento superficiale di finitura. Le diverse lavorazioni permettevano di ottenere un aspetto brillante con diverse tonalità di colore oro. Le cornici di maggior pregio potevano essere impreziosite con la doratura.

Lo scopo pratico di applicazione della cornice preserver, oltre all'evidente risultato estetico, è quello di fissare l'insieme della confezione e di nascondere i margini vivi di montaggio dell'accoppiamento vetro-mat-lastra.

Esempi di cornici preserver. All'esterno, da ¹/6 di lastra; all'interno da ¹/9 di lastra ed un altro angolo di preserver.

Sul perimetro resta infatti inevitabilmente visibile il bordo del nastro usato per sigillare la piastra del dagherrotipo.

La cornice racchiude invece l'intero insieme, accrescendo l'effetto di profondità di tutta la presentazione. Inoltre, un'ulteriore positiva conseguenza è l'incremento di resistenza meccanica nel caso di urti.

La cornice preserver può essere anche molto elaborata sul profilo visibile, ma sui fianchi presenta semplicemente le quattro alette lisce destinate ad essere ripiegate per chiudere il pacchetto di confezione fissato dal nastro di sigillatura.

Il preserver ha solitamente uno spessore di 0,1 mm ca. e il lamierino si lascia facilmente deformare, mantenendo la sagomatura. Gli angoli sono i punti più delicati perchè maggiormente soggetti a deformazione nel montaggio.

Campioni di cornici preserver - 6.4.1

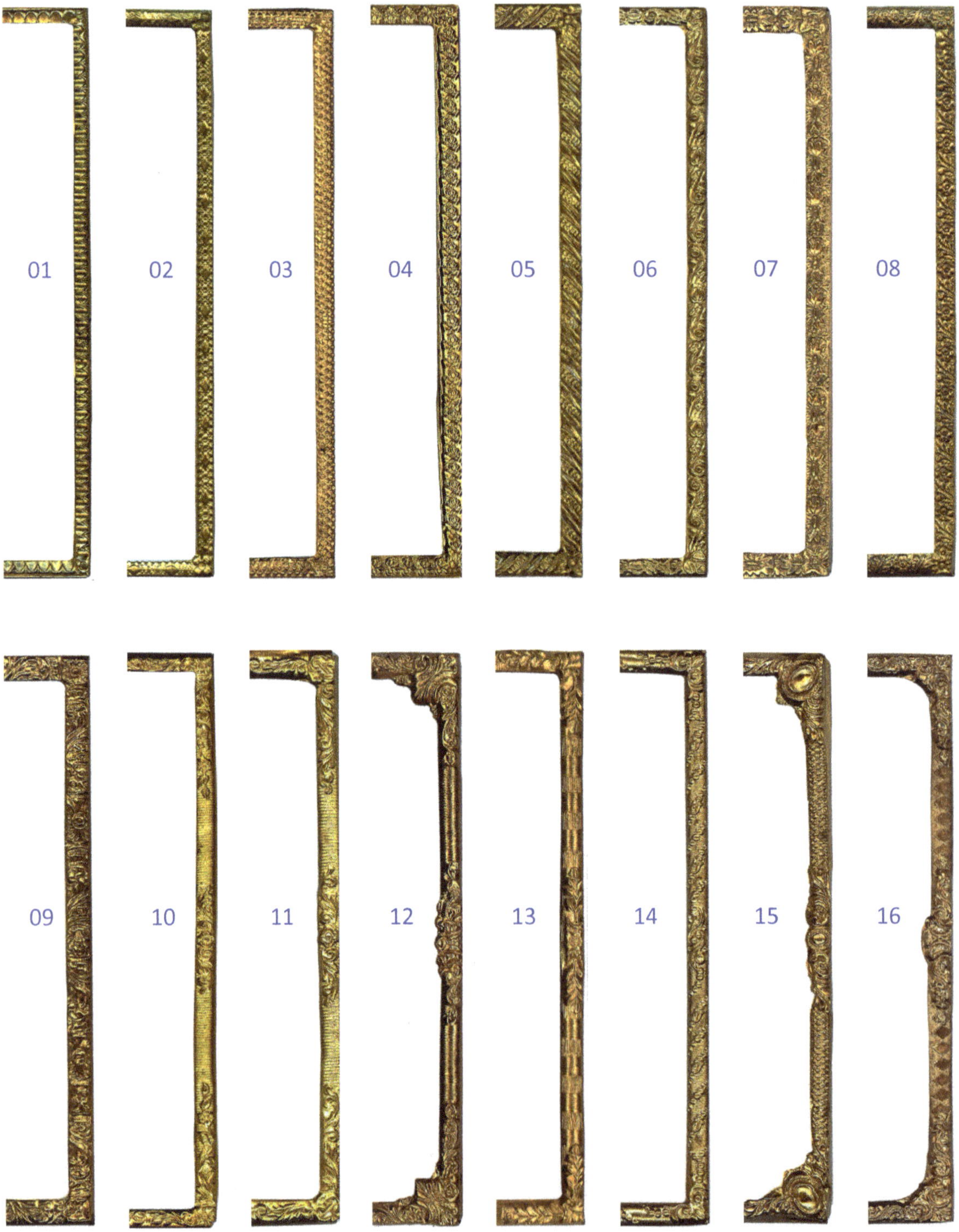

01 02 03 04 05 06 07 08

09 10 11 12 13 14 15 16

Montaggio e presentazione - 6.5.0
I biglietti promozionali

Accoppiato al dorso delle lastre inserite in astuccio, talvolta il fotografo inseriva un cartoncino pubblicitario con le informazioni relative allo studio ed al suo indirizzo, eventualmente indicando i costi del servizio. Si tratta sostanzialmente di biglietti da visita a stampa, di misura adatta ad essere montati insieme al preserver. Ciò serviva per promozionare l'attività, qualora i clienti desiderassero avere un riferimento, nel caso volessero raccomandare il fotografo ad altre persone di loro conoscenza.

Questi cartoncini sono stati spesso rimossi e sono quindi andati dispersi. Le informazioni che possiamo raccogliere dai biglietti promozionali possono rivelarsi molto utili per ricostruire la storia di uno studio fotografico.

I grandi studi fotografici americani promuovevano la loro attività anche attraverso gettoni metallici di aspetto simile a monete di corso legale. Questi medaglioni pubblicitari (*token*), variamente decorati, solitamente con l'aquila statunitense sul recto, riportavano l'indirizzo e celebravano gli eventuali riconoscimenti ottenuti dal fotografo.

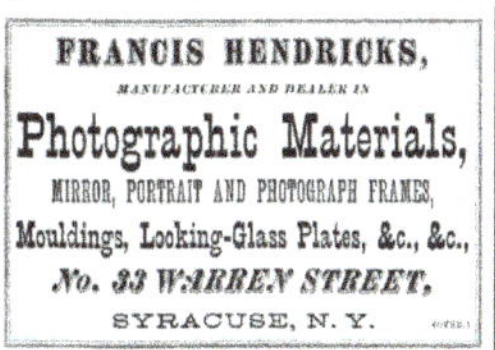
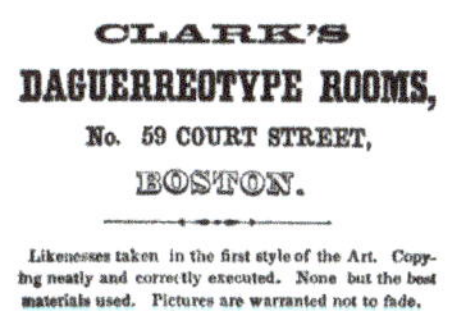

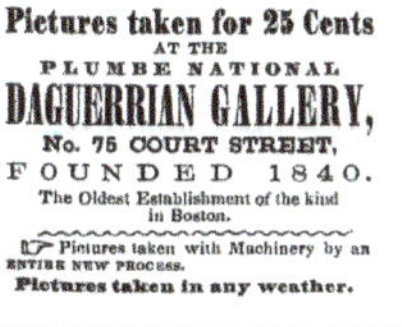

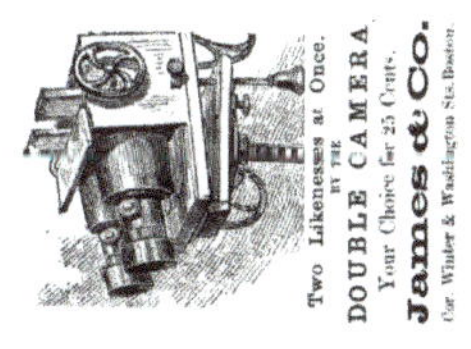
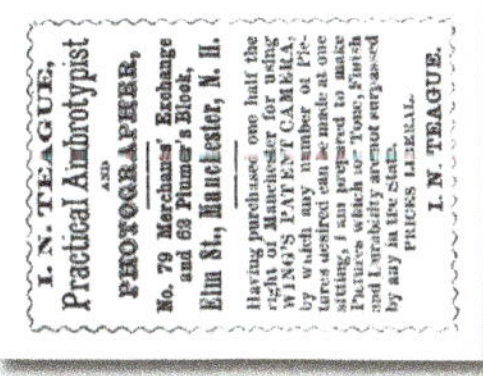

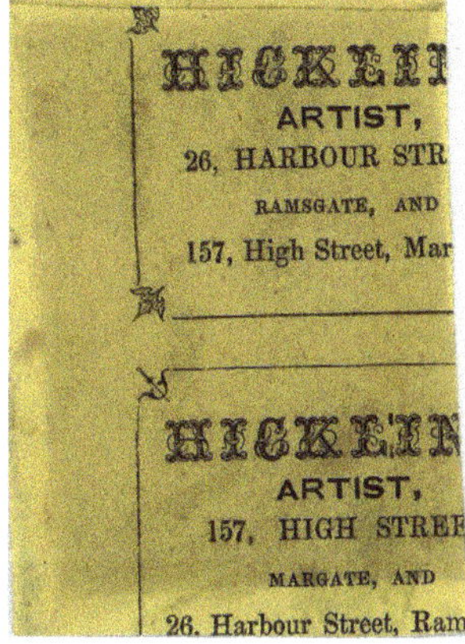

Elaborata cornice ovale francese, decorata a rilievo con motivi floreali.
Realizzazione in legno e gesso. L'etichetta sul dorso recita:
«DAGUERREOTYPE / Au Jardin Turc, Boulevart du Temple, N.31 *[aggiunto a penna: N.33]*/
depuis 10 ans, / au fond du Jardin à droite, entrée libre. / FLECHEUX, /
Portrait cloriés de toutes grandeurs, à prix modéré. /
On se transporte en ville pur les personnnes décédées./
Fabrication spéciale d'appareils pour le Daguerréotype et tous ses accessories,
tels que plaques, passapartouts, écrins et cadres en tous genres. /
FAI LA COMMISSION. / PARIS.»

Montaggio e presentazione - 6.6.0
I montaggi da parete

I montaggi in quadretto da collocare affissi a parete, quale elemento di decorazione ed arredamento, iniziarono ad essere adottati dopo i classici montaggi in astuccio. L'esposizione prolungata alla luce risultava infatti controindicata per i dagherrotipi in genere. Il sistema di conservazione più adatto risultava quello in astuccio, perché questo tipo di confezione prevedeva una sigillatura sufficientemente efficace per proteggere la lastra dal contatto diretto con l'ambiente. Inoltre permetteva di mantenere al buio l'immagine quando non fosse necessario esibirla. L'instabile delicatezza della superficie fotografica richiedeva un'installazione elaborata che si affermò con maggiore popolarità in Europa. Per questo le confezioni in quadretto da parete sono spesso definite come montaggi europei o *french frame*.

In America ed anche in Inghilterra la confezione in astuccio continuò a prevalere per tutto il periodo in cui si produssero dagherrotipi ed ambrotipi, ma non mancarono esempi di montaggi da parete. Gli astucci in resina tipo Union Case erano particolarmente apprezzati per la possibilità di ottenere raffinate decorazioni modellate a rilievo, stampando in serie industriale, con la convenienza economica che questo processo consentiva. Anche i montaggi in cornice furono dunque realizzati in questo modo, che consentiva di presentare le immagini nel consueto assemblaggio con mat e preserver, semplicemente inserendole con una guarnizione nel quadretto prodotto in resina termoplastica.

Quadretto stampato in resina termoplastica con decorazioni a rilievo.
Produzione SMITH'S PATENT IMPROVED UNION CASE. Sul verso è visibile l'impressione che dichiara trattarsi di una cornice brevettata.

Il dagherrotipo, qui da ⅙ di lastra, nella classica confezione con mat e preserver, è inserito a pressione nell'alloggiamento interno e fissato con una guarnizione (pinch-pad) di cartone e velluto.

Queste prime antiche resine termoplastiche, sono soggette ad alterazioni di varia natura e tendono a deformarsi ed a sbriciolarsi con il trascorrere dei decenni.

Confezioni per presentazione a parete con riquadro mat in metallo: a sinistra di area americana;
qui sotto di provenienza inglese.

I montaggi da parete con mat e preserver, generalmente di area anglosassone, prevedono semplicemente
l'inserimento nell'apposito alloggiamento, eventualmente con la guarnizione pinch-pad.
I quadretti più semplici sono costituiti soltanto da un *half case* con gancetto per appenderli a muro.

Le confezioni europee tipo *french frame* sono invece decisamente più complesse. Gli elementi principali
del pacchetto di montaggio sono: un passepartout in vetro, spesso finemente dipinto a mano e reso opaco
sul dorso ed una maschera di riquadro a finestra. La sagoma svasata è modellata da un foglio
ritagliato a dentelli ripiegati all'interno, eventualmente sopra un ulteriore cartoncino distanziatore.

Montaggio *french frame* di un ferrotipo con riquadro mat in vetro per presentazione in cornice.
Gli elementi dell'assemblaggio equivalgono alle composizioni per dagherrotipo ed ambrotipo.

Nell'immagine in basso a sinistra si possono osservare gli elementi di assemblaggio. Dal fondo, nascosto parzialmente, il foglio di guarnizione della finestra svasata, ripiegato e frastagliato verso l'interno.
Supporto della maschera, distanziatore di sagoma della svasatura, maschera di profilo della finestra.
A destra il montaggio completo con riquadro mat in vetro verniciato in nero e profilo interno dorato.

Esempi di passepartout e maschere di riquadro - 6.6.1

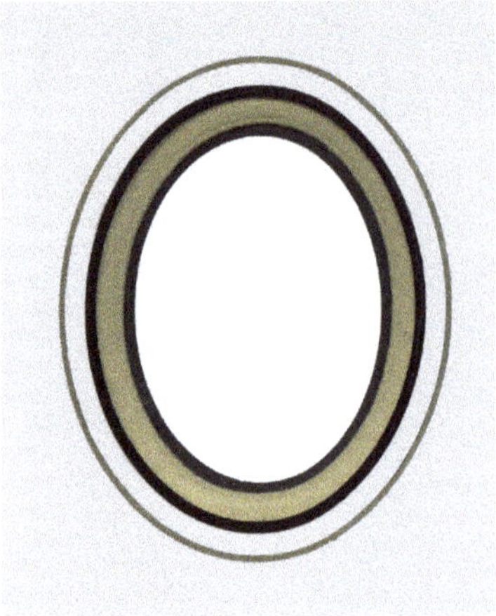

1

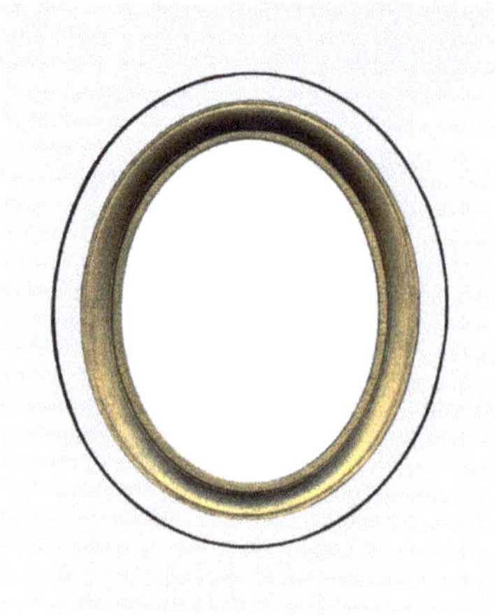

2

3

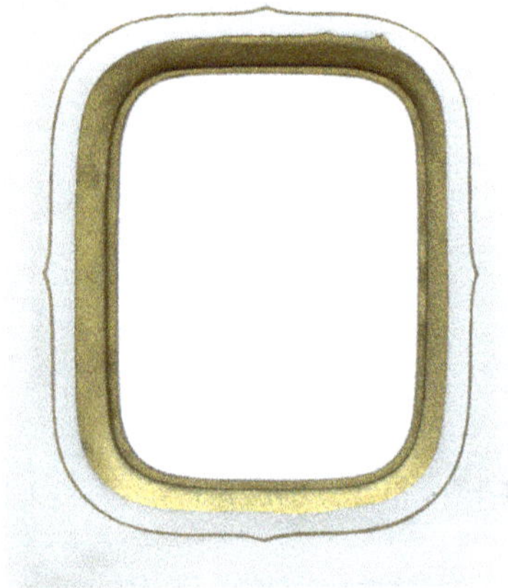

4

5

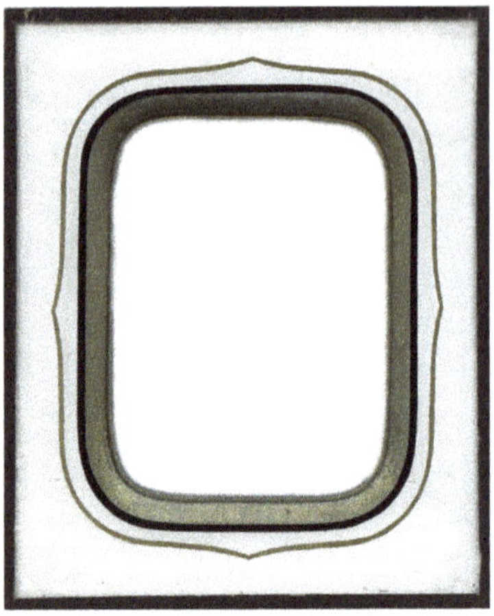

6

7

8

9

Esempi di confezioni per french frame - 6.6.2

1

2

3

4

5

6

7

8

9

Montaggi europei da parete: french frame - 6.6.3

1

2

3

4

5

6

7

8

9

10

11

12

13

14

15

16

17

18

Disassemblaggio di confezione french frame: I - 6.6.4

Pacchetto completo di montaggio

Pacchetto completo: dorso

Elementi di presentazione frontale

Passepartout in vetro dipinto, recto

Passepartout in vetro, verso

Maschera di riquadro a finestra
svasata con profilo interno nero

Dorso della maschera di riquadro,
foglio di chiusura e di modellatura

Dorso della maschera di riquadro
con maschera di profilo interno

Fondo dorsale con sportello di
accesso per montare la lastra

Disassemblaggio di confezione french frame: II - 6.6.5

1) Pacchetto completo di montaggio french frame

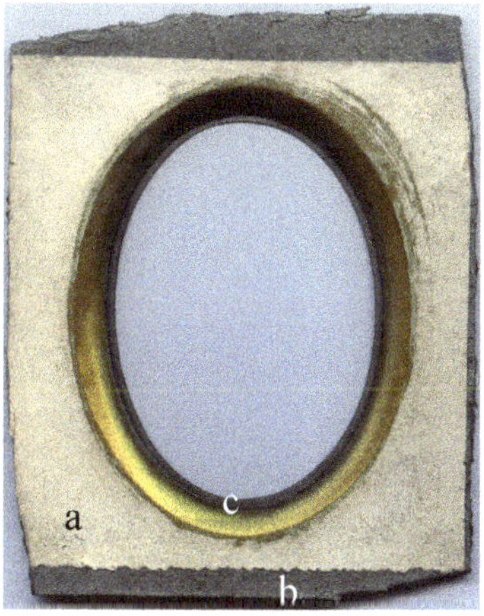

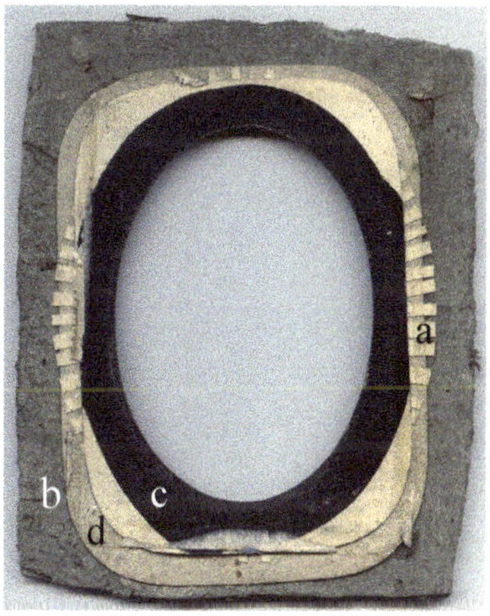

2) Passepartout in vetro dipinto: recto

3) Passepartout in vetro dipinto: dorso

4) Maschera di riquadro a finestra svasata (recto) con:
   a) foglio di modellatura della svasatura dorata
   b) sagoma di cartone spesso (in grigio), intagliato a svaso
   c) maschera di profilo interno della finestra

5) Maschera di riquadro a finestra svasata (verso) con foglio
   di fissaggio della lastra e dagherrotipo montato

6) Maschera di riquadro a finestra svasata (dagherrotipo rimosso) con:
   a) foglio di modellatura della svasatura dorata
      (bordi frastagliati e ripiegati all'interno)
   b) sagoma di cartone spesso (in grigio), intagliato a svaso
   c) maschera di profilo interno della finestra, colorata in nero
   d) foglio di chiusura del margine interno della sagoma svasata

7) Fondo dorsale del pacchetto di montaggio con rinforzo in cartone
   foderato in carta colorata. Si osservi il taglio di apertura dello sportello
   di accesso posteriore, per inserire la lastra nella confezione.

Disassemblaggio di confezione french frame: III - 6.6.6

Pacchetto completo di montaggio

Pacchetto completo: dorso

Dorso con dagherrotipo inserito

Passepartout in vetro dipinto, recto

Passepartout in vetro, verso

Maschera di riquadro a finestra
svasata, interno con profilo nero

Maschera di riquadro a finestra
svasata, recto con profilo nero

Elementi di presentazione frontale:
passepartout, maschera e profilo.

La confezione completa tipo *french frame*, quando integra, è sigillata con un nastro in carta collata e foderata sul dorso con carta colorata.

L'applicazione di un'etichetta o addirittura di un intero foglio promozionale dello studio fotografico è abbastanza frequente.

I dettagli forniti della locandina permettono a volte di conoscere i servizi offerti, oltre a varie informazioni sullo studio fotografico. La confezione veniva commercializzata con il pacchetto di montaggio già pronto all'impiego. La lastra veniva inserita aprendo uno sportello posteriore, ritagliato nel cartone di sfondo. La chiusura veniva fissata con aghi e con foderatura in carta.

Disassemblaggio di confezioni french frame: IV e V - 6.6.7

1    2   3    4

5    6

1) Passepartout in vetro dipinto: recto

2) Maschera di riquadro a finestra svasata (recto) in questo caso è un pezzo unico in cartoncino sagomato a pressione, senza usare la consueta soluzione con maschera svasata e foglio frastagliato a dentelli e ripiegato all'interno

3) Maschera di riquadro a finestra svasata (verso) questo modello sagomato a pressione era certamente prodotto con stampa in serie

4) Distanziatore in cartone in cui alloggia la maschera sagomata a pressione e profilo interno ovale nero

5) Dorso con dagherrotipo inserito

6) Confezione completa: ovale in legno laccato nero

1 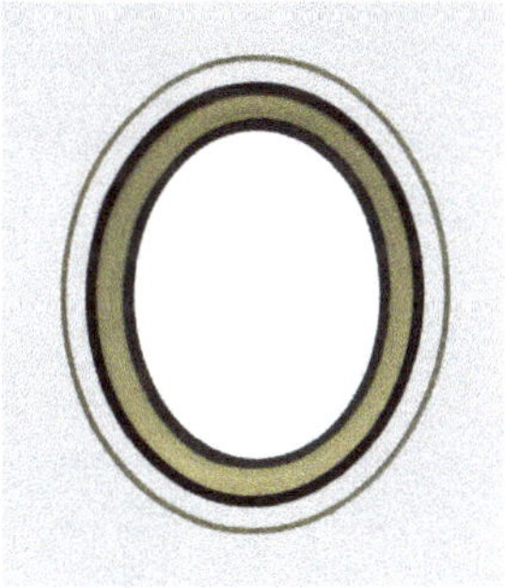   2    3    4

5    6

1) Pacchetto completo di montaggio

2) Elementi di presentazione frontale: passepartout in vetro, maschera svasata e profilo interno nero

3) Passepartout in vetro dipinto sul dorso, recto

4) Dal fondo: maschera a finestra svasata, distanziatore in cartone (grigio); il foglio di modellatura dello svaso, frastagliato a dentelli ripiegati all'interno resta qui nascosto dal profilo interno ovale nero

5) Dall'alto: foglio di modellatura, maschera svasata, profilo interno, lastra, dorso di chiusura

6) Dorso di chiusura con sportello di inserimento lastra

Dagherrotipo tinto 97 x 129 mm. 1855 circa. «M.r & M.me BARBERON / Rue S.t François, N°9, pres l'Eglise
S.t Michel./ BORDEAUX / Portraits Photographiques en tous genres / DONNE DES LEÇONS.»
Si noti come il solvente della vernice color oro si sia alterato interagendo con i pigmenti della coloritura. Gli aloni bruni si manifestano prevalentemente sulle aree tinte. Questo montaggio era privo della finestra della maschera di profilo interno e la lastra è pertanto rimasta a contatto diretto con il foglio dentellato di modellatura
della svasatura: negli interstizi ha così potuto agire l'aria, producendo ossidazione.

Montaggio e presentazione - 6.7.0

Dorsi pubblicitari, timbri e note

Gli oggetti fotografici raccontano la loro storia attraverso tutti gli elementi che li compongono, ma le indicazioni più semplici da leggere sono certamente quelle espresse in modo esplicito attraverso note stampate o scritte a mano.

La consuetudine di applicare un'etichetta o un foglio con informazioni promozionali sul dorso dei montaggi fotografici è di grande aiuto per determinare almeno l'indirizzo e qualche informazione elementare sulla storia di un antico studio fotografico. L'impiego di timbri ad inchiostro è invece molto più raro ed in genere consente di risalire solamente al nome del fotografo ed al suo indirizzo. Inoltre il timbro presenta spesso problemi di leggibilità.

Le note apposte a mano vanno considerate con prudenza perché possono essere state stese in un momento successivo e forse anche molto lontano dalla realizzazione della ripresa fotografica. Non di rado sono frutto di ricordi imprecisi dei successori delle persone ritratte e talvolta possono persino rivelarsi aggiunte arbitrarie.

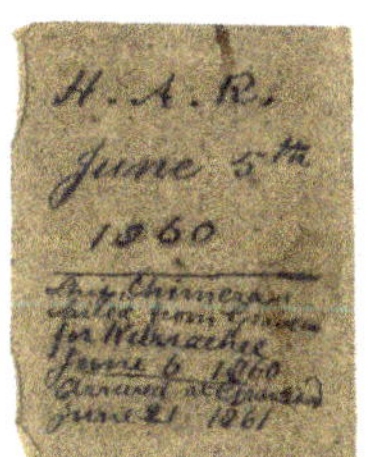
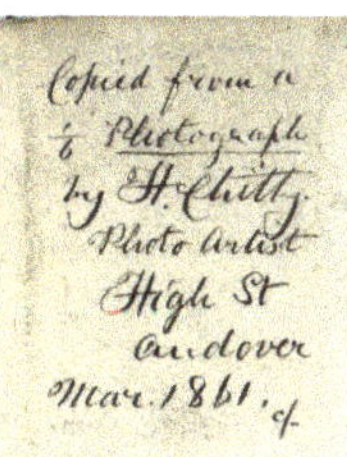

A sinistra: due fogli di note a mano inserite all'interno di astucci.

Accanto, dagherrotipo americano la scritta: «Myna and Anna Bergamo». 1855 ca.

Etichetta apposta su un dagherrotipo di Mr. et M.me Disdéri, Rue du Chetau 42, Brest. André Adolphe Eugène Disdéri (Parigi,1819 - Nizza,1889), iniziò come dagherrotipista a Brest nel 1848.

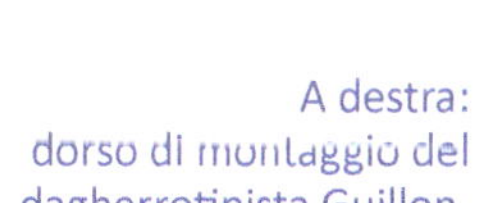

A destra: dorso di montaggio del dagherrotipista Guillon.

Sotto: timbro su montaggio dagherrotipo di M.me A.PIVET À CAEN, Roue St.JEAN 39

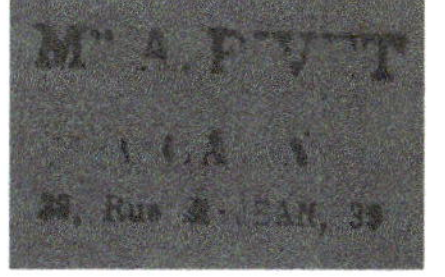

Gli studi dei fotografi di maggior prestigio marcavano a caratteri dorati gli astucci fotografici in pelle per dagherrotipi ed ambrotipi.

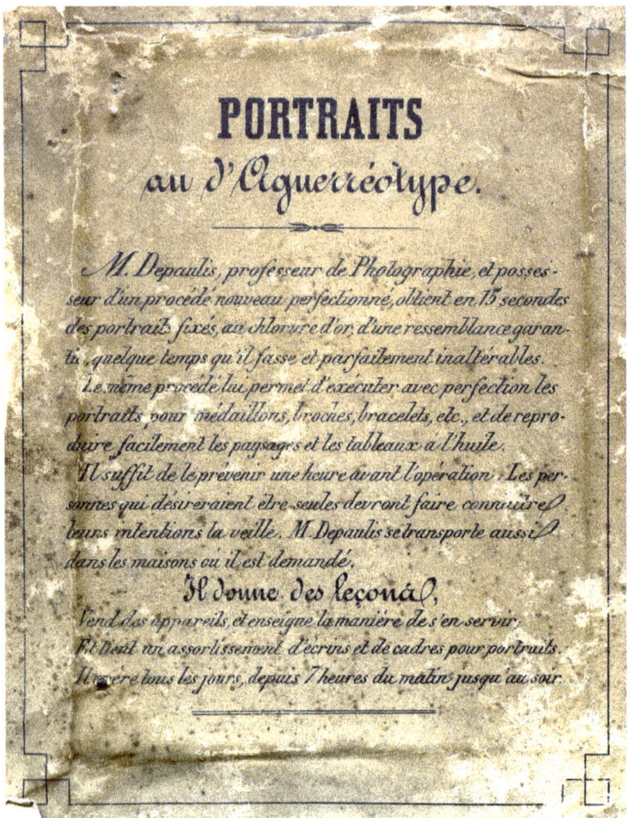

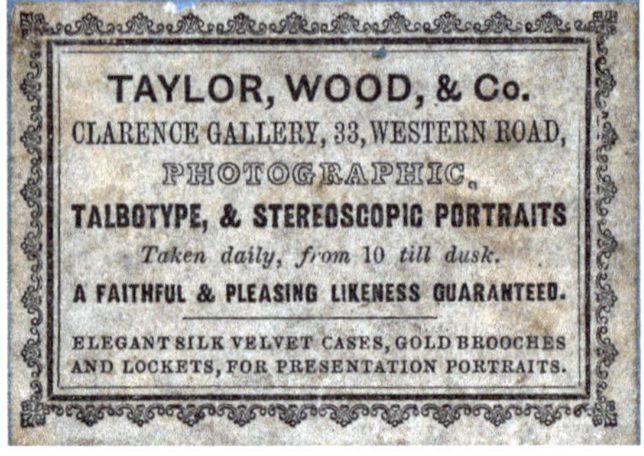

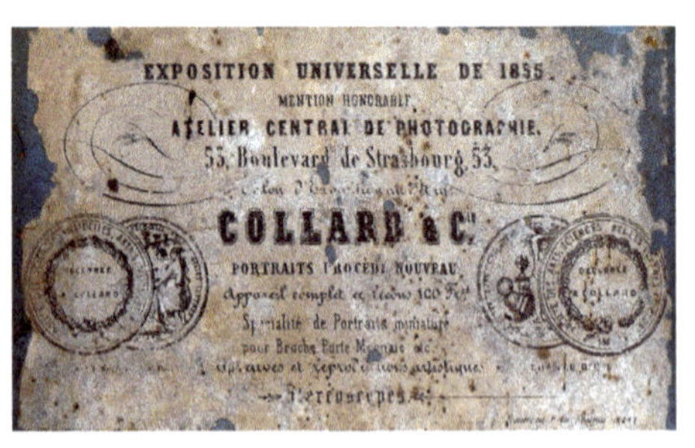

Locandine pubblicitarie di alcuni antichi studi fotografici.
Curioso, qui sopra, quello del dagherrotipista M.Depaulis
che si dichiara "Professeur de Photographie" affermando
goffamente di eseguire ritratti al «d'Aguerréòtype».
L'offerta di lezioni di dagherrotipia era un servizio
frequentemente offerto dai fotografi professionisti.

A destra, dall'alto:
TAYLOR, WOOD, & Co. attivo in Hove,
vicino a Brighton circa nel 1858.

John William Bond, ottico, entomologo e fotografo
ambrotipista dal 1857 in Bethnal Green, London.

Auguste Larcher, dagherrotipista attivo a
Bordeaux in Rue S.te Catherine 45, circa nel 1855.

Auguste Hippolyte Collard, Atelier Centrale de Photographie , Boulevard de Strasbourg 53, circa anno 1857.

Flecheux. Daguerréotype au Jardin Turc,
Boulevard du Temple, N.31, Paris.
Uno dei primi studi fotografici a Parigi
dall'anno 1840 circa.

Classificazione e valorizzazione - 7.1.0

Cenni sulla ricerca

Chi si appassiona alla storia della fotografia si trova non di rado interessato ad approfondire le ricerche a livello locale. La ricostruzione di un quadro complessivo a livello progressivamente integrato: locale, provinciale, regionale, nazionale, continentale ed infine globale... sarà verosimilmente possibile con l'estendersi di contributi anche individuali, da raccogliere e coordinare in rete. Internet sta già dimostrando, a questo proposito, di costituire la struttura ideale per questo tipo di collaborazione convergente. Qui si propongono alcune sintetiche indicazioni sulle modalità con cui si può avviare una ricerca locale in ambito storico fotografico.

La ricerca non può che iniziare presso le maggiori biblioteche storiche del territorio. Difficilmente si troverà già un testo specifico di approfondimento storico-fotografico di ambito locale. Tuttavia alcune informazioni possono talvolta essere raccolte da libri che si occupano della storia di un particolare ambito geografico o cittadino. A volte sono state discusse tesi universitarie utili a ricomporre la storia degli studi fotografici attivi nel passato. Potrebbe pertanto rivelarsi utile la consultazione degli archivi universitari.

Nei cataloghi delle biblioteche vanno ricercate ricorrenze quali "Gazzetta, Almanacco, Indicatore, Lunario, Guida, Annuario..." per gli anni che partono dal 1839; per quelli precedenti non si troverà probabilmente nulla di strordinario per la storia della fotografia, ma si potrebbero rilevare interessanti notizie di carattere prefotografico, relative all'immagine ottico-meccanica: esibizioni con lanterna magica, ritrattistica ottico meccanica, commercio di camere obscure.

Anche per il 1840 e persino per i primi anni immediatamente successivi sarà eccezionale trovare qualcosa di veramente utile. Ben difficilmente le serie storiche sono reperibili in modo completo nella corretta successione degli anni. Solitamente i testi d'epoca non possono essere prelevati in prestito, ma vanno consultati sotto la sorveglianza diretta degli addetti.

Si tratta di sfogliare una quantità talora rilevante di pubblicazioni, soffermandosi solo a leggere le pubblicità o eventuali elenchi di fotografi. In questo tipo di pubblicazioni si rilevano, per un determinato anno, i fotografi attivi ed i loro indirizzi. Si possono trovare inserzioni pubblicitarie o notizie di riconoscimenti pubblici. Può rivelarsi utile qualche ricerca negli uffici degli Archivi di Stato, nelle città capoluogo su cui s'intende eseguire la ricerca.

Un particolare campo di ricerca è poi costituito dai periodici, dalla seconda metà dell'Ottocento ai primi decenni del Novecento. Su questi è possibile trovare gli annunci dei primi fotografi, i concorsi cui hanno partecipato, i premi che hanno ricevuto ed articoli relativi a dagherrotipisti ambulanti o altre curiosità fotografiche, come annunci di apertura di atelier fotografici, mostre e premiazioni in occasione di esposizioni artigiane ed artistiche.

Da questa raccolta di informazioni di varia fonte si ricavano le liste degli esercenti l'arte della fotografia e studi "con Regia Patente" o comunque autorizzati dalle autorità amministrative e di polizia. Scorrendo le liste dei vari anni si prende pazientemente nota degli indirizzi, dei titolari, dei passaggi di proprietà dei gestori, degli Studi o Stabilimenti Fotografici.

Un secondo irrinunciabile ambito di ricerca consiste nell'accedere alla consultazione ed allo studio dei fondi fotografici privati e pubblici presenti sul territorio.

La loro identificazione richiede una cura meticolosa nella raccolta di indicazioni dalle persone che già si sono occupate di immagini storiche in relazione al territorio. Negli archivi storici dei Comuni sono a volte conservati autentici tesori inesplorati. Bisogna però armarsi di pazienza e determinazione. Gli impiegati spesso non sanno esattamente cosa custodiscono e persino nemmeno dove e come sia conservato. Riuscire a coinvolgere e valorizzare il ruolo dei dipendenti pubblici con cui entriamo in relazione è fondamentale. Il risultato finale dovrebbe essere l'accesso allo studio diretto dei materiali, il che può anche implicare l'autorizzazione alla loro riproduzione fotografica secondo modalità che vanno opportunamente concordate.

Per studiare le stampe ci vuole una buona lente, va bene un "contafili", cioè la lente che si usa in filatelia o in tipografia. Oggetto dell'attenta osservazione saranno i dorsi fotografici con stampigliature, etichette, cartigli, timbri, impressioni e marchi, didascalie. I materiali andranno maneggiati con guanti da restauratore, in primo luogo per tutelare gli originali, in secondo luogo per testimoniare a chi ci concede l'autorizzazione alla consultazione la serietà ed il rispetto con cui conduciamo la ricerca.

Non di rado gli impiegati a immediato contatto con il pubblico sollevano difficoltà di varia natura. Pertanto è bene chiedere preventivamente un appuntamento con il dirigente responsabile per chiarirgli i motivi della nostra richiesta e illustrargli i vantaggi di ritorno d'immagine e di valorizzazione del fondo su cui intendiamo lavorare.

Dall'accurato studio degli originali e dalla scrupolosa annotazione delle informazioni rilevabili, per esempio l'indirizzo riportato sul dorso di una stampa, si possono porre in relazione gli elenchi degli studi fotografici registrati con l'anno approssimativo di un'immagine. Sui dorsi dello stesso fotografo si possono trovare stampigliati i riconoscimenti, sotto forma di medaglie e fregi. Dal momento che i premi ottenuti nelle esposizioni sono normalmente databili... anche i cartoncini, le fotografie e conseguentemente gli indirizzi risultano databili.

Con una buona lente è possibile, in questo modo, sapere se una stampa è stata eseguita prima, oppure dopo, un determinato anno. Ciò in relazione alla presenza o all'assenza di una medaglia o di un fregio, inserito in seguito ad un preciso evento. L'esame ed il confronto dei dorsi permette dunque di ricostruire la storia del singolo fotografo. Confrontando gli indirizzi con quelli riportati dalle agende e dagli almanacchi d'epoca è possibile eseguire datazioni con una buona approssimazione.

Gli annuari d'epoca sono una specie di "pagine utili" o "pagine gialle" di un tempo. Il fotografo spostava la sede o cedeva lo studio... per cui tutte le variazioni possono essere riconosciute. Datazioni approssimate possono inoltre essere ricavate dall'esame dell'abbigliamento, specialmente quello femminile, ed ovviamente dalle annotazioni a mano presenti sugli originali.

Tuttavia le note sulle immagini debbono però essere prese con estrema cautela perché chi le ha apposte può essersi sbagliato grossolanamente. Talvolta commercianti poco scrupolosi aggiungono in epoca contemporanea nomi e date arbitrarie, con la speranza di accrescere il valore dell'oggetto. Spesso queste alterazioni sono riconoscibili in modo evidente: per esempio sono eseguite con scritte a penna biro in un'epoca in cui non esisteva nemmeno la penna stilografica. Anche il tipo di carattere usato è un importante indizio. È quasi impossibile trovare oggi chi sia in grado di scrivere in corsivo con la raffinata calligrafia di un secolo fa.

Va infine sottolineato che non è importante possedere fisicamente originali fotografici. L'obiettivo di un ricercatore e storico della fotografia dovrebbe invece consistere nella competenza specifica e nella capacità di padroneggiare materiali e informazioni. Conoscere e capire vale molto più che avere.

Classificazione e valorizzazione - 7.2.0

Identificazione e documentazione

In Italia la catalogazione dei beni fotografici riconosciuta a livello istituzionale dal Ministero per i Beni e le Attività Culturali segue le linee guida previste dall'Istituto Centrale per il Catalogo e la Documentazione (ICCD) che ha adottato il modello denominato "Scheda F".

Il modello di classificazione qui proposto non si pone come alternativa, ma come strumento integrativo di documentazione, specificamente pensato per gli oggetti fotografici più antichi, particolarmente quelli a 'positivo unico', e per un impiego di studio collezionistico. Le varie sezioni e voci possono essere estratte ed impiegate selettivamente per costruire una scheda discorsiva sintetica, utilizzando solo gli elementi realmente utili.

Scheda di classificazione collezionistica

Codice individuale del fondo fotografico: _______________________________

Provenienza : ____

Data di acquisizione : ____

Spese di acquisizione: ☐ $ ☐ £   ☐ €   ___________________________

postali: _______________   dogana: _______________   totale:___________

Collocazione oggetto: ____

Tipologia

☐ Daguerreotype	☐ Photographic enamel
☐ Talbotype	☐ Autochrome
☐ Ambrotype	☐ Uvachrom
☐ Tintype	☐ Paget - Finlay
☐ Ivorytype EU	☐ Dufay
☐ Ivorytype USA	☐ Bosco
☐ Pannotype	☐ Photomatic
☐ Opalotype	☐ Photobooth
☐ Orotone	☐ _______________

Presentazione

- ☐ nuda
- ☐ montata
    - in cornice da parete
    - a quadretto soprammobile
    - a scatola
    - a libro
    - a portafoglio
- ☐ in astuccio a libro
    - doppia (due immagini a fronte)
    - doppia (due immagini dorso a dorso)
    - semplice

- ▪ completa
- ▪ incompleta (manca antina di chiusura)
    - • in cartapesta
    - • in cuoio, osso, avorio, madreperla
    - • ......
    - • in legno rivestito in pelle
    - • in resina termoplastica
    - • in guttaperca
    - • Union Case

con cerniera

in pelle

metallica

(singola, doppia, nascosta, rientrante, ottone...)

e chiusura a

gancio (definire eventualm. occhiello e uncino)

bottone, scatto (definire eventualmente forme)

- ❏ full cased (astuccio intero)
- ❏ half cased (astuccio incompleto)
- ❏ _______________________

Figure e decorazioni dell'astuccio (recto e verso)

- ❏ applique (definire materiale e soggetto)
- ❏ dipinte, intarsio, altre tecniche
- ❏ a rilievo
- ❏ incise
- ❏ impresse
    - □ a soggetto (definire raffigurazione o scena)
    - □ a volute
    - □ con motivi
        - floreali
        - foglie e frutti
        - geometrici (losanghe, riquadri, bottoni, squame...)

Cuscino in

- ❏ seta
- ❏ raso
- ❏ velluto

- ❏ cotone
- ❏ _______________________
- ❏ colore _______________

con decorazione

- □ a rilievo
- □ goffrata
- □ a ricamo
- □ dipinta

- a disegno di (definire raffigurazione o scena)
- a volute
- a motivi geometrici
- con motivi floreali
- marcata _______________________________

Riquadro immagine

guarnizione - *pinch pad*

eventuale definizione di tipo, colore, materiale

dorso

- □ eventuale definizione della foderatura e dell'eventuale locandina/etichetta
- □ cartoncino promozionale
- □ eventuali reperti nascosti (mobili, incollati)
- □ foglio, cartoncino, altra immagine, appunti (matita, penna), stampa, ritaglio

Montaggio immagine

- **scoperta a vivo**
- **con vetro di protezione**
  sigillata
  aperta

- **vetro**
  dimensioni e spessore
  tipologia (soffiato, stampato…)
  bombato (convesso), liscio

Cornice / Preserver (definizione del materiale _______________________)

- a rilievo (a cordoncino, a volute, a piccole foglie, fiori, frutti, motivi geometrici...)
- liscia
- incisa
- altro _______________________

Riquadro / Mat (eventuale definizione del materiale _______________)

- con finitura dorata
- lucida / liscia / satinata / ghiaccio / granulata / a trama
- altro _______________________

con margine interno (dritto, svasato, angolato, _______________________)

e finestra in forma

□ tonda   □ ovale   □ ad arco   □ rettangolare   □ tipo (*codice alfabetico: pag. 274*)

con decorazioni (volute, piccole foglie, fiori, frutti, motivi geometrici...)

□ a rilievo   □ incise   □ stampate

contrassegni e diciture (descrizione _______________________)

□ incisioni, graffi deliberati

□ punzoni / serigrafie / etichette

□ _______________________

Formato del supporto primario

- Lastra piena (misura circa 16 x 22 cm)
- $^1/2$ di lastra (misura circa 12 x 14 cm)
- $^1/4$ di lastra (misura circa 9 x 10 cm)
- $^1/6$ di lastra (misura circa 7 x 8 cm)
- $^1/9$ di lastra (misura circa 5 x 6 cm)
- $^1/16$ di lastra (misura circa 4x 5 cm)
- Misure effettive (base x altezza) _______________________

Materiale del supporto primario
(eventuale definizione del materiale, in relazione alla tecnologia del processo)

❏ Ottone	Brass	
❏ Ceramica	Ceramic	
❏ Rame	Copper	
❏ Rame argentato	Silver-plated copper	
❏ Tessuto	Fabric	
❏ Vetro	Glass	
❏ Ferro	Iron	
❏ Avorio	Ivory	
❏ Avorio artificiale	Artificial ivory	
❏ Pelle	Leather	
❏ Carta	Paper	
❏ Pietra	Stone	
❏ Resina Plastica	Plastic	
❏ Legno	Wood	
❏ _______________________________		

Dimensioni

❏ Larghezza e lunghezza effettive
❏ Spessore

Processo

❏ Positivo diretto
❏ Positivo
❏ Negativo

Pigmento

❏ Monocromatico
❏ Colore _____________

Base di dispersione dello strato fotosensibile

❏ Albume   albumen
❏ Argento   silver
❏ Cellulosa   cellulose
❏ Collodio   collodion
❏ Gelatina   gelatin
❏ Gomma arabica   gum (arabic)
❏ Gomma bicromata   gum (bichromate)
❏ Altre sostanze   _______________________________

Materiale fotosensibile a base di (photosensitive material)

❏ Cromo   Chromium
❏ Diazo   Diazo
❏ Ferro   Iron
❏ Palladio   Palladium
❏ Platino   Platinum
❏ Argento   Silver
❏ Uranio   Uranium
❏ _______________________________

Aspetto superficiale

❏ Trattamento lucido   Coated-glossy
❏ Trattamento mat   Coated-matte
❏ _______________________________

Aspetto all'osservazione

❏ Opaco   opaque
❏ Translucido   translucent
❏ Trasparente   transparent

Sezione di catalogazione solo per dagherrotipia

❑   piastra in rame e lamina in argento

angoli e bordi (corners, sides / 2 – 4)
LL, LR, TL, TL (Low Left, Low Right, Top Left, Top Right)

flat plate	lastra piana
whole straight corners	angoli interi piani
straight edges and corners	bordi ed angoli dritti
uneven cutted edges	bordi tagliati asimmetrici
straight cutted edges	bordi tagliati dritti
bended edges	bordi piegati
streaked edges	bordi rigati
clipped corners	angoli tagliati
folded corners	angoli ripiegati a tasca
rised corners	angoli sollevati
lowered corner	angoli ribassati
straightened corners	angoli raddrizzati
full smooth corners	angoli interi lisci
rounded corners	angoli arrotondati

- Eventuale riargentatura (resilvered)
- Tacche da morsa di lucidatura; plate holder notches
- tracce di pasta adesiva / lacche
- ____

Punzoni (hallmarks)

Posizione indicata tra parentesi:
LL, LR, TL, TL (Low Left, Low Right, Top Left, Top Right), Codice (hallmark code)
come da tavola di identificazione capitolo 7.6.0, pag 325, oppure descrizione estesa

____

Sezione di catalogazione solo per ambrotipia

❑   lastra in vetro

coloritura in pasta

ruby	rubino
green	verde
brown	marrone
blue	blu

sfondo di contrasto

- cartoncino _______________________________________
- velluto _______________________________________
- verniciatura / black varnish _______________________________________

Sezione di catalogazione solo per ferrotipia

❑ lastra metallica in

    materiale (lamiera…)

    rivestimento (laccatura…)

    strato emulsione (chocolate…)

Eventuale punzonatura

❑ Melainotype Neff's Pat.

❑ Griswold Patent 1856

❑ _________________________

Coloritura e abbellimenti (descrizione)

- gold toned / viraggio
- doratura gioielli
- aniline colorate
- pigmenti
- ____

Sezione di catalogazione solo per dagherrotipia

- Magic background
- Carboncino   Crayon
- Vignettata   Vignetted
- Illuminata   Illuminated
- ____

Aspetto

condizioni di conservazione

- fisica (polvere, appannamento, lacune, asportazioni, deformazioni, graffi...)
- chimica o biologica (corrosioni, macchie, ossidazioni, aloni, muffe ...)
- riconfezionamento (sealed / retaped by _____________   date ___________)
- ____

contrassegni e diciture (descrizione ______________________________)

- incisioni, contrassegni, serigrafie, timbri, punzoni, graffi deliberati

____

____

Supporto secondario (definizione del materiale)

❑ Ottone   Brass
❑ Ceramica   Ceramic
❑ Rame   Copper
❑ Rame argentato   Silver-plated copper
❑ Tessuto   Fabric

- ❑ Vetro   Glass
- ❑ Ferro   Iron
- ❑ Avorio   Ivory
- ❑ Avorio artificiale   Artificial ivory
- ❑ Pelle   Leather
- ❑ Carta   Paper
- ❑ Pietra   Stone
- ❑ Resina Plastica   Plastic
- ❑ Legno   Wood
- ❑ ____
- ❑ Materiali moderni (poliestere, acetato…) _______________________________

Soggetto

- ❑ **inquadratura**

  - ☐ campo lungo o lunghissimo   ☐ campo medio
  - ☐ figura intera   ☐ piano americano
  - ☐ mezza figura   ☐ primo piano
  - ☐ primissimo piano

- ❑ **ambientazione**

  interno studio
  - ▪ con fondale
  - ▪ ambiente arredato
    - ● accessori d'arredo
      (colonna, balaustra, ringhiera, pietre, muro, rovine,
      vasi di fiori, panchina, tavolino, altri accessori…)
  - ▪ suolo   (definizione del tipo: tappeto, pavimento, finto terreno o erba)

  all'aperto
  - ▪ con fondale
    - ● tipo di scena (giardino, scalinata, edifici, bosco…)
    - ● eventuali tendaggi (definire tipologia: posizione, drappeggio…)
  - ▪ scena   (definire la presenza di elementi: costruzioni, animali, mezzi
    di trasporto… descrizione dettagliata della scena)

- ❑ **personaggi**

  neonato, bambino, adolescente, ragazzo, uomo, donna, (giovane/vecchio)
  coppia, gruppo, ____

- ❑ **acconciatura**

  copricapo (crinolina, cilindro…) _________________________________

- ❑ **abbigliamento**

  descrizione del vestito, eventuali ipotesi su tessuti e stoffe
  descrizione accessori: camicia, colletto, cravatta, sciarpa, marsina,
  stola, fazzoletto, guanti, pipa, ghette, calzature, bastone…

❑ Gioielli e decorazioni

> bracciali, collane, spille, collari, catenine, orologi, fregi e decorazioni militari,
> coccarde, simboli associazionistici e religiosi…

❑ atteggiamento

> postura del corpo, atteggiamento delle braccia, postura delle mani
> (eventuale azione/interazione con oggetti/accessori: bastone, fiori, libro, giocattoli…)
> descrizione del volto con barba, baffi, acconciatura, eventuali difetti fisici rilevati
> espressione: rigida, tenera, sorridente, preoccupata, spaventata, tranquilla…
> rapporti di prossimità e postura tra i soggetti: mano appoggiata sulla spalla,
> alle spalle di…, ai piedi di…., in grembo a… Sguardo: verso l'obiettivo, rivolto a…

___

Interventi eseguiti (restauro e conservazione)

Pulitura: ____________________

Rimozione ossidazione: ____________________

Risigillata in data: ____________________

Materiale impiegato ____________________

☐ Filmoplast SH　　☐ Filmoplast T　　☐ Filmoplast P　　☐ Filmoplast P90

☐ Altro: ____________________

Altri interventi: ____________________

____

____

Scheda aggiornata al : ____________________

Compilata a cura di (Nome, Cognome, riferimenti contatto)

____

____

Prestiti temporanei, mostre, pubblicazioni

____

____

____

Formati fotografici

La dagherrotipia era una tecnica fotografica ad esemplare unico e non prevedeva ingrandimenti né stampe, perché la fotografia consisteva nella lastra stessa di ripresa.

Un'immagine con dimensioni diverse poteva essere ricavata solamente eseguendo una nuova distinta fotografia. Le misure standard nacquero dalla scelta iniziale di Louis Jacques Mandé Daguerre, inventore del procedimento, che progettò insieme al cognato Alphonse Giroux il primo apparecchio per riprese fotografiche. Questa fotocamera fu prodotta e commercializzata sotto espressa licenza di Daguerre.

Fu con questa macchina che l'inventore effettuò le prime famose riprese urbane di Parigi. L'apparecchio era dotato di un obiettivo di 380 mm di lunghezza focale, diametro di 81 mm e diaframma fisso da 27 mm anteposto alla lente, per un'apertura di f/14. L'immagine che si produceva aveva le dimensioni di circa 16 x 21 cm. Questo formato passò a definire la misura della lastra intera. Le dimensioni della lastra tradizionale di Daguerre, convertite in pollici, determinarono la misura della cosiddetta lastra intera corrispondente a 6 ½" x 8 ½". Per le normali riprese dei ritratti era conveniente impiegare lastre più piccole, maneggevoli ed economiche, oltre che rapide da impressionare.

Dunque la suddivisione in porzioni della tradizionale lastra di Daguerre produsse la classificazione dei formati di ripresa. Nella fotografia ritrattistica fu comunemente adottato il formato $^1/6$ di lastra, seguito dal più conveniente ma ridotto $^1/9$ di lastra. Misure fuori standard, come la *Double Whole Plate* e la *Extra Whole Plate* produssero frazioni con lievi variazioni nelle dimensioni.

Quando si affermarono le lastre in vetro al collodio il formato venne ridefinito. Nel corso dell'Esposizione Universale di Parigi del 1889, il Congresso internazionale di fotografia adottò una nuova lastra di riferimento con le misure di 18 x 24 cm.

Nei Paesi anglosassoni la lastra intera in vetro fu invece considerata quella di 8" x 10" (circa 20 x 25 cm).

Stabilire in modo indiscutibile una classificazione standard dei formati fotografici storici è un'impresa ardua destinata a produrre risultati che variano in base ai criteri adottati. Le stesse fonti originali presentano discordanze che hanno origine dai sistemi in uso nelle diverse aree geografiche. Inoltre le dimensioni di riferimento per le lastre usate in dagherrotipia, in vetro, e supporti cartacei di stampa non risultano corrispondenti.

Dall'osservazione dei cataloghi degli importatori e dei commercianti di lastre per dagherrotipia non si riescono a ricavare informazioni coincidenti. Sembra pertanto ragionevole concludere che i fabbricanti di lastre si regolarono inizialmente secondo criteri autonomi, in relazione al tipo di impianto ed alle specifiche tecniche di lavorazione consentite dalle condizioni di produzione con cui si trovarono ad operare.

Non va infine trascurato il fatto che i fotografi spesso impiegarono lastrine ritagliate a mano da formati maggiori. Frequentemente accade quindi di osservare piastre per dagherrotipia irregolari, in cui i margini non si presentano paralleli e gli angoli non risultano ortogonali. Le misure effettive rilevate sui dagherrotipi sono pertanto generalmente simili per uno stesso tipo di formato (sedicesimo, nono, sesto, quarto di lastra...) ma risultano corrispondenti in modo esatto solo occasionalmente e per singolare coincidenza.

Formati fotografici secondo l' edizione 1867 (Prima edizione 1858) del
Dictionnaire synonymique di Anthony Guerronnan
nel quale si dichiara che "Ogni Paese utilizza formati di lastra differenti; sarebbe opportuno che l'unificazione di queste misure si verificasse al più presto."

Francia

Antichi formati di lastra, espressi in centimetri:

Placca	Misure
1/12	5 x 7
1/9	7 x 9
1/4	9 x 12
1/3	10 x 13
1/2	13 x 18
Lastra intera	18 x 24
Lastra extra	21 x 27

Apparecchi a mano, formati espressi in centimetri:

4 x 4	4,5 x 6	6,5 x 9	8 x 8	8 x 9
8 x 10	12 x 20	13 x 18	15 x 21	18 x 24

Apparecchi da treppiede, formati espressi in centimetri:

18 x 24	21 x 27	24 x 30	27 x 33	30 x 40	40 x 50	50 x 60

Germania

formati espressi in centimetri:

4 x 4	4 x 6	8 x 8	8 x 9	10 x 13	11 x 19	13 x 16	13 x 21
16 x 18	18 x 24	21 x 26	26 x 32	34 x 40	40 x 48	45 x 57	53 x 61

Inghilterra ed America

Le misure dei formati sono analoghe per le due aree:

Pollici	Centimetri	Pollici	Centimetri
4 ¼ x 3 ¼	10 ½ x 8	12 x 10	30 ½ x 25
5 x 4	12 ½ x 10	12 ½ x 10 ½	32 x 26 ½
6 ½ x 4 ¾	16 ½ x 12	15 ½ x 12 ½	38 ½ x 30 ½
7 ½ x 5	19 x 12 ½	23 x 17	58 ½ x 43
8 x 5	20 x 12 ½	25 x 21	63 x 53
8 ½ x 6 ½	21 ½ x 16 ½	30 x 25	76 x 63
10 x 8	20 x 25	30 x 40	76 x 102

Stampe montate su cartoncino

Le stampe montate su cartoncino vanno considerate distinguendo il formato della prova a contatto già rifilata (calibro) e la misura del cartoncino di supporto.

Calibro (formato effettivo della stampa) espresso in centimetri:

Denominazione IT	Calibro	Supporto
Mignonette	5,2 x 3,3	6 x 3,5
Pocket	7 x 3,5	7,5 x 3,7
Visite	9,2 x 5,4 [1] 9,4 x 5,6 [2]	10,4 x 6,2
Touriste	10,5 x 6,5	10,8 x 6,7
Victoria	10,5 x 7	12,6 x 8
Album	13,7 x 10 14,1 x 10 [3]	16,5 x 11
Cabinet		16,5 x 11
Promenade	19 x 9,3	21 x 10
Boudoir	20 x 12,5	22 x 13,3
Salon	21,7 x 16	25 x 17,5
Artiste		26 x 20
Family		34 x 22
Excelsior		38 x 25
Panel		45 x 28
Royal		55 x 38
Nature		65 x 48

(1) senza filetto - (2) con filetto - (3) super album

56   **CATALOGUE OF PHOTOGRAPHIC APPARATUS, &c.**

SECTION VII.—MISCELLANEOUS ARTICLES CONTINUED.

NO.	SIZE.	to 32 M 40, of the best German plate glass. Oval glasses of all sizes furnished to order, and almost any form or shape cut to order. The plates enumerated are those in most general use. Other brands furnished to order.	DOLS.	CTS.
		*PLATES—DAGUERREOTYPE,		
146		—— French Star, $14\frac{1}{2} \times 16\frac{1}{2}$, - - - - - -		
147		—— Cristophle, or Scale, $2 \times 2\frac{1}{2}$, - - - - - -		
148		—— " " $2\frac{3}{4} \times 3\frac{1}{4}$, - - - - - -		
149		—— " " $3\frac{3}{4} \times 4\frac{1}{4}$, - - - - - -		
150		—— " " $4\frac{1}{4} \times 5\frac{1}{2}$, - - - - - -		
151		—— " " $6\frac{1}{2} \times 8\frac{1}{2}$, - - - - - -		
152	per yd.	*PLUSH—Silk, for Buffs of best quality, - - - - -		
153	9×11	‡PORT FOLIOS, for photographs or paper, - - - - -		

Dimensioni di lastre per dagherrotipia dal catalogo Anthony, New York 1854.

Formati di lastra storici per positivi unici

Double Whole Plate	8 ½"	x	13"	Doppia lastra intera	
	cm	21.5	x	33	Double whole
Whole Plate	6 ½"	x	8 ½"	Lastra intera	
	cm	16.5	x	21.5	whole
Half Plate	4 ¼"	x	5 ½"	Mezza lastra	
	cm	11	x	14	Half
Quarter Plate	3 ¼"	x	4 ¼"	Quarto di lastra	
	cm	8	x	11	Quarter
Sixth Plate	2 ¾"	x	3 ¼"	Sesto di lastra	
	cm	7	x	8	Sixth
Ninth Plate	2"	x	2 ½"	Nono di lastra	
	cm	5	x	6	Ninth
Sixteenth Plate	1 $^5/_8$"	x	2 $^1/_8$"	Sedicesimo di lastra	
	cm	4	x	5.5	Sixteenth

Le dimensioni della mezza lastra e del quarto di lastra si discostano lievemente da quelle che derivano dalla porzione corrispondente della lastra intera tradizionale.

Si osservi che la lastra intera inglese (full plate) corrisponde alla misura di 8" x 10" (un pollice = cm 2,54).

Le misure in pollici non corrispondono necessariamente all'effettiva equivalenza in millimetri, poiché in Europa furono adottati standard lievemente diversi.

Erano inoltre diffuse molte varianti dimensionali. Esistono perciò differenti classificazioni, basate sull'approssimazione ai formati più comuni. Mancò infatti una convenzione internazionale di unificazione per tutto il periodo nel quale vennero prodotte lastre per dagherrotipia ed ambrotipia.

La tabella qui sopra tiene conto della classificazione dimensionale che appare più largamente condivisa da curatori, collezionisti e storici della fotografia contemporanei e deriva dal confronto tra numerose fonti storiche originali, dalle quali si è cercato di ricavare la massima convergenza nelle conclusioni. Tuttavia sarà sempre possibile osservare praticamente variazioni anche significative.

Classificazione e valorizzazione - 7.4.0

Interventi conservativi

Gli oggetti fotografici storici hanno superato rischi e stress ambientali, chimici, meccanici, biologici, termici... per giungere fino a noi in condizioni più o meno soddisfacenti. Il tempo lascia segni su tutto ciò che possiamo conoscere attraverso i nostri sensi. Le fotografie sono tra gli oggetti più delicati, tra quelli che sfidano il tempo per diventare testimoni della storia.

Prendere la decisione sbagliata, una volta che questi frammenti cristallizzati del tempo sono giunti nelle nostre mani, può significare condannarli per sempre alla distruzione. Pertanto, ogni volta che ci troviamo nella necessità di maneggiarli spostandoli per qualsiasi motivo, è bene riflettere prima di agire e considerare se ciò che stiamo per fare potrà avere conseguenze, nel bene o nel male, sulla conservazione di questi oggetti.

Il verificarsi di un progressivo deterioramento dei materiali è inevitabile. Possiamo prendere provvedimenti per rallentare, per quanto ci è possibile, le alterazioni che si producono col trascorrere del tempo, fino quasi ad annullarle, ma è estremamente rischioso ed in genere controproducente tentare di invertire questa tendenza naturale. Tutto sommato le fotografie possono essere considerate come qualcosa, per certi versi, di vivente: le cure possono allungare in modo quasi indefinito l'invecchiamento. Gli interventi chirurgici e chimici possono invece risultare, a lungo termine, devastanti anche quando apparentemente permettono di conseguire risultati immediatamente e soggettivamente positivi.

Per quanto riguarda il restauro, particolarmente in riferimento ai processi più antichi e soprattutto in relazione alla dagherrotipia è bene ribadire che è preferibile astenersi da qualsiasi intervento, a meno che la situazione sia talmente compromessa da non consentire alternative. In quest'ultimo caso, è assolutamente consigliabile rivolgersi a chi possiede comprovate competenze operative, anche nel caso di una 'semplice' pulitura.

Interventi apparentemente elementari non dovrebbero essere disinvoltamente affidati ad un comune restauratore, ma esclusivamente ad operatori specializzati nel campo della fotografia storica. Difficilmente infatti un restauratore, per quanto normalmente preparato, possiede la preparazione specifica per intervenire sugli oggetti fotografici più antichi.

Le immagini fotografiche montate in astuccio richiedevano l'assemblaggio di parti talvolta prodotte da diverse manifatture: lastra, astuccio, preserver, mat... Poteva poi accadere che nel corso degli anni in cui i dagherrotipi e gli ambrotipi furono effettivamente impiegati, maneggiati e quotidianamente esposti alla visione, si verificassero danni di varia natura. Ciò implicava il riassemblaggio, talvolta per migliorarne la presentazione.

In epoca successiva le nuove stampe in albumina sostituirono progressivamente gli astucci, che furono ritirati e custoditi in maniera più protetta, difesi così da ogni ulteriore modifica e consegnati definitivamente alla storia. Un secolo e mezzo è un'età decisamente venerabile per un'immagine fotografica. Le immagini in astuccio, per quanto preservate da una confezione particolarmente protettiva, mostrano generalmente in modo evidente i segni del tempo.

I danni prodotti da infortuni meccanici richiedono competenze ed esperienza di restauro ad alto livello.Ogni tentativo empirico di intervento può concludersi con una ulteriore grave alterazione, spesso senza possibilità di ripristino.

La verifica della perfetta corrispondenza tra il profilo ossidato e la finestra di riquadro costituisce un primo elemento di riscontro per stabilire se un dagherrotipo in astuccio è stato riassemblato oppure se verosimilmente si tratta del montaggio originale.

La regola fondamentale è quindi quella di limitare al massimo le occasioni di esposizione e maneggiamento.

Le delicatissime cerniere in pelle sono le prime vittime dell'usura. Per questa ragione i mezzi astucci (half case) sono relativamente diffusi. La raccomandazione di evitare improvvisate riparazioni con le comuni colle in commercio e materiali contemporanei dovrebbe essere superflua. La soluzione peggiore è l'impiego di nastri adesivi che apportano sostanze dannose e difficili poi da rimuovere. Quasi sempre la sigillatura originale in carta risulta disgregata oppure violata nell'illusione di pulire la lastra del dagherrotipo, che invece non sopporta nemmeno il lieve tocco del più morbido dei tessuti.

Il restauro dei dagherrotipi fu nel recente passato condotto con metodi irreversibili, tendenti a restituire una soggettiva immediata migliore leggibilità. L'obiettivo di restituire 'a nuovo' la lastra argentata, come se il tempo non fosse trascorso, fu un'aspirazione della committenza a cui le procedure di restauro si adeguarono. Ciò determinò danni di varia natura. Una pulitura profonda causa la rimozione almeno parziale delle coloriture manuali.

La rimozione superficiale delle ossidazioni, un tempo eseguita utilizzando una soluzione estremamente diluita a base di *tiourea* e *acido fosforico*, comporta la perdita di una quantità più o meno rilevante di sostanze che costituiscono la struttura chimica dell'immagine fotografica. La soluzione meno rischiosa e più immediata, per valorizzare l'aspetto di un'immagine antica, resta pertanto la postproduzione della sua riproduzione digitale.

Non va inoltre trascurata una considerazione sulla statistica del rischio, anche in riferimento alla semplice conservazione dei materiali. Il rischio zero non esiste. La possibilità che si verifichi un evento più o meno spiacevole si esprime con un rapporto in cui il denominatore deve assumere il valore più elevato che sia ragionevolmente raggiungibile.

Per un oggetto in vetro, l'esposizione in vetrina costituisce un rischio enormemente più elevato rispetto alla conservazione in una scatola riposta in cassetto. Se l'oggetto in scatola è custodito in una protezione imbottita, il rischio si riduce ancora. Se la scatola riporta scritte con chiare indicazioni sul contenuto, la sicurezza cresce. Tuttavia il danno è una possibilità statistica.

Se un evento ha una possibilità su un milione di accadere, non significa che una determinata circostanza "probabilmente" non accadrà. Significa piuttosto che sicuramente si verificherà una volta su un milione. Tale occasione può sopraggiungere in modo inaspettatamente immediato oppure in un momento lontano nel tempo, forse addirittura in un futuro che il metro della vita umana rende difficile valutare. Tuttavia accadrà. Dunque è saggio considerare con responsabile attenzione anche possibilità che potrebbero apparire decisamente remote.

Conclusa questa doverosa premessa, è opportuno comunque considerare le più comuni tipologie di intervento, in modo da aver chiaro un quadro delle iniziative che possono essere intraprese in ragionevole sicurezza.

I due fondamentali strumenti di intervento sui materiali antichi sono immateriali: il riposo e la calma. Qualsiasi lavoro delicato richiede un elevato livello di vigilanza e capacità decisionali lucide. Intraprendere attività che richiedono impegno ed attenzione, quando non si è perfettamente riposati, è una pessima e rischiosa idea. Inoltre è opportuno trovarsi nella condizione di non essere incalzati da impegni successivi che tendono a restringere i tempi quando invece le decisioni vanno assunte in modo estremamente meditato, riflettendo sulle possibili conseguenze di ogni singola azione.

Fino a che una lastra originale a positivo unico resta alloggiata nel suo montaggio non si corrono grandi rischi. I problemi nascono quando si decide di estrarla, anche solo per rimuovere la polvere che può essere entrata. La presenza di polvere all'interno è spesso indizio che la sigillatura non è più in grado di svolgere adeguatamente la sua funzione.

Qualsiasi operazione vada effettuata è importante disporre di un tavolo ampio, perfettamente pulito, impegnato esclusivamente per l'intervento fotografico che si è progettato di svolgere. È importante avere predisposto a portata di mano tutto ciò che può servire. Un elenco (*checklist*) dovrebbe essere stato preventivamente verificato.

L'illuminazione per il restauro richiede lampade cromaticamente calibrate e molto costose, ma per le più elementari operazioni di pulizia e manutenzione ci si può servire anche di buone lampade al quarzo. Livello e qualità di luce sono determinanti per valutare correttamente l'azione in corso.

Meglio evitare di servirsi di guanti in tessuto perché tendono a rilasciare peli ed a raccogliere e poi distribuire polvere. Sono da considerarsi più adatti i guanti in lattice da chirurgia, senza talco. In tanti casi le mani ben lavate, risciacquate e perfettamente asciutte, consentono un controllo tattile che non è possibile ottenere in altro modo. Tanto per le mani che per tutti gli altri oggetti, è indicato l'impiego di panni a microfibre, di trama più o meno compatta, secondo il tipo di oggetto e l'impiego a cui sono destinati. Le pezze in microfibra morbida, vendute sigillate per uso ottico sono adatte per la pulizia dei vetri. Il cotone è invece il genere di materiale che è bene non utilizzare perché può disperde frammenti di fibra.

Un largo piano di lavoro in spugna semirigida presenta diversi vantaggi quando si maneggiano materiali fragili e può essere facilmente sostituito in modo da offrire un piano di appoggio sicuro e sempre pulito.

Un materiale neutro adatto allo scopo può essere anche il semplice tappetino fitness semirigido da 5 mm in materiale espanso inerte, possibilmente EVA oppure caucciù.

313

Questi tappetini hanno generalmente una lavorazione superficiale a fini losanghe che impedisce agli oggetti anche più minuti di rimbalzare o scivolare e quindi andare dispersi.

L'appoggio è morbido e sicuro anche per oggetti modellati, come le cornici in gesso, o fragili, come le lastre in vetro. Ciò permette di contenere i rischi di azioni che comportano una moderata pressione sugli oggetti.

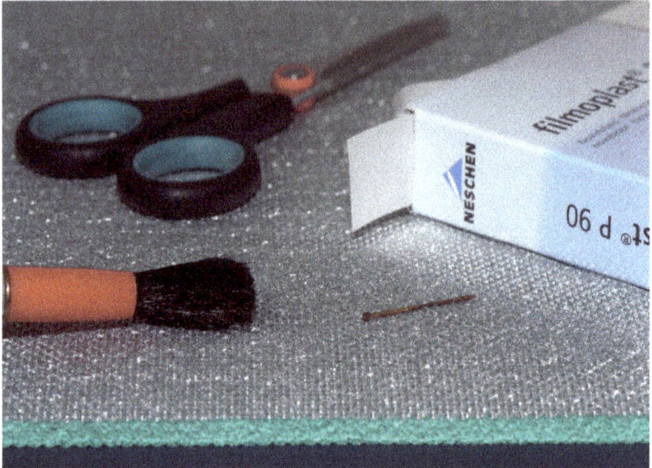

Un lato del tappetino è generalmente di aspetto argentato e ciò permette la perfetta visibilità di ogni piccolissimo oggetto che vi stia appoggiato.

Inoltre è bene avere a portata di mano scatole per riporre temporaneamente ciò che occorre. Il contenitore per conservare provvisoriamente al buio le lastre deve essere ben più largo della piastra che vi si depositerà. Il fondo è bene che sia foderato in spugna semirigida per poter sollevare agevolmente la lastra quando la si recupera dalla scatola e, nel contempo, evitare che si muova qualora il contenitore debba essere spostato. Il coperchio deve poter essere facilmente aperto e chiuso senza scuotere il contenitore ed il suo contenuto.

Il disassemblaggio di una presentazione europea tipo 'french frame' è questione talmente delicata e complessa da richiedere una trattazione estesa che non è qui il caso di svolgere. La sola raccomandazione per il collezionista, l'appassionato ed il curatore è quella di lasciare questo genere di operazioni a professionisti specializzati. La speranza di poter intervenire in modo semplice, magari solo con un tampone inumidito per sollevare la carta di chiusura dorso, è un'illusione che è bene abbandonare senza altra discussione. Alcune parti, per esempio il rivestimento interno del riquadro di montaggio, possono essere realizzate con materiali solubili.

La rimozione di un montaggio daguerreotype o ambrotype in astuccio è una sfida che presenta aspetti meno critici e può essere realizzata in diversi modi. Da escludere l'impiego di una sottile lama in metallo. L'impiego di questo strumento, per esempio un taglierino, che si potrebbe pensare di inserire tra la guarnizione pinch-pad ed il preserver, può produrre danni meccanici di varia natura.

Nel caso si proceda su un astuccio incompleto (half case) è possibile tenere l'oggetto in una mano e battere con delicati colpetti sull'altra, che va tenuta concava. I margini del telaio in legno dell'astuccio impattano sul palmo della mano che riceve i colpi: per inerzia la lastra montata tende ad uscire di sede fino a che può essere afferrata ed estratta.

Questa manovra va evitata quando si maneggia un astuccio completo perché lo stress a cui viene inevitabilmente sottoposta la cerniera è in grado di produrne facilmente la rottura.Il sistema meno rischioso di rimozione consente nell'impiego di una ventosa che deve evidentemente avere le dimensioni adatte per aderire interamente in modo sicuro alla superficie del vetro in vista. Le ventose, che servono per montare i dispositivi di navigazione automobilistici, sembrano particolarmente adatte, perché possono essere appoggiate senza esercitare pressione e sono dotate di una leva che attiva l'aspirazione.

Nel caso di lastre montate con riquadro mat e cornice preserver, si procede poi con l'apertura di quest'ultimo. I lembi in lamiera di ottone sono ripiegati sul dorso della lastra e possono essere agevolmente divaricati, aprendo così l'intera confezione. Se la carta sigillante originale è ancora in grado di svolgere la sua funzione, il pacchetto lastra, mat e vetro rimarrà unito e non si produrranno frizioni tra i diversi elementi.

Più frequentemente questo elemento di montaggio e protezione risulta troppo deteriorato per mantenere la necessaria adesione e si sfalda e si spezza; talvolta è del tutto assente, perché già rimosso da tempo. In tal caso il mat, a diretto contatto con la lastra, può muoversi producendo piccole abrasioni superficiali sull'immagine.

Pertanto è necessario bloccare i diversi elementi con una pinza elastica che abbia una certa forza di chiusura, senza però esercitare pericolose pressioni. Se l'insieme è ben saldo, si può procedere con sicurezza alla rimozione del preserver. Ogni elemento va evidentemente riposto in contenitori adatti che vanno poi spostati fuori dall'area immediata di lavoro.

Sui fianchi della lastrina di protezione, nelle aree in cui il nastro sigillante in carta aderisce ancora al vetro, è sufficiente intervenire con un piccolo pennello inumidito. In pochi minuti l'adesivo si ammorbidisce e consente il completo distacco. I resti di banda sigillante vanno posti tra due strati di carta assorbente neutra e lasciati asciugare.

Le pinze elastiche possono a questo punto essere rilasciate e dovrebbe risultare agevole staccare vetro e mat da un lato e lastra con l'immagine dall'altro. La lastrina va intanto riposta in un contenitore neutro, buio, a fondo spugnoso, assolutamente privo di polvere. Con un fondo spugnoso ma compatto, è più semplice deporre e prelevare in modo 'pulito' le sottili lastre usate in dagherrotipia: sollevarle da un fondo rigido e liscio sarebbe decisamente più complicato perché tendono a scorrere ed a sfuggire alla presa.

Riposto separatamente anche il riquadro mat, è possibile procedere eventualmente alla misurazione delle dimensioni del vetro ed alla sua osservazione. Guardando in trasparenza e muovendolo è possibile vedere se produce le caratteristiche deformazioni dei vetri soffiati oppure se si tratta di un vetro moderno, stampato o laminato. Inclusioni, bolle e superficie irregolare sono evidenti indicatori di un vetro antico.

La pulizia del vetro può essere effettuata con il lavaggio, usando sapone neutro liquido. La superficie può essere strofinata con un buon panno a microfibre per la pulizia dei vetri. Il risciacquo deve essere accurato e prolungato per rimuovere ogni traccia di detersivo. Opportuno è il risciacquo in acqua distillata. L'impiego di una bomboletta di aria compressa uso fotografico aiuta a rimuovere ogni goccia d'acqua ed il vetro può infine terminare di asciugarsi appoggiandolo lontano dalla polvere.

La pulizia della superficie di una lastra va eseguita esclusivamente da professionisti del restauro fotografico. Prima di procedere all'asciugatura è in ogni caso necessario lavare in soluzione fresca di tensioattivo, sciacquare accuratamente, sempre in acqua distillata, e terminare diluendo poche gocce di etanolo, cioè alcool etilico puro a 95°, non colorato. Il lavaggio va escluso a priori, qualora l'immagine presenti una coloritura.

Gli ambrotipi non sono molto più resistenti dei dagherrotipi agli stress meccanici che qualsiasi genere di pulitura comporta. Un semplice lavaggio costituisce teoricamente una limitata occasione di rischio per un dagherrotipo monocromatico (privo di pigmenti colorati). Un dagherrotipo tinto non può essere invece lavato senza creare gravi danni alla coloritura. Il lavaggio può risultare distruttivo per un ambrotipo, a causa della delicatezza dell'emulsione: lo strato di gelatina che contiene l'immagine può addirittura sfaldarsi e staccarsi completamente. La tintura del fondo di contrasto può rivelarsi solubile ed il rischio resta elevato anche per l'eventuale verniciatura di protezione.

È importante tenere presente che un ambrotipo ha generalmente l'emulsione dalla parte opposta rispetto alla verniciatura di contrasto. Ciò significa che, di norma, bisogna evitare di intervenire su entrambe i versi della lastra. Spesso risulta inoltre difficile stabilire, con una superficiale osservazione, se un lato della lastra si presenta come semplice superficie in vetro oppure no.

Un'errata valutazione in relazione anche solo ad un leggero tentativo di pulizia, può avere esiti disastrosi. Non solo in caso di dubbio, ma addirittura in caso di certezza, è indispensabile eseguire una prova preventiva su un'area localizzata normalmente coperta dal riquadro di protezione dell'immagine (mat).

Granelli di polvere in superficie possono essere rimossi da un getto di CO_2 o aria compressa per uso fotografico, impiegando le bombolette prodotte per la pulizia dei sensori delle fotocamere digitali. Se i corpuscoli non si staccano facilmente, è decisamente consigliabile non tentare altre manovre. In genere le possibilità di ottenere empiricamente risultati positivi restano remote, mentre il rischio di produrre danni maggiori è indubbiamente elevato.

In definitiva il lavaggio presenta rischi relativamente limitati esclusivamente in relazione a pochissimi tipi di supporto primario. La regola aurea da seguire consiste generalmente nell'attuazione del proverbio popolare: «guardare e non toccare è una cosa da imparare».

Una lastrina dovrebbe essere adeguatamente documentata quando si procede allo smontaggio, pulitura e messa in sicurezza con risigillatura di un oggetto fotografico. Le misurazioni possono essere effettuate con un calibro in materiale plastico, che riduce i rischi di danni fisici sui margini in cui viene a contatto con il supporto immagine.

A questo punto è indispensabile considerare l'acquisizione digitale che può essere eseguita con ripresa fotografica oppure con scansione. In ogni caso, per ottenere risultati di qualità è necessario servirsi di apparecchiature professionali. Strumentazioni che ovviamente devono essere impiegate con il necessario livello di competenza tecnica.

La riproduzione fotografica effettuata con fotocamere digitali con sensore di dimensioni almeno full format può fornire buoni risultati se l'oggetto fotografico è illuminato in modo ottimale da diverse fonti di illuminazione, posizionate con il corretto angolo di incidenza. Non rientra tra gli scopi che questa pubblicazione si propone, la definizione di modalità tecniche di riproduzione fotografica.

L'indicazione di massima è quella che è necessario operare come avviene per la riproduzione dei quadri sotto vetro, per i quali è fondamentale l'eliminazione di ogni riflesso. La registrazione in formato file grezzo (RAW) consente di effettuare gli interventi di postproduzione che sono necessari per ottimizzare il risultato grafico, in termini di corretta resa di gamma tonale, contrasto, luminosità…

Lo scanner piano professionale è uno strumento in grado di fornire i massimi risultati in termini di risoluzione e profondità colore. Tuttavia impiega una lampada che emette luce intensa, con componenti di spettro di emissione potenzialmente dannose per i materiali fotografici. Tuttavia le operazioni di acquisizione digitale sono piuttosto brevi e quindi l'esposizione effettiva subita dai materiali può essere ritenuta accettabile.

Massima attenzione va ovviamente riservata alla pulizia del cristallo dello scanner ed al corretto sfruttamento di tutte le impostazioni che l'hardware ed il software di acquisizione consentono. Non si tratta quindi semplicemente di effettuare una comune scansione, ma di curare il massimo della qualità utilizzando risoluzioni il più possibile elevate, compatibilmente con la possibilità di gestire file di grandi dimensioni.

Una scansione di livello qualitativo professionale implica la definizione del profilo ICC ed il pieno equilibrato controllo dei parametri di ogni singola acquisizione: istogramma di densità e colori, livelli, curve, gamma di contrasto… Il formato base di memorizzazione dei file deve essere in grado di conservare integralmente i dati acquisiti, senza alcuna compressione e con la massima profondità bit offerta dal sistema. Uno standard di memorizzazione appropriato è attualmente il formato TIFF, da considerare come base di lavoro da cui trarre poi i file d'impiego pratico per la pubblicazione a stampa, adatti alla distribuzione e più compatti, anche in formato JPG. È opportuno che i file acquisiti siano conservati su diversi supporti, in luoghi diversi e che se ne verifichi a distanza di anni l'integrità, in modo da procedere a duplicazioni e/o conversioni quando si riveli necessario. I file relativi ai diversi oggetti fotografici vanno classificati in modo organico per poter essere immediatamente recuperati quando servono. I file delle immagini digitali dovrebbero essere sempre associati in modo chiaro a file di schedatura che permettano di conoscere tutte le note caratteristiche relative ad ogni singolo oggetto fotografico riprodotto. La corretta compilazione delle voci di informazione incluse nel file digitale come dati *Exif* (Exchangeable image file format) è decisamente raccomandabile perché questo genere di registrazione costituisce ormai uno standard di comune impiego, riconosciuto da qualsiasi software di gestione delle immagini digitali.

È importante sottolineare che oggetto di acquisizione digitale non è solo la fotografia in sé, intesa come supporto primario, ma tutti gli elementi che ne compongono il montaggio e che concorrono alla presentazione complessiva: dorsi, etichette, elementi associati, singole parti dell'insieme. Per esempio nel caso di un dagherrotipo confezionato in astuccio, vanno documentati iconograficamente: astuccio aperto (interno e esterno), eventuali dettagli della cerniera, ganci, cuscinetto, preserver, mat, lastra (recto ma anche dorso e sigillatura), eventuali hallmark ed altri elementi rilevanti. In questa fase di documentazione non bisogna tralasciare di rilevare tutte le misure significative, procedendo alla compilazione di una traccia di identificazione indispensabile per il successivo completamento di una accurata scheda di classificazionc.

Una volta concluse le operazioni di acquisizione digitale, documentazione e delicata pulizia degli elementi del montaggio (cornice, vetro, parti cartacee), si procede con la sigillatura ed il riassemblaggio. Il ripristino di una efficace sigillatura è particolarmente importante per i dagherrotipi confezionati in astuccio, al fine di proteggere la lastra dagli agenti alteranti ambientali e dall'infiltrazione di polveri visibili e micropolveri. Nei montaggi europei non è possibile sigillare in modo totalmente efficace perché il pacchetto richiuso resta comunque un montaggio cartaceo. L'operazione va effettuata utilizzando i nastri per riparazione e restauro con specifiche ISO 9706, in carta neutra qualità archivio, con buffer CaCO3. Per la sigillatura dei dagherrotipi è universalmente diffuso l'impiego del nastro Filmoplast P90 della Neschen. La banda sigillante va stesa a chiusura del perimetro lastra, tra vetro e supporto primario, includendo il riquadro mat, esattamente come in originale, senza soluzioni di continuità e ripiegandola sugli angoli, come si osserva nelle illustrazioni. Anche questa manovra comporta rischi di frizione tra lastra e il metallo del mat che si trova a diretto contatto. Alcuni restauratori preferiscono interporre un sottile telaio in mylar che serve da distanziatore, con una larghezza tale da rimanere nascosto sotto al mat. In ogni caso la manipolazione va eseguita mantenendo fermo l'insieme con pinzette, così come fatto per l'apertura dell'oggetto fotografico, sempre per evitare sfregamenti tra gli elementi. Normalmente gli ambrotipi ed i ferrotipi montati in astuccio non vennero sigillati in origine, mentre invece gli ambrotipi in *french frame* vennero accuratamente fissati. Ciò comporta il rischio che si possano verificare danni meccanici causati da microspostamenti e conseguenti frizioni tra lastrina e riquadro mat. La sigillatura permette di unire in modo stabile i diversi elementi ed è pertanto consigliabile.

Dagherrotipo da ¹/6 di lastra con sigillatura originale ormai scollata e tendente a sbriciolarsi

Carta di sigillatura staccata dalla lastra, dopo avere ammorbidito i bordi con acqua distillata.

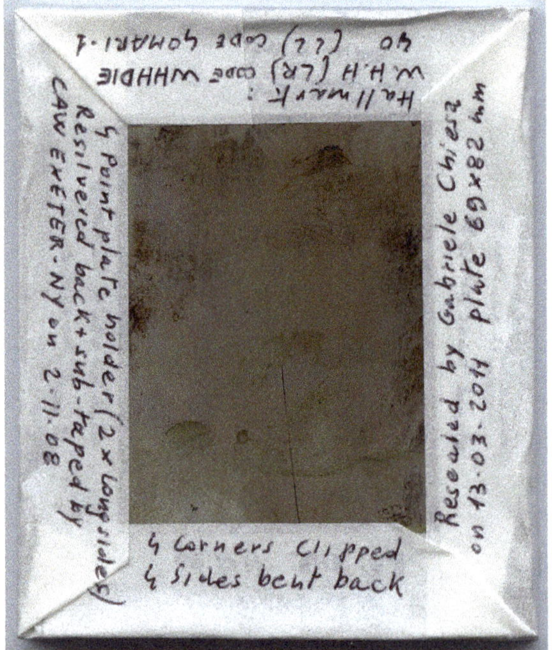

Dagherrotipi riargentati da ¹/6 di lastra. A sinistra con sigillatura originale ancora integra ed apparentemente in buono stato di conservazione. Spesso però la carta ha ormai perso aderenza e resta incollata solo parzialmente. L'operazione di sigillatura veniva effettuata con un tratto di nastro continuo, ripiegato in corrispondenza degli angoli. La risigillatura con Filmoplast P90, per essere efficace, va eseguita allo stesso modo.

Mentre il dorso dei dagherrotipi e dei ferrotipi è semplice metallo, nel caso dell'ambrotipia, eccettuato il caso delle ruby ambrotype, abbiamo a che fare con un dorso che può essere trattato con vernice, bitumato o comunque rivestito con pigmento scuro. Usare una banda adesiva, per quanto rimovibile, può comportare rischi. Pertanto l'eventuale nastratura va eseguita solamente sul profilo del bordo esterno, senza ripiegare sul dorso, ma rimuovendo l'eccesso di banda sigillante con un taglierino.

Le lastre risigillate dovrebbero essere sempre documentate apponendo le necessarie note sulla banda adesiva, in modo da rendere immediatamente accessibili informazioni sull'oggetto che altrimenti rimarrebbero nascoste: aspetto dei margini e degli angoli, eventuali punzoni, dimensioni effettive, data di risigillatura ed altre eventuali informazioni.

Chi si appassiona ai processi fotografici antichi può essere preso dalla tentazione di tornare a sperimentarli. Tentativi improvvisati di restauro sono pericolosi per i materiali storici, ma esperimenti avventati in ambiti fotografici potenzialmente nocivi, come in dagherrotipia, possono rivelarsi a lungo termine devastanti per lo stato fisico di chi li compie senza adeguate precauzioni.

Le sostanze usate per la sensibilizzazione e lo sviluppo che si usano in dagherrotipia sono infatti particolarmente tossiche e la loro incauta manipolazione può produrre seri danni alla salute, come purtroppo sperimentarono direttamente i pionieri della dagherrotipia. Il mercurio è una sostanza neurotossica, che ha elevati effetti dannosi anche su diversi organi vitali. Operare in presenza dei suoi vapori è estremamente pericoloso perché l'inalazione provoca accumulo nel sistema nervoso centrale, producendo alterazioni permanenti, anche mentali, che si osservano solo a distanza di tempo.

Dagherrotipo tinto da 1/6 di lastra pulito, risigillato e riassemblato.

I dagherrotipisti contemporanei più accorti effettuano infatti il trattamento delle lastre al vapore di mercurio in box a tenuta ermetica e cappa aspirante filtrata, non trascurando di indossare una mascherina con filtro antigas.

Un antico detto inglese, per definire chi si comporta in modo eccessivamente stravagante, usa le parole "matto come un cappellaio".

Chi non si ricorda di quello di *Alice nel Paese delle Meraviglie*? I cappellai del XIX secolo usavano infatti composti di mercurio per la lavorazione del feltro e ciò aveva terribili permanenti conseguenze sul loro stato mentale.

Visto il rischio professionale, si sarebbe forse indifferentemente potuto usare la sentenza "matto come un dagherrotipista".

Dagherrotipo da ¼ di lastra in montaggio europeo. Immagine dello studio di Alexandre Bertrand.
La locandina sul dorso riporta: «Ritratti dopo il decesso. Corsi di dagherrotipia. Antico n°40, Rue Dauphine n°34. Terrazza a vetri riscaldata in inverno. RITRATTI AL DAGHERROTIPO in nero ed a colori all'ombra in 10 secondi. Eseguiti dal Professor A.BERTRAND. Tutti i giorni dalle 8 del mattino alle 6 di sera. Prezzi: 3f. 4f. 5f. e oltre. Somiglianza garantita, riuscita infallibile. Tutti i ritratti saranno fissati al cloruro d'oro, ciò li rende inalterabili e saranno consegnati immediatamente. Specialità per le riproduzioni di Pitture, Stampe e Oggetti d'Arte. vendita di Apparecchiature. PARIGI».

Classificazione e valorizzazione - 7.5.0
Punzoni: Hallmark

Nel corso delle ricerche sviluppate congiuntamente dagli autori di questa pubblicazione è stato possibile osservare direttamente, confrontare e studiare centinaia di antiche lastre per dagherrotipia. Uno dei risultati raggiunti consiste nell'identificazione di molti punzoni utilizzati per marcare le piastre.

Il testo di rifermento e classificazione comunemente adottato è, a tutt'oggi, *"The American Daguerreotype"* di Floyd e Marion Rinhart, pubblicato da University Georgia Press addirittura nel 1981. Da allora sono stati raccolti molti altri dati e documenti che consentono di proporre un contributo decisamente più completo ed aggiornato in grado di superare lacune, sviste ed imprecisioni del pur fondamentale testo di Rinhart.

La tavola di identificazione qui proposta, certamente ancora da ampliare ed approfondire, presenta significative revisioni ed un deciso arricchimento, rispetto all'incompleto prospetto dei punzoni già elencati da Rinhart. L'ambizione non è certo quella di esporre qui un catalogo esaustivo, quanto piuttosto di presentare nuove osservazioni ed integrazioni. Il lavoro di identificazione potrà considerarsi più compiutamente condotto quando sarà possibile avvalersi della completa cooperazione internazionale delle istituzioni e dei ricercatori, superando la limitata visione delle singole esperienze.

L'obiettivo è quello di stabilire uno schema di classificazione flessibile ed aperto allo sviluppo, che permetta di registrare ogni successivo eventuale nuovo elemento in uno schema che non debba ogni volta risultare sconvolto. Per questo non si è fatto ricorso ad un elenco in successione numerica, ma si impiega invece un criterio di ordinamento di codici alfabetici significativi.

Gli autori intendono qui proporre un codice di identificazione che risulti di facile interpretazione e adatto a consentire successive modifiche, integrazioni ed aggiornamenti. Un semplice numero d'ordine mantiene infatti un valore limitato alla pubblicazione in cui compare ed è destinato a risultare superato nel tempo. La soluzione qui adottata dovrebbe invece poter consentire una classificazione che permetta l'immediato riconoscimento del punzone (hallmark), salvaguardando inoltre eventuali sviluppi e variazioni. La correlazione tra la figura grafica di ogni punzone ed il suo codice identificativo è destinata dunque a rimanere fissata anche nel caso di future evoluzioni.

La grafica dei marchi qui raffigurati è ricavata generalmente dal ricalco digitale dei marchi effettivamente incisi sulle lastre. Ciò è stato eseguito sovrapponendo il disegno grafico all'immagine originale acquisita. Spesso è stato possibile identificare un carattere tipografico equivalente a quello originale. Le forme di carattere utilizzate per la grafica dei punzoni qui rappresentati, sono quanto di più simile all'originale è stato possibile reperire e provengono da una selezione effettuata tra quasi duemila modelli di font. Talvolta la scadente qualità dei segni impressi sulle lastre originali ha costretto all'impiego di qualche approssimazione.

Alcuni punzoni, pur osservati identici su un certo numero di lastre, risultano ancora incompleti. In questo caso si è scelto di adottare la rappresentazione comunemente ritenuta più attendibile dai conservatori dei musei e delle collezioni o comunque quella che si può ricavare da un'attenta ed approfondita osservazione e dal confronto tra lastre con identico punzone.

Molte marcature risultano composte dall'impressione di più punzoni. L'indicazione di massa è infatti generalmente apposta separatamente rispetto al marchio del fabbricante. Inoltre possono figurare sulla medesima lastra la punzonatura del produttore, dell'importatore, del distributore o del dagherrotipista stesso. Le combinazioni moltiplicano perciò le marcature che risulta possibile rilevare. Per i riferimenti di identificazione ci si è qui largamente serviti del contributo offerto dal *Craig's Daguerreian Registry* (www.daguerreotype.com).

Per quanto la frequenza delle ricorrenze possa rafforzare la convinzione che un determinato punzone sia caratteristico di una precisa area geografica d'impiego, non è purtroppo possibile raggiungere certezze incontestabili. Purtroppo l'area di produzione non corrisponde sempre necessariamente all'area di utilizzo. Specialmente agli inizi dell'epoca della dagherrotipia, le lastre francesi erano massicciamente esportate in America e nel resto dell'Europa.

Il minuscolo foro circolare che alcuni dagherrotipi presentano in un angolo non può essere considerato propriamente un punzone, in quanto venne praticato nel corso dei trattamenti di riargentatura con placcatura elettrolitica (*electroplating*). Tale procedimento fu utilizzato per accrescere la sensibilità della lastra oppure per rigenerare lo strato di argento, consumato da ripetute azioni di lucidatura. Questa lavorazione comporta la sospensione della lastra, che viene collegata elettricamente come catodo, nel bagno galvanico.

La tavola di identificazione adottata, ordina i punzoni seguendo un criterio alfabetico. Non risulta attuabile un elenco semplicemente basato sul cognome o sul marchio perché non sempre questo è noto e riconoscibile, come quando si osserva una coppia di lettere in un punzone non ulteriormente identificabile. Pertanto la sequenza è realizzata seguendo un insieme integrato di parametri.

Il codice di identificazione è costituito da sei caratteri in stampatello maiuscolo, eccetto nel caso in cui la denominazione del fabbricante o del dagherrotipista sia riconoscibile in modo assolutamente univoco. In quest'ultimo caso si adotta direttamente il nome del marchio. I caratteri utilizzati hanno una funzione denotativa e designano precisi elementi del punzone, quali forme o lettere. In questo modo risulta possibile mantenere affiancate in elenco marcature di aspetto sostanzialmente simile, anche se siglate con iniziali di lettera molto diverse.

Le varianti danno luogo all'aggiunta di un numero progressivo (trattino seguito da 1, 2, 3…). Qualora in futuro si riveli necessario inserire un nuovo marchio, si impiegherà una combinazione alfanumerica di caratteri adatta a posizionare il punzone secondo il corretto criterio alfabetico.

Il codice descrittivo di classificazione è accompagnato da una denominazione sintetica in lingua inglese, soluzione nata per semplificare l'applicazione del sistema di classificazione qui proposto a livello internazionale.

Un'altra importante convenzione di riconoscimento, classificazione e rappresentazione grafica consiste nella distinzione tra *punzoni positivi* diretti, cioè incisi (*engraved*) e *punzoni negativi* in cui il disegno si osserva per rilievo rispetto al fondo ribassato, rettangolare, ovale, tondo… (*inscribed*). Il punzone lascia un segno per impressione che entra nella lastra, non in rilievo ma per infossamento. L'impronta ha pertanto un aspetto grafico negativo, al contrario di un disegno su carta.

La convenzione di rappresentazione grafica deve pertanto risultare coerente con questa caratteristica. Gli schizzi di punzoni finora utilizzati in varie pubblicazioni sono invece stati spesso realizzati con criteri di rappresentazione soggettivi e non tecnici.

Per esempio si è, in passato, impiegato il disegno di una cornice rettangolare per contornare un valore di massa argento. Questa soluzione è tecnicamente arbitraria, perché non esiste in realtà alcuna linea di cornice. Più semplicemente il punzone affonda nel metallo ad eccezione della figura del numero, in rilievo, che pertanto viene letto in negativo. A questo particolarità bisogna porre grande attenzione, perché il medesimo disegno, per esempio un segno di massa 40, può essere impresso in positivo oppure in negativo, secondo il tipo di punzone utilizzato. Si osservano cioè fiori ed asterischi prodotti per impressione, ma anche figure, apparentemente simili e dal profilo sostanzialmente identico, originate invece da un punzone che li produce per rilievo inverso.

Questo dettaglio ha un effetto non trascurabile anche in relazione all'identificazione dell'area di produzione perché le lastre americane sono prevalentemente marcate con semplici punzoni positivi, mentre quelle europee, eccetto le primissime, presentano generalmente un contrassegno più elaborato e spesso eseguito con punzonatura in negativo. Qui viene definito come punzone positivo quello che produce impressione per incisione. È invece individuato come punzone negativo, quello che genera una figura inversa per affondamento del campo circostante, qui convenzionalmente rappresentato con un'area colorata in corrispondenza delle aree ribassate.

Gli hallmark già classificati da Rinhart, sono stati meticolosamente verificati effettuando osservazioni e confronti con un numero consistente di ricorrenze. Quando sono stati riconosciuti in modo evidente come parziali, cioè come porzioni incomplete di marchi noti, sono stati omessi. In alcuni casi è stato necessario modificarli e ridefinirli con le opportune correzioni. Le lastrine subivano infatti generalmente il taglio degli angoli (*clipping*) che erano stati deformarti dalla lavorazione nella morsa di lucidatura. L'eliminazione degli spigoli taglienti e piegati serviva per facilitare l'alloggiamento (*housing*) del dagherrotipo nella sua confezione di presentazione.

I riferimenti di datazione relativi agli anni di produzione, quando presenti, sono stati ricavati dalla convergenza di osservazioni e ricerche ed hanno valore indicativo. L'epoca di alcuni punzoni può essere identificata con maggiore precisione perché esistono documenti relativi alla denominazione del marchio e all'attività del fabbricante. Un elemento può essere fornito dall'esame di eventuali annotazioni, foglietti con riferimenti di data, presenti nella confezione, quando questa risulta verosimilmente non alterata. Indicazioni utili possono essere anche ricavate da elementi caratteristici dell'abbigliamento, particolarmente quello femminile. Un'utile guida di riferimento è costituita da *"Victorian and Edwardian Fashion: A Photographic Survey"* di Alison Gernsheim; *"American Victorian Costume in Early Photographs"* di Priscilla Harris Dalrymple ed altri testi citati nella bibliografia di questo volume. Gli autori auspicano che questo contributo di catalogazione possa essere largamente condiviso, anche a livello internazionale, in modo da costituire un riferimento comune per gli operatori di questo specifico affascinante settore storico della fotografia.

Seguendo il criterio alfabetico, i numeri precedono le lettere, pertanto la tabella si apre con le marcature di massa. Questo è il tipo di punzone più comune, generalmente apposto dal fabbricante della lastra per dagherrotipia per definire la qualità del prodotto in termini di quantità d'argento. Il numero impresso indica il denominatore di una frazione riferita alla massa totale della lastra. Per questo lo troviamo talvolta associato alla lettera M (*mass/masse*).

Le lastre più diffuse erano marcate "40" oppure "40 M" a significare che erano realizzate con una parte d'argento e 39 di rame. Evidentemente il punzone "20" indicava invece uno spessore decisamente maggiore di argento, cosa che permetteva di ripetere lucidatura, esposizione e trattamento nel caso di una ripresa mal riuscita.

Il costo particolarmente elevato delle lastre di massa 20 pose questi supporti rapidamente fuori mercato. La marcatura di massa 20 si rileva pertanto sulle lastre del primo periodo della dagherrotipia, su supporti in rame piuttosto massicci ed in genere a spigoli vivi, non deformati dal montaggio sui supporti per lucidatura prodotti successivamente.

Dalla tabella che segue non è purtroppo possibile rilevare le dimensioni di ogni singolo punzone, in quanto sarebbe stato necessario disporre di apparecchiature scientifiche per la riproduzione in macrofotografia di cui gli autori di questo testo non dispongono. Le dimensioni sono molto variabili e comunque sempre di pochi millimetri.

Alcuni hallmark non superano i due millimetri e dunque sono spesso difficili da rilevare, particolarmente quando l'impressione è incompleta o comunque imperfetta. I segni di punzonatura, comunque non sempre necessariamente presenti su tutte le lastre, possono essere rilevati solo con un'osservazione estremamente attenta, particolarmente delle aree prossime agli angoli della lastra.

Accanto al codice di classificazione, per i punzoni già individuati da Rinhart e per semplificare il confronto e la conversione, nella tavola che segue è presente il corrispondente numero di identificazione riportato nel testo *"The American Daguerreotype"*.

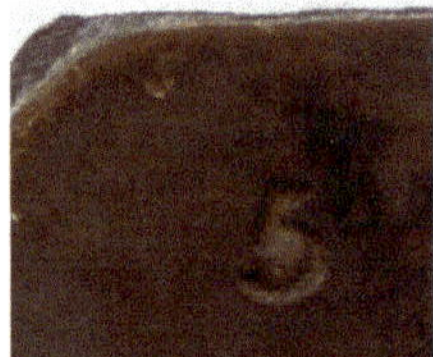

L'interesse e l'attenzione per i punzoni impressi sulle lastre per dagherrotipia è relativamente recente ed è prevalentemente rivolto alla lato frontale delle piastre, dove di regola essi vengono rilevati. La punzonatura sul dorso è di straordinaria rarità, tanto che si è potuta radicare la convinzione generale che sul verso della lastra non venisse assolutamente praticata alcuna marcatura.

L'esame scrupoloso dei dorsi di dagherrotipi già sbrigativamente osservati, potrebbe invece rivelare qualche sorpresa. Qui sopra, la punzonatura di un minuscolo numero osservato sul dorso di una delle prime lastre inglesi.

AJPD40

Hallmark code:
MARERD

Due esempi di *hallmark* classificato con il sistema proposto in questo libro. Sfortunatamente è ancora difficile stabilire l'associazione di ogni punzone ad uno specifico produttore, importatore o studio fotografico.

Classificazione e valorizzazione - 7.6.0

Classificazione dei punzoni

20MAAE
20 Mass Askew Engraved.
20 massa disallineato inciso.
Vedere anche: 30MAAE, 40MAAE.
Inciso con due punzoni separati. Le prime lastre
per dagherrotipia erano generalmente massicce e
caratterizzate dall'elevata massa d'argento.

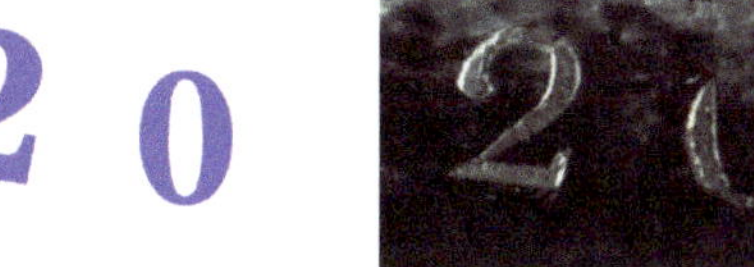

20MARI
20 Mass Rectangle Inscribed.
20 massa inscritto in rettangolo.
Differisce dal precedente perché eseguito con punzone al negativo, cioè il rettangolo
affonda nella piastra, mentre il numero è in rilievo; le due cifre sono allineate.

20MAUM   (Rinhart n.48)
20 Mass Undescored M.
20 massa M sottolineata,
inscritto in rettangolo stondato.
Produttore sconosciuto, forse francese, lastra con massa 20. Anno 1845 circa.

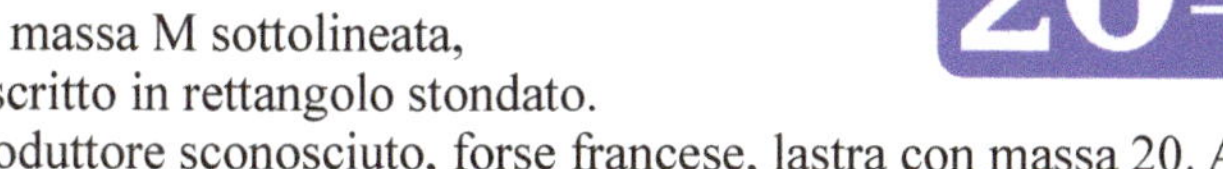

30MAAE-1
30 Mass Askew Engraved, variant 1.
30 massa disallineato inciso, variante 1.
Vedere anche: 20MAAE e 40MAAE,
inciso con due punzoni separati.

30MAAE-2
30 Mass Askew Engraved, variant 2.
30 massa disallineato inciso, variante 2.
Area Centro Europa, 1845 ca.
Inciso forse con due punzoni separati. Associato a BLETEN-2.

30MADD
30 Mass Double Dish.
30 massa inscritto in doppio disco.
Esempio con tracce di rossetto da gioielliere.

30MAIR-1
30 Mass Inscribed in Rectangle, variant 1.
30 massa inscritto in rettangolo, variante 1.
Impresso in rettangolo stondato.
L'esempio porta tracce di rossetto da lucidatura.

30MAIR-2
30 Mass Inscribed in Rectangle, variant 2.
30 massa inscritto in rettangolo, variante 2.
Cifra 3 con profilo a curva.

30MAMI
30 Mass M Inscribed.
30 massa M a tridente, inscritto in rettangolo stondato.
Anni intorno al 1842, area centro Europa.

30MAOI-1
30 Mass Oval Inscribed, variant 1.
30 massa inscritto in ovale, variante 1.
Caratterizzato da un 3 ben profilato, con grazie in alto.

30MAOI-2
30 Mass Oval Inscribed, variant 2.
30 massa inscritto in ovale, variante 2.
Caratterizzato da un 3 massiccio, senza grazie.

30MMDI
30 Mass M Dotted Inscribed.
30 massa M puntato, inscritto in rettangolo stondato.

30MMEI
30 Mass ME Inscribed.
30 massa ME, inscritto in rettangolo stondato. "ME"
sta forse per il termine francese 'masse', il che fa
presumere la Francia come area di provenienza.

40FL4E
40 Flower 4 Ends.
40 massa, inscritto in fiore a quattro punte.
Area francese, anni precedenti il 1850.

40MAAE
40 Mass Askew Engraved.
40 massa disallineato inciso.
Vedere anche: 20MAAE, 30MAAE.
Inciso con due punzoni separati.

40MAAF
40 Mass Askew Fat.
40 massa disallineato paffuto.
Apparente deformazione di 40MAAE, ma rilevato
in varie ricorrenze sempre in questa peculiare forma.
Spesso risulta manchevole l'apice della cifra "0".

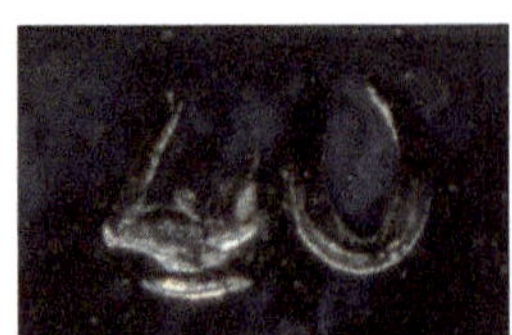

40MAAI
40 Mass Askew Inscribed.
40 massa disallineato,
inscritto in rettangolo smussato.

40MADI-1   (Rinhart n.18b mass)
40 Mass Dish Inscribed, variant 1.
40 massa inscritto in disco, variante 1.
Cifra quattro aperta.

40MADI-2   (Rinhart n.18a mass)
40 Mass Dish Inscribed, variant 2.
40 massa inscritto in disco, variante 2.
Cifra quattro chiusa.

40MAEG
40 Mass Elliptical Grid.
40 massa, inscritto in ellisse con fondo a griglia.

40MAEI
40 Mass Elliptical Inscribed.
40 massa, inscritto in ellisse.

40MAEN
40 Mass Engraved.
40 massa inciso, area francese anni, 1845-1850 c.a.

40MAIN   (Rinhart n.4d)
40 Mass Ingot Inscribed.
40 massa M, inscritto in figura con profilo a lingotto.

40MAMD-1
40 Mass M Dotted, variant 1.
40 massa M puntato, inscritto in rettangolo smussato.

40MAMD-2
40 Mass M Dotted, variant 2.
40 massa M puntato, variante 2,
inscritto in rettangolo smussato.
Disco grande sotto la lettera M, cifra quattro fusa con lo zero.

40MAMI
40 Mass M Inscribed.
40 massa M, inscritto in rettangolo smussato.

40MAOI
40 Mass Octagon Inscribed.
40 massa inscritto in ottagono.
Caratterizzato da un 4 chiuso, massiccio, con grazie.
Produzione di area francese intorno agli anni 1845.

 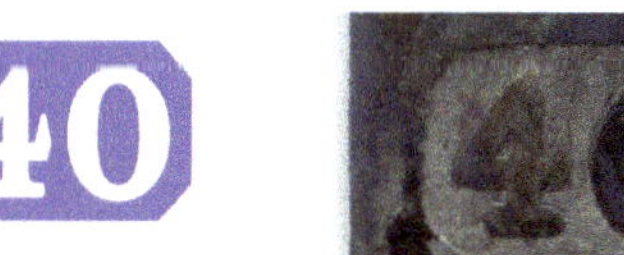

40MARI-1
40 Mass Rectangle Inscribed, variant 1.
40 massa inscritto in rettangolo, variante 1.
Caratterizzato da un 4 chiuso;
ben profilato, con segmento trasversale del 4 disallineato.

40MARI-2
40 Mass Rectangle Inscribed, variant 2.
40 massa inscritto in rettangolo, variante 2.
Caratterizzato da un 4 chiuso e massiccio.

40MARI-3
40 Mass Rectangle Inscribed, variant 3.
40 massa inscritto in rettangolo, variante 3.
Caratterizzato da un 4 aperto, senza grazie al piede.

40MARI-4
40 Mass Rectangle Inscribed, variant 4.
40 massa inscritto in rettangolo, variante 4.
Caratterizzato da un 4 aperto,
con grazie al piede e segmento trasversale del 4 disallineato.

40MEFN   (Rinhart n.14)
40 ME F.N.
40 ME F.N. puntato, inscritto in rettangolo stondato.
Fabbricante di lastre, probabilmente francese, 1847 circa.

40MMEI
40 ME Inscribed.
40 ME, inscritto in rettangolo stondato.
Fabbricante di lastre francese, assimilabile
alla medesima provenienza del 30MMEI.

40MRAS
40 Mass Radiant Sun.
40 Massa in sole radiante.
Raggi molto fini e massa in negativo,
la cifra risulta di scarsa leggibilità.

60MADI   (Rinhart n.47)
60 Mass Dish Inscribed.
60 Massa inscritto in disco.
Produttore sconosciuto, lastra economica con massa 60.
Punzone presente su piastre prodotte intorno all'anno 1850.

AB&PRI   (Rinhart n.1)
AB & P Rectangle Inscribed.
A.B. & P. inscritto in rettangolo.
Alexander Beckers e Victor Piard furono
in attività come soci a New York dal 1849 al 1858.

ABADIE
Abadie.
Martin d'Ossonne Abadie, dagherrotipista originario di Parigi.
Attivo a Mosca tra gli anni 1850 e 1855. Studio nel quartiere
Petrovskiy, palazzo Reshëtnikova all'angolo col vicolo Tsum.

ABDOTT
A.B.dotted.
"A.B." puntato, punzone diretto positivo.
Produttore di lastre probabilmente americano.

ABRESCH
Abresch.
Abresch, dagherrotipista probabilmente tedesco,
forse area di Dresda. Anni intorno al 1845.

AGBR40   (Rinhart n.2)
Asterisk Gaudin Breveté 40.
Asterisco Gaudin Breveté 40.

AGDO20
Asterisk Gaudin Doublé 20.
Asterisco Gaudin Doublé 20.

AGDO30
Asterisk Gaudin Doublé 30.
Asterisco Gaudin Doublé 30.

AGDO40
Asterisk Gaudin Doublé 40.
Asterisco Gaudin Doublé 40.
I fratelli francesi Alexis Gaudin e
Marc Antoine Gaudin produssero materiali

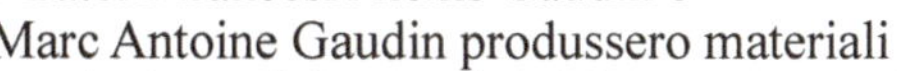 

per dagherrotipia a Parigi dal 1844. Lastra largamente importata e diffusa anche in America.
La variante più diffusa risulta quella con massa 40; rara la variante di massa 30 e rarissima la
variante di massa 20.

AJPD30
Asterisk JP Doublé 30.
Asterisco JP doublé, massa 30.

AJPD40   (Rinhart n.29)
Asterisk JP Doublé 40.
Asterisco JP doublé, massa 40.
Produzione tra gli anni 1850-58.
Fabbricante di lastre probabilmente francese.

Questo marchio si presta ad essere confuso con i punzoni di Gaudin, ai quali si richiama in modo
evidente. Il terreno stilizzato sotto alle zampe è più corposo e pare di scorgere un punto in posizione
centrata. Anche le cifre che indicano la massa argento hanno un aspetto diverso dal precedente.

AMOOCI   (Rinhart n.4b)
A Crescent Moon.
"A" in falce di luna crescente.
Periodo circa dal 1848 al 1850.
Qui sovrapposto all'hallmark 40MARI-2.

ANSON   (Rinhart n.3)
Anson.
Rufus P. Anson.

Fu dagherrotipista a New York, in Brodway, dal 1852 al n.633,
poi al n.589. Il suo punzone appare spesso associato al punzone del fabbricante francese N.P.
Lerebours (Nicolas Marie Paymal, vedere codice NP40OI). Anni 1849-1857 circa.

ANTHONY   (Rinhart n.4c)
Anthony.
Edward Anthony, Co. N.Y.
Commerciante e fabbricante di
forniture fotografiche, specializzato

nella produzione di astucci e riquadri mat. In attività dal 1847.
Nel 1850 aveva in catalogo le lastre; Crescent, Star, Phoenix, Scovills e French.
Nel 1854 le lastre: Scovills, French Star, Triple Star, HB, Christofle.
Commercializzò anche lastre per dagherrotipia con il proprio punzone.

AS4SAI
Asterisk 4 Sectors Arrows Inscribed.
Asterisco 4 settori a frecce convergenti inscritte in disco.

AS6SAI
Asterisk 6 Sectors Arrows Inscribed.
Asterisco 6 settori a frecce convergenti inscritte in disco.

AS6SDE
Asterisk 6 Sectors Dish Engraved.
Asterisco 6 settori inscritti in disco.
Anni compresi tra il 1843 ed il 1850 circa.

AS6SPE
Asterisk 6 Sectors Petals Engraved.
Asterisco 6 settori incisi in forma di petali.
Anni compresi tra il 1843 ed il 1850 circa.

AS6STE   (Rinhart n.21)
Asterick 6 Sectors Tears.
Asterisco a sei settori a forma di goccia stilizzata.
Caratteristico dei punzoni A.Gaudin (AJPD40) e JP agnello (AJPD40).

Questa è la forma più comunemente diffusa, mentre le precedenti appaiono come più antiche.
I punzoni generalmente classificati da curatori e restauratori di dagherrotipi come
Asterisco (*Asterisk*) sono presenti su piastre di vari periodi, fin verso il 1858 circa.
Il simbolo può comparire isolatamente, oppure associato al punzone di marcatura della massa
d'argento. Compare anche accanto ai marchi di fabbricazione, importazione o del dagherrotipista.
Non sempre è facile distinguere tra le varianti a causa delle deformazioni subite.

ASRSSE
Asterisk Radiant Sun Split Ends.
Asterisco a sole radiante con raggi sdoppiati.
Al centro è presente un segno ancora da identificare (B?).

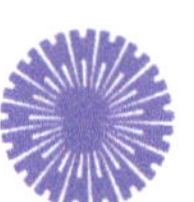

ASSCAI   (Rinhart n.4d)
A Radiant Sun.
"A" in doppio cerchio stellato.
Periodo compreso tra il 1850 e 1855 circa. Identificato da Rinhart, che segnala
la presenza di una "S" impressa accanto alla "A" nelle lastre post 1853.

ASSTAE   (Rinhart n.4a)
A Star Circle.
A in stella inscritta in cerchio.
Periodo: anni tra il 1847 ed il 1848 circa.

BALCCD
Balance, CC in Diamond.
CC puntato con bilancia inscritta in diamante.
Anni intorno al 1844.
Punzone associato al marchio lineare alfabetico Christofle.
La puntatura non segue le lettere, ma è posta ai margini sinistro e destro del diamante.
Due asterischi sovrapposti al centro, simili al AS6STE. Stelline nell'angolo superiore.

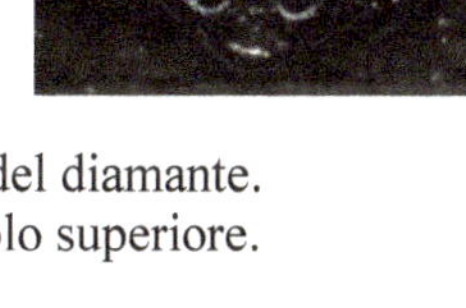

BALFCR
Balance, FC in Rectangle.
F puntato C, tra i piatti di una bilancia,
inscritto in rettangolo ad angoli arrotondati.
Produttore francese, forse area di Nantes, Bretagna, Francia, 1845 circa.

BCREIN
B C Rectangle Inscribed.
B C lettere iniziali inscritte in rettangolo.
Area centro Europa.

BECKEL
Beckel.
Punzone che può essere attribuito ai
fratelli Beckel, operanti in New York.
Anni tra il 1845 e 1850 circa.

BELLOC
Belloc.
Joseph Auguste Belloc, dagherrotipista parigino attivo dal 1851.
Noto per le riprese fotografiche di nudo, anche in stereoscopia,
particolarmente audaci per l'epoca e finemente colorate.

BERTRAND
Bertrand.
Punzone inciso in forma di firma di
Alexandre Bertrand, dagherrotipista francese operante a Parigi in rue Dauphine 34 dal 1853.
Anno 1855 circa. Bertrand proseguì la produzione di dagherrotipi fino al 1860 circa, accanto
agli altri processi su vetro e su carta.
Scomparse in coincidenza con l'assedio prussiano di Parigi del 1871.

BERUBET
Berubet.
Punzone inciso in forma di firma in
carattere corsivo di Berubet, dagherrotipista operante a Clermon-Ferrand.
Questa tipologia di punzone positivo in forma di firma corsiva fu adottata
da molti dagherrotipisti francesi fino verso l'anno 1860.

BEYER
Karol Beyer.
Dagherrotipista polacco operante a Varsavia negli anni intorno al
1850. Karol Beyer (Warsaw 1818-1877). Lo studio fu in attività
dal 1845 al 1869. Punzone unico disposto su due linee sovrapposte.
Indirizzo dello studio fotografico: Warszawie, Palacu JW Hr.Zamojskich.

BFD40I (Rinhart n.7)
BF Dotted 40 Inscribed.
B.F. puntato, massa 40,
inscritto in ottagono allungato.
Benjamin French, attivo a Boston nel 1854.
Registrato fino dal 1848 come commerciante di materiali fotografici.

BINSSE (Rinhart n.32)
Binsse.
L.B. Binsse & C° N.Y.. Louis B. Binsse & C°
risulta registrato come fornitore di materiali e
lastre per dagherrotipia a New York City, N.Y.,
tra gli anni 1843 e 1845. Nel 1843, l'azienda è
registrata in Beech Street al n.40.
Negli anni tra il 1844 ed il 1845, l'indirizzo diviene il n.83 di William Street.

BISHOP
Bishop.
Louis L. Bishop.
Di origine parigina, inizia ad operare
all'indirizzo Broadway n. 285 dal 1845.
Nome americanizzato anche come Lewis.
Bishop fu importatore e commerciante di lastre,
apparati e prodotti chimici per dagherrotipia a New York City, N.Y., tra il 1845 ed il 1848.
Effettuava lavorazioni di doratura ed argentatura, per cui può anche avere prodotto lastre
in proprio. Tra il 1847 e fino al 1848 risulta come importatore al n.12 di Maiden Lane.

BLEICC
B Letter Inscribed Clipped Corners.
B lettera, inscritta in rettangolo con angoli ritagliati concavi.
Punzone negativo in riquadro. Fabbricante di lastre sconosciuto,
forse di area inglese, attivo prima all'anno 1850.

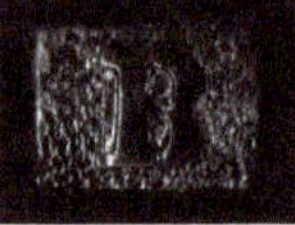

BLEIDR (Rinhart n.6)
B Letter Inscribed Dabbed Rectangle.
B lettera inscritta in rettangolo con fondo picchiettato.
Punzone negativo in riquadro con sfondo spianato a bulino.
Fabbricante di lastre sconosciuto probabilmente europeo, 1850 ca.

BLETEN -1 (Rinhart n.5)
B Letter Engraved, variant 1.
B lettera incisa con semplice punzone positivo, variante 1.
Fabbricante di lastre europeo non identificato, databile intorno all'anno 1841.

BLETEN-2
B Letter Engraved, variant 2.
B lettera incisa con semplice punzone positivo, variante 2.
Fabbricante di lastre Centro Europeo, 1845 ca. Associato a 30MAAE-2.

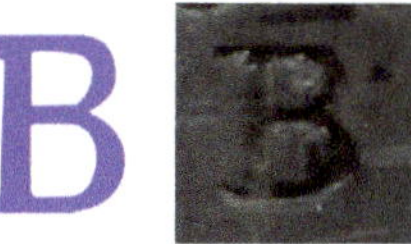

BMONOG
B Monogram.
Monogramma B associato a lettera
di difficile interpretazione, forse A oppure N.
Rilevato su lastre di provenienza Centro Europea (Belgio e Olanda). Anni intorno al 1845.

BRASSART
Brassart.

Brassart Auguste collaborò con Daguerre fino dal 1838, ottenendo le prime lastre di massa 40.
In seguito si impegnò nell'esercito e nella politica. Nel 1853 emigrò in America.
Lavorò nella produzione di lastre per Holmes, Booth e Haydens, Waterbury, Conn. fino al 1867.
Operò poi come fotografo in Naugatuck, Conn.

BUTLER
Butler.

William H. Butler, dagherrotipista e commerciante di forniture fotografiche in New York.
Attivo dal 1843 circa, acquisì la "Plumbe's National Daguerreian Gallery" in N.Y. nel 1850 ca.

CADBJD
Caduceus BJ Doublé.
BJ con bastone caduceo inscritto in doppio scudo sannitico
sovrastato dalla scritta DOUBLÉ. B caduceus J.
Marchio europeo particolarmente raro, periodo degli anni

precedenti il 1850. Il simbolo medico e farmaceutico del caduceo, costituito da due serpenti che si intrecciano su di un bastone alato, è originariamente associato alla diffusione della dagherrotipia, in quanto molti tra i primi sperimentatori provenivano da ambienti scientifici ed universitari. Una variante a scudo semplice, senza scritta in testa e con le lettere E e B è stata osservata impressa su cartoncino a supporto di alcune stampe ai sali d'argento, ma non su lastra per dagherrotipia.

CADPIN
Caduceus P INcomplete.
Bastone caduceo affiancato dalla lettera P e da un'altra lettera
da identificare, inscritto in quadrato sovrastato dalla scritta DOUBLÉ.
Periodo degli anni immediatamente successivi il 1840. Simile al precedente
ma con le ali posizionate in modo differente, inscritto in quadrato.

CCHSLE
C C H Slash Engraved.
C e C inversa con trattino, forse H. Punzone positivo.
Monogramma di incerta lettura, con doppia C: inversa e dritta, unite a formare
forse una H maiuscola. Marchio molto raro, presente su lastre in area centro-europea.

CD40DI   (Rinhart n.8)
C Dotted 40 Diamond Inscribed.
C puntato massa 40, inscritto in diamante.
Punzone databile al periodo tra gli anni 1851-1856 circa.

CHAPMAN   (Rinhart n.33)
Chapman.
Levi Chapman,
produttore americano di lastre,
attivo in William St. n.102, New York, negli anni 1850-1855 circa.

CHRISTOFLE
(Rinhart n.9)

Christofle.

Charles Christofle (1805 - 1863)
Orafo ed argentiere francese. Subentrò nel 1830 nell'attività di bigiotteria e gioielleria condotta da un parente in rue de Bundy 56, Paris.
Nel 1840 l'azienda aveva già dimensioni industriali ed esportava in tutto il mondo.
Fu più volte premiato nel corso di esposizioni industriali parigine per le lavorazioni di doratura e argentatura in galvanoplastica eseguite con il processo di Henri de Ruolz e personalmente brevettate. Risulta essere tra i primissimi produttori di lastre per dagherrotipia.
Il punzone, utilizzato dal 1845 e fino al 1862, è composto da due parti impresse separatamente. Nella prima, la scritta in stampatello maiuscolo CHRISTOFLE segue un arco sotto ad un ovale con doppia C e bilancia. In alto, cinque stelle, di cui la centrale è a sostegno della stadera, sotto la quale si osserva un serto di foglie.
Il nome CHRISTOFLE è poi ripetuto in forma lineare da un'altra punzonatura che può precedere o seguire il marchio ovale. In questa riproduzione è ben visibile anche il foro per appendere la lastra nel bagno galvanico per riargentatura (*electroplating*).

CLAUDET
Claudet.
Antoine Jean Francois Claudet nacque Lyon, Francia, nel 1797.

Si stabilì a Londra nel 1827, dove iniziò un'attività di commercio in materiali ottici.
Allievo di Daguerre e licenziatario del suo procedimento, apportò miglioramenti alla sensibilizzazione delle lastre. Esercitò negli studi londinesi di Adelaide Gallery, Trafalgar Square, dal 1841 al 1851, ed in seguito, dal 1852 al 1858, al n.107 di Regent Street.

COEULTE
Coeulte.
Dagherrotipista parigino,

già dal 1852 dichiara di essere uno dei più antichi operatori fotografi della capitale francese, in Quai de la Grêve n.30. Dal 1857 circa inizia a stampare su carta da lastre al collodio.
Fondatore della "Société des Photographistes". Opera poi agli indirizzi: boulevard des Filles du Calvaire 1, tra il 1859 ed il 1862; in Petite rue St. Pierre 6, nel 1863.

CORDUAN   (Rinhart n.10)
Corduan.

Corduan fu tra i primi dagherrotipisti americani a produrre lastre.
Fu attivo al n. 28 e 30 di Cherry St. a New York City.
In seguito si associò con Perkins costituendo la Corduan & Perkins Company, 1839-1843 ca.

CRBDEN
CRB Dotted Engraved.
C.R.B. puntato, punzone positivo.
Il marchio "C.R.B" appartiene a un produttore non identificato, precedente il 1850. probabilmente francese, talvolta associato al punzone GARANTIE.

CUPDP*
Cup Doublé P incomplete.
Coppa Doublé P incompleto
Punzone di produttore lastre di area probabilmente centroeuropea.

DAMME
Damme.
Dagherropista tedesco.
Operante a Danzica negli anni precedenti il 1850. Atelier Daguerréotyp Portraits in Glas Pavillon von C.Damme aus Berlin, Danzig, Poggenpfuhl N° 197.

DLETTE
D Letter Engraved.
D lettera incisa con punzone positivo impresso sul dorso lastra.
Punzone positivo semplice. Fabbricante di lastre non identificato,
periodo intorno all'anno 1840, rilevato in area Centro Europa.

EAGLEL (Rinhart n.18)
Eagle Left beak.
Aquila con becco rivolto a sinistra, inscritta in rettangolo stondato.
Questo tipo di punzone appare come variante rispetto al successivo EAGLER per il solo orientamento del becco. Questo marchio, come il seguente, risulta osservato da F.& M. Rinhart, che lo associa al fabbricante di lastre Grise, produzione dei primi anni del 1850.

EAGLER (Rinhart n.17)
Eagle Right beak.
Aquila con becco rivolto a destra, inscritta in rettangolo stondato.
Marchio attribuito da F.& M.Rinhart forse ai fratelli Gennert, New York.
Periodo tra il 1853 ed il 1858 circa. Non si può escludere che tale marchio e quello precedente possano essere punzonature parziali o rilevamenti approssimati del punzone che segue.

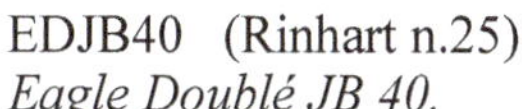

EDJB40 (Rinhart n.25)
Eagle Doublé JB 40.
Aquila e marcatura doublé, sigla JB, massa 40.
Punzone non ulteriormente identificato.
Anni intorno al 1850. Sono note varianti con differente
posizionamento dei punzoni di massa. Associato al 40MRAS.
Negli esemplari migliori si osserva il disegno ben dettagliato dell'aquila presente nell'emblema americano, completa di tutti gli attributi grafici: scudo sul petto, artigli con ramo d'olivo e frecce.

ENSSCH
Enslin Schreiber & C°.
Marchio negativo di
"Enslin Schreiber & Co".
Impresso in settore ad arco. Produzione dal 1853 circa.

ERDE20
E R Dotted Engraved 20.
E R puntato, inciso, massa 20.
Osservato su una lastra di area centro europea.

ES&COI   (Rinhart n.12)
ES & C° Inscribed.
E.S. & C° Inscritto in rettangolo allungato.
Enslin Schreiber & Co.
Maiden Lane 3, New York, 1856 circa.

FORTELLE
Fo(r)telle.
Punzone con dicitura inscritta in un rettangolo. Sono stati osservati solo pochissimi esemplari, incompleti, ribattuti in sovrapposizione o comunque poco leggibili. Forse di area belga.

GARANTI
GARANTI.
Produttore/i di lastre di area francese. Anni intorno al 1850.
Punzone negativo in rettangolo a estremità arrotondate.
Si osservano varianti lievemente differenziate, forse dovute anche all'usura del punzone o a deformazioni dell'impronta.

GARANTIC
GARANTI Cursive.
Produttore di lastre di area francese. Anni intorno al 1845.
Punzone negativo in rettangolo a spigoli vivi, scritta in corsivo.

GARANTIE
GARANTIE.
Produttore di lastre francese
non ulteriormente identificato. Anni tra il 1846 ed il 1848 circa.

GARARI   (Rinhart n.16)
GARANTIE AR Inscribed.
GARANTIE - A.R. puntato, inscritto in rettangolo smussato.
Fabbricante di lastre sconosciuto, probabilmente francese, 1850 circa.

GIROUX
Giroux.
Nel 1839, Daguerre et Isidore Niépce firmarono un contratto di concessione esclusiva in favore di Alphonse Giroux, cognato di Daguerre, e di Susse Frères per la produzione e la vendita di fotocamere. Giroux fu dunque il primo produttore assoluto nel settore delle forniture per dagherrotipia. Il punzone qui rappresentato, fu impresso sui prodotti dell'azienda (cornici, astucci, medaglioni fotografici…), ma non è finora stato osservato su dagherrotipi. Pertanto è inserito in questa classificazione in segno di omaggio storico all'inventore della dagherrotipia. Una variante è priva della H in Alph. e delle due stelle.

GLETTE-1
G Letter, variant 1.
G lettera incisa con punzone diretto positivo, in corsivo maiuscolo.
Questa versione si distingue per l'arco aperto iniziale della lettera.

GLETTE-2
G Letter, variant 2.
G, lettera incisa con punzone diretto positivo, in corsivo maiuscolo.
Versione caratterizzata dall'arco chiuso iniziale della lettera e da
una linea di abbellimento sul fianco. Si osservano differenze rispetto
al punzone precedente anche nella parte bassa.

GLETTE-3
G Letter, variant 3.
G lettera incisa con punzone diretto positivo, in corsivo minuscolo.
Lettera semplice impressa in minuscolo. Le tre varianti di questo
gruppo appaiono diffuse in area Centro Europa, negli anni precedenti il 1850.

GOUIN
Gouin.
Gouin Alexis Louis Charles Arthur. Nato a New York
e trasferitosi a Parigi per studiare Belle Arti, fu uno dei
primissimi dagherrotipisti e particolarmente apprezzato per la tecnica di coloritura.
Nel 1849 con studio in rue Basse du Rempart, 50. Rue Louis le Grand 37 nel 1852.
Inventore di una macchina per la lucidatura delle lastre per dagherrotipia e di un fotometro.
Apprezzato fotografo di stereoscopie e studi erotici d'arte. Morì nel 1855.

GRISED   (Rinhart n.18b)
Grise Diamond.
DOUBLÉ, diamante puntato, GRISE inscritto in rettangolo.
Produzione Grise datata intorno agli anni 1845-1847.

GUILLON
Guillon.
Dagherrotipista operante a Strasburgo.
44, Rue du Vieux-marché-aux-Poissons, Strasbourg.
Commerciò anche in forniture fotografiche, tenendo dimostrazioni dei processi fotografici.
Epoca anteriore al 1850.

GURNEY
Gurney.
Geremiah Gurney fu attivo in New York circa dal 1840.
Dopo il 1852 fu in società con altri, più tardi con il figlio.

HAIH40
Hammer I. H. 40.
Martello da argentiere e sigla con lettere I e H,
massa 40, inscritto in rettangolo.
Fabbricante di lastre non identificato di probabile area centro Europea.

HBE20I
HB Eagle 20 Inscribed.

HBE30I
HB Eagle 30 Inscribed.

HBE40I   (Rinhart n.19)
HB Eagle 40 Inscribed.
H.B. puntato, aquila 40, inscritto
in rettangolo smussato.
Fabbricante di lastre francese sconosciuto. Produzione dal 1850 ca.
fino al 1858 ca. L'aquila, ad ali ripiegate, artiglia un globo ed il capo è sovrastato da una stella.
Sono noti punzoni con differenti indicazioni di massa: HBE20I, HBE30I e HBE40I.

HBHE40   (Rinhart n.20)
HBH Eagle 40.
H.B.H. puntato con aquila e massa 40,
inscritto in rettangolo allungato e smussato.
Holmes Booth and Haydens Company, Waterbury
(Connecticut), manifattura attiva dal 1853,
fondata da Israel Holmes, John C. Booth,
dai fratelli Hayden Hiram Washington ed
Henry Hubbard e da Henry Hotchkiss.

HEDIARD
Hediard.
Marchio "HEDIARD". Dennis A.Waters lo riporta come punzone rilevato sul dorso di una delle
primissime lastre per dagherrotipia impiegate nella ritrattistica. La punzonatura sul dorso in rame
della lastra per dagherrotipia si osserva solamente in alcuni dei primissimi esemplari europei.

HHDORI   (Rinhart n.22)
HH Dotted Rectangle Inscribed.
H.H. puntato, inscritto in rettangolo stondato.
Fabbricante di lastre non identificato. Periodo circa 1853.

HOSSAUER
Hossauer.
Produzione berlinese di lastre per dagherrotipia precedente il 1850.

HOUSSEMAINE
Houssemaine.
Marchio "HOUSSEMAINE",
di regola associato a GARANTI,
Anni intorno al 1850.

HSDRIN   (Rinhart n.23)
HS Dotted Rectangle Inscribed.
H.S. puntato, inscritto in rettangolo,
ad angoli arrotondati. Fabbricante di lastre
non identificato. Forse di produzione Southworth & Hawes, Boston.
Anni 1843-1847 circa. Le lettere del punzone non appaiono puntate in modo chiaramente leggibile.

HUNZIKER
Hunziker.

Punzone negativo con dicitura inscritta in area rettangolare lievemente smussata. Osservato su lastre di area Nord-Centro Europea. Probabilmente si tratta di un fabbricante tedesco.

IHA40E   (Rinhart n.24)
IH Asterisk 40 E.

IH con asterisco e massa 40 E, affiancato da un disco con quadrofoglio dentellato.
Fabbricante di lastre europeo sconosciuto, periodo degli anni immediatamente successivi al 1850.

JFSS40   (Rinhart n.15 incompleto / Rinhart n.27)
JFS Star 40.

J.F.S. con stella, massa 40, inscritto in rettangolo smussato. 
Fabbricante di lastre sconosciuto, anni 1854-1859 circa.
Forse è il marchio noto tra i dagherrotipisti come "French Star".

JONES   (Rinhart n.28)
Jones.

Fabbricante di lastre in New York, 1848-1849 circa.

LBB&CE   (Rinhart n.31)
LBB & Ce.

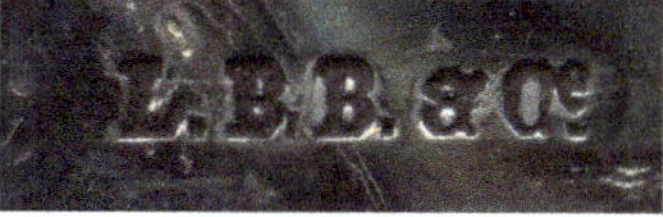

Marchio "L.B.B. & Ce", generalmente abbinato alla massa d'argento
20 e 40 tipo 20MARI e 40MARI-1. Produttore forse francese, attivo negli anni 1840-1843 circa. Rinhart ritiene che si tratti dei primi punzoni Binsse.

LEGRAY
Gustave Le Gray
Fotografo francese (Villiers-le-Bel 1820, Il Cairo 1882).
Marchio impresso su lastre del 1848 circa.

GUSTAVE
LEGRAY.

LEREBOURS
LEREBOURS.

Noël Marie Paymal Lerebours in società con Marc Secretan.
Fabbricante di strumenti ottici e scientifici. Place du Pont-Neuf 13, atelier in Rue de l'Est 23.
Produttore e commerciante di forniture per la fotografia.

LGD40I   (Rinhart n.34)
LG Dotted 40 inscribed.
L.G. puntato 40, inscritto in rettangolo.
Marchio "L.G. 40" non ulteriormente identificato, 1855 circa.

L.G. 40

LLETEN
L Letter Engraved.
L lettera incise con punzone positivo semplice.
Fabbricante di lastre non identificato, probabilmente in area Centro Europa.
Periodo intorno all'anno 1840.

L 

LLLEDE
LL Letters Dotted Engraved.
LL lettere puntate incise con punzone diretto positivo.
Punzone rilevato in area europea.

L.L.

MACHTS
MACHTS, Franz Machts Wien.
Argentiere viennese. Anni intorno al 1842.

MADELAIN
Madelain.
Marchio "Madelain" di produttore di area francese.
Anni intorno tra il 1844 ed il 1851.

MAGIC   (Rinhart n.37)
Magic.
Marchio "MAGIC".
Non ulteriormente identificato, 1855 circa.

MARERD   (Rinhart n.11)
Magen ARies ER Doublé.
Magen (stella di David) e ariete
affiancato dalle lettere E R, doublé.
Marchio simile ai tre successivi, 1858 ca. I tratti intrecciati della
stella a sei punte sono a rilievo su campo ribassato. Associato alla massa codice 30MAIR-2.

MARJWD   (Rinhart n.30)
Magen ARies JW Doublé.
Magen (stella di David) e ariete affiancato dalle lettere J W, doublé.
Marchio molto simile al MBNWDI. Il Punzone di massa appare sempre affiancato a destra.
Periodo: anni successivi al 1845. Hallmark codificato sulla base delle indicazioni di Rinhart
in "*The American Daguerreotype*". Ancora non osservato dagli autori di questo testo.

MARNWD
Magen ARies NW Doublé.
Magen (stella di David) e ariete affiancato dalle lettere N W, doublé.
Marchio molto simile al MARERD da cui si distingue essenzialmente per la lettera N. Il Punzone
di massa appare sempre affiancato a destra. Periodo: anni successivi al 1845.
Medesima osservazione di conferma relativa al precedente hallmark.

MARPLD
Magen ARies PL Doublé.
Magen (stella di David) e ariete affiancato dalle lettere P L, doublé.
Marchio molto simile al MARERD da cui si distingue essenzialmente per le lettere PL.
Il Punzone di massa appare sempre affiancato a destra. Periodo: anni successivi al 1845.
La rilevazione di punzoni quasi identici, con la sola variazione della coppia di lettere, induce
a supporre che alcuni fabbricanti di lastre effettuassero produzioni personalizzate.

MCCLGE   (Rinhart n.36)
Mc Clees & Germon.
Marchio "McCLEES & GERMON",
punzone positivo diretto.
Produttore di lastre e dagherrotipista in Philadelphia, negli anni 1847-1850 circa.

Mc CLEES & GERMON

MDDDI   (Rinhart n.35)
M Double Dotted Diamond Inscribed.
M e doppiamente puntato, in alto ed in basso, inscritto in diamante.
Fabbricante di lastre sconosciuto di area francese, 1844 circa.

MEADE
Meade.
Meade Brothers Importers, New York. F.lli Charles e
Henry Meade, Albany, NY, attivi dal 1842. Distributori
di forniture fotografiche a New York dal 1850 al 858 ca.

MOFFET
Moffet.
J.G. Moffett N.Y.
Nel 1841 inizia l'attività come fornitore di
materiali fotografici e importatore di lastre,
al n. 121 di Prince Street, New York City, N.Y. Nel 1850 è invece registrato come fabbricante di
piastre, riquadri e cornici per dagherrotipia, in Bloomfield, N.J.

MORTLEY
Mortley.
Abram B. Mortley, inizialmente commerciante di prodotti per la dagherrotipia, ed in seguito
fabbricante, operava in Genesee Street, Utica, New York. Fu attivo tra il 1848 ed il 1853.

MSDRIN   (Rinhart n.38)
MS Dotted Rectangle Inscribed.
M.S. puntato inscritto in rettangolo.
Marchio "M.S." in rettangolo. Probabilmente americano, 1851-52 circa.

N&WRIN   (Rinhart n.39)
N & W Rectangle Iscribed.
N & W. inscritto in rettangolo.
Marchio "N&W" non ulteriormente identificato, 1855 circa.

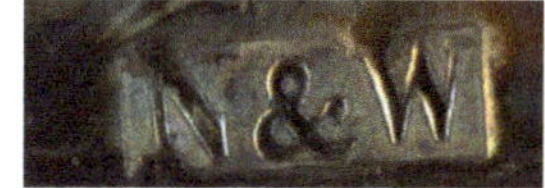

NINET
Ninet.
ALP. NINET.
Punzone di Alphonse Ninet. Dagherrotipista parigino operante
all'indirizzo in rue de Lille 37 nei primissimi anni del 1850 ed
in seguito in rue Quincampoix 38. Realizzò una collezione di vedute stereoscopiche. Fu autore
del manualetto: «Méthode pratique pour apprendre sans maître la photographie sur collodion
pour obtenir sur papier des portraits et des vues sans retouché», pubblicato a Parigi nel 1853.
Il libretto di 16 pagine, dimostra che già nel 1853 Ninet era passato alla fotografia al collodio.

NO1DIT   (Rinhart n.40)
N° 1 Dotted Inscribed Textured.
N° 1 puntato, inscritto in rettangolo
con sfondo a trama di piccoli rombi.
Forse lastra identificata dai dagherrotipisti americani
come "Number One", prodotta intorno all'anno 1856.

NO10IT
N° 10 Inscribed Textured.
N° 10 inscritto in rettangolo con sfondo a trama di piccoli rombi.
Simile al NO15IT. Molto raro, area americana.

NO15IT
N° 15 Inscribed Textured.
N° 15 inscritto in rettangolo con
sfondo a trama di piccoli rombi.
Simile alla NO1DIT, ma con trama diversa. Raro, area americana.

NORTON   (Rinhart n.41)
Norton.
Marchio "NORTON",
inscritto in rettangolo.
J.W. Norton, fu attivo in Broom St. n.447, New York, 1855-1857 circa.

NP40OI   (Rinhart n.42)
NP 40 Octagon Inscribed.
NP 40 Inscritto in ottagono.
Lastre probabilmente prodotte da Lerebours, Parigi, Place du
Pont-Neuf 13, atelier in Rue de l'Est 23. Distributore a Londra fu
Claudet. L'azienda fu fondata nel 1789 da Noël Jean Paymal
Lerebours (1761-1840). Gli sucesse il figlio Nicolas Noël Marie
Paymal (1807-1873) che proseguì come N.P. Lerebours fino al 1845,
associandosi poi con Marc François Louis Secretan (1804-1867).

PECKS
Pecks.
PECKS PATENT - APRIL 30 1850
Punzone positivo in due elementi, ciascuno
dei quali veniva generalmente impresso in
posizione trasversale sui due angoli della
piastra.
Anni immediatamente successivi al 1850.
Samuel H. Peck fu dagherrotipista attivo dal
1844 in New Haven. La data corrisponde alla
registrazione del suo brevetto per un famoso
morsetto per lucidare le lastre per dagherrotipia.
In seguito entrò in società nella Scovill Manufacturing Co.

PECKS PATENT APRIL 30 1850

PEMBERTON   (Rinhart n.43)
Pemberton.
Marchio "PEMBERTON & Co CONN.".
Punzone lineare positivo. Produttore americano.

PEMBERTON & CO. CONN.

PHOENIX   (Rinhart n.44)
Phoenix.
Phoenix, punzone positivo in cornice rettangolare dentellata.
Marchio "PHOENIX", probabilmente americano,
non ulteriormente identificato, anni 1848-1856 circa.

PHOENIX

PLUMBE-1
Plumbe, variant 1.
John Plumbe Jr. fu dagherrotipista dal 1840
a Boston. In seguito estese l'attività fino a
gestire diversi stabilimenti fotografici nelle

PLUMBE

maggiori metropoli statunitensi del tempo. Il punzone appare relativo agli anni immediatamente
successivi al 1845. Plumbe si suicidò nel 1857 a causa dei dissesti finanziari legati alla frustra-
zione del suo grande sogno di realizzare una ferrovia transcontinentale dall'Atlantico al Pacifico.

PLUMBE-2
Plumbe, variant 2.
Variante del precedente, probabilmente ante 1845.

PLUMBE

POIRIER
Poirier.
ÉTABLISSEMENT POIRIER,
Place de la Comédie, 3, en face le Grand-Théâtre.
Portraits au Daguerreotype sur plaque. Photographie sur papier. Leçons sur tous les procédeés.
Attivo in Bordeaux circa negli anni tra il 1850 e 1860.

RICHEBOURG
Richebourg.
Pierre Ambroise Richebourg
(Parigi 1810-1872) fu illustre dagherrotipista parigino.
Il punzone positivo lineare è molto esteso ed occupa l'intero margine superiore di una piastra da
¼ di lastra ; qui è rappresentato spezzato per esigenze grafiche di impaginazione.
L'indicazione di massa è impressa separatamente e precede la scritta: "Daguerreotype Richebourg a Paris Quai de l'Horloge 69". L'indirizzo è quello dell'atelier di Charles Chevalier, ottico amico di Daguerre. Richebourg, ingegnere ed ottico presso Chevalier per una decina d'anni, aveva una preparazione scientifica di ottimo livello. La passione per la ricerca e la sperimentazione lo portarono a praticare la dagherrotipia fino dal suo primissimo apparire.
Realizzò ritratti fin dal 1839. Nel 1843 pubblicò un manuale tecnico di dagherrotipia.
Eseguì numerosi dagherrotipi di grande dimensione destinati a servire da modello per le incisioni.
Fu apprezzato fotografo delle maggiori personalità del tempo.

ROOSTER
Rooster.
Galletto rampante inscritto in ovale verticale.
Punzone di area europea, anni intorno al 1850.

ROUSSEAU
Rousseau.
Marchio "J. ROUSSEAU & C°", non ulteriormente identificato.

S&FENG   (Rinhart n.45)
S & F Engraved.
S & F, punzone positivo diretto.
Produttore probabilmente americano non ulteriormente identificato,
1850-57 circa. Qui accanto è riprodotto un esempio di punzone incompleto.

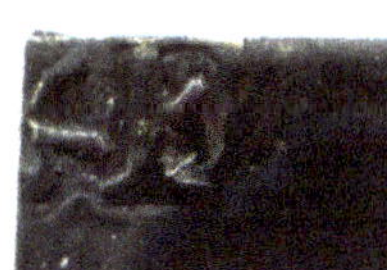

SBDPFL
S, B, Dotted, Plus, Flourished
S e B, puntati, segno più, arabescato.
Punzone rilevato in area americana, probabilmente successivo al 1850 c.a.

SBLETE
S B Letters.
S B, punzone positivo diretto.
Produttore di area probabilmente americana non ulteriormente identificato,
di epoca precedente il 1850.

SCHNEIDER
Schneider.
Fr. Schneider. Linkstr. 9. Berlin.
Produttore di lastre in Berlino. Anni precedenti il 1850.

SCOVILL   (Rinhart n.46c)
Scovill.
Scovill MFG C°. extra.
Punzonatura Scovill impressa
sulle lastre prodotte dopo il 1850.

SCOVILLS-1
(Rinhart n.46a)
Scovills, variant 1.
Scovills.
Marchio "SCOVILLS".

Fu il produttore americano più importante, insieme ad Anthony, durante tutto il periodo della dagherrotipia. Questo punzone venne utilizzato per marcare le lastre prodotte negli anni iniziali della produzione. Sono state osservate incisioni prive della "s" finale, ma potrebbe trattarsi di un problema di punzonatura, non di una effettiva variante.

SCOVILLS-2   (Rinhart n.46b)
Scovills, variant 2.
Scovills n°2.
Punzonatura per le lastre più commerciali, 1841-1846 circa.

Le lastre punzonate come "SCOVILLS" risalgono agli anni tra il 1840 ed il 1850, periodo durante il quale William & Lamson Scovill contrassegnarono le loro lastre usando la forma del genitivo sassone "Scovills". La Scovill iniziò la sua attività a Waterbury, Connecticut, nel 1802.

Nei primi anni l'azienda si dedicò alla produzione di bottoni in ottone. alla fine del 1839, J.M.L. Scovill e W.H. Scovill, iniziarono la prima produzione di lastre argentate degli Stati Uniti.

La Scovill era allora già ben affermata nella produzione di bottoni in ottone, dorati, ed altri accessori in rame. Possedeva quindi tutte le capacità produttive per iniziare immediatamente la fabbricazione della lastre per dagherrotipia. J.M.L. Scovill, nel dicembre 1839, affermò:

«I Francesi sostengono che le lastre non possono essere fabbricate qui e progettano di fare fortuna esportandole dalla Francia... Cercheremo di deluderli». Nel corso del 1840 Scovill riuscì a fabbricare lastre della medesima qualità di quelle che arrivavano da Parigi.

Nel 1846, l'azienda aprì una rivendita a New York, in Beekman Street. Il negozio divenne presto il maggiore deposito commerciale di prodotti per la fotografia sul territorio degli Stati Uniti.

Nel 1850 la Scovill divenne società per azioni con la denominazione di Scovill Manufacturing Company. Da quell'anno le lastre vennero punzonate come "SCOVILL MFG - EXTRA".

In seguito la Scovill stabilì accordi commerciali anche con Samuel Peck per la produzione degli astucci per dagherrotipia. Scovill ebbe un agguerrito concorrente in Edward Anthony, altro produttore e commerciante newyorkese, famoso negli anni della dagherrotipia.

Nel 1867 la Scovill Company acquisì l'American Optical Company, che si occupava della produzione di fotocamere a cassetta, stereoscopi ed accessori.

Nel 1889 la Scovill si fuse con la Adams Company e nel 1902 assorbì anche E. & H.T. Anthony Company. Infine, nel 1907, assunse la denominazione abbreviata ANSCO, continuando per decenni a produrre materiali per la fotografia. La Scovill oggi è un'azienda leader nel settore della produzione dei bottoni automatici: praticamente un ritorno alle origini.

SPIRO
Spiro.
Fabricante di piastre in Amburgo. Anni precedenti il 1850.
Hamburg, lastre con diffusione limitata al Centro Europa.

STARS3
Stars 3.
Marchio tre stelle in punzonatura positiva diretta.
Area di produzione americana.

TVIOLG
T Violin G.
Marchio con lettere T e G separate da figura di violino. Doublé.
Area Europa Orientale, forse Mosca.

VAILLAT-1
Vaillat, variant 1.
Variante 1 del punzone Vaillat, dagherrotipista Francese.

VAILLAT-2
Vaillat, variant 2.
Variante 2 del punzone Vaillat.
Eduard Vaillat, ottico e dagherrotipista, nel 1845 aprì un atelier di successo in Palais Royal n.43, Galerie Montpensier, a Parigi. Espose nelle mostre dei prodotti industriali del 1844 e 1849. Léon de Laborde segnalò nel 1849 che Vaillat formava un gran numero di allievi nell'arte fotografica. Operò almeno fino al 1855, anno nel quale Ernest Lancan scrisse su "*Esquisses photographiques*": «... tiene degnamente posto tra i primi di massimo rango. Le sue placche hanno il vigore di tono e la brillantezza che le distinguono tra le migliori.». Fu membro fondatore della Société Française de Photographie nel 1854 (insieme a O. Aguado, Hippolyte Bayard, E. Durieu, J.-B. Gros, Gustave Le Gray, H.-V. Régnault e altri).

WCROHI
W Crown Hexagon Inscribed.
W coronata inscritta in esagono.
Punzone osservato su lastre di provenienza Nord Europa.

WHHDIE   (Rinhart n.49)
WHH Dotted Inscribed.
W.H.H. puntato inscritto in rettangolo
con angoli smussati. Marchio "W.H.H."
forse americano, anni 1848-1853 circa.

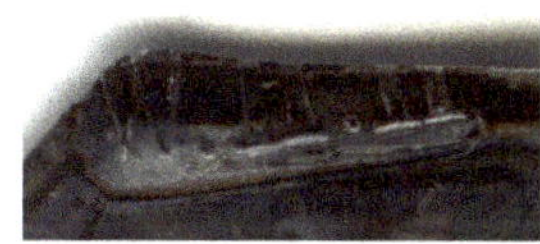

WHITE1   (Rinhart n.13)
White n.1.
E.WHITE MAKER N.Y.
FINEST QUALITY A.N.°1
Edward White, dagherrotipista e produttore
di lastre attivo in New York negli anni tra il
1842 ed il 1850 circa. Il marchio è costituito
da due punzoni separati, allineati sul margine.
Egli operò anche come fotografo con studi a
New York ed a New Orleans.

Accanto all'attività di dagherrotipista, si dedicò fin dall'inizio alla produzione di astucci e lastre. Negli anni 1841-1842 era registrato come fabbricante di "morocco cases" al numero 183 in Brodway, New York. I primi astucci per dagherrotipi, precedenti a quelli in resina e noti come "Union Case" erano in legno rivestito di cuoio finissimo, detto *marocchino*.
Questo termine si riferisce al cuoio finissimo e morbido, tradizionalmente lavorato in Marocco, prodotto con pelle di capra o montone, conciato con galla o sommacco e variamente colorato.
La produzione si estendeva alle scatole per gioielli, che White fabbricò anche negli anni 1842-1843 al n.175 di Brodway, che era la sua residenza, ed al n.144 di Clinton Street.

Ancora nel 1843-1844 operava ai numeri 175 e 281 in Brodway, ma risultava già registrato come "dagherrotipista" e commerciante, come egli stesso sottolineava, unico importatore di fotocamere tedesche. In quegli anni il dagherrotipista Alexander Beckers lavorò per lui.

Il negozio al n.175 era denominato "Daguerreotype Depot and General Furnishing Establishment" e White risultava agente unico per i prodotti Voigtlander. Allo stesso indirizzo, al piano superiore, aprì la "U.S. Daguerreotype Gallery".

Nel 1846 rilevò la "Johnson's Southern Daguerreotype Portrait Gallery" in New Orleans, dove aprì uno studio ed un negozio per forniture fotografiche. Nel 1848 White si spostò al n.247 di Brodway, allo stesso indirizzo di Anthony, dal momento che aveva rilevato la "Anthony's National Miniature Gallery". E.White produsse lastre per dagherrotipia dall'inizio del 1844 fino alla conclusione della sua attività nel 1851.

WRMANP   (Rinhart n.20b)
Wreath Man Portrait.
Ghirlanda con doppio ovale e busto maschile inscritto.
Marcatura "Ghirlanda" di produttore non ulteriormente identificato, presente su lastre del periodo 1855-1861 circa.

XAVIER
Paul Xavier.
Dagherrotipista di area parigina.
Autore di "Méthode simplifiée rendant facile l'usage du daguerréotype", impr. de Desrues, Melun, 1844, 15 pages.

ZOA   (Rinhart n.50)
Zoa.
Marchio di produttore di lastre francese non ulteriormente identificato.
Presente su lastre prodotte intorno all'anno 1850.
Appare associato al punzone GARANTIE.

Hallmark dello stabilimento di produzione di lastre per dagherrotipia Scovill MFG C°. Circa 1857.

Dagherrotipo da ¹/6 di lastra. Area di provenienza: Muskegon, Michigan, USA. Annotazione a matita sul fondino in carta verde: "Annie Little / age 3 1/2 Yrs" Hallmark incompleto A.Gaudin, Low Left: AGDO??
La massa è regolarmente 40. Varianti AGBR20 e AGBR30, massa 20 e 30, non sono ancora state rilevate.
Queste lastre provengono dallo stabilimento fotografico dei fratelli Alexis Gaudin e Marc Antoine Gaudin (1804-1880), fondato nel 1844 ed operante a Parigi in Rue de la Perle 9.
L'esistenza di un dagherrotipo in cui Lerebours e Gaudin compaiono ritratti insieme, dimostra che i due produttori di lastre parigini avevano occasione di frequentarsi abitualmente. I fotografi americani giunti in Francia per imparare direttamente l'arte della dagherrotipia ebbero modo di stabilire con loro contatti personali. In qualche caso divennero poi importatori e distributori della produzione delle manifatture francesi.

Ritratto maschile in ivorytype su lastra 65 x 215 x 3 mm. Area di provenienza: Philadelphia.

Repertorio dei termini - 8.1.0
Glossario essenziale

La formulazione delle definizioni qui esposte è in stretto riferimento ai contenuti fotografici di questo testo. Pertanto queste enunciazioni non hanno valore generale e si riferiscono a specifiche espressioni relative alla tecnologia fotografica.

Acquerello: tecnica di decorazione pittorica che prevede la diluizione di pigmenti in acqua.

Albumina: procedimento fotografico di stampa che impiega l'albume d'uovo come sostanza di dispersione degli alogenuri d'argento; in inglese: *albumen*.

Alogenuro (d'argento): sale fotosensibile dell'argento, riferito a bromuro, cloruro, ioduro d'argento.

Amalgama: lega di mercurio con altri metalli. In dagherrotipia è una patina biancastra prodotta dall'azione dei vapori di mercurio sulle aree della lastra alterate dall'azione della luce.

Ambrotipìa: processo fotografico a positivo diretto unico su lastra di vetro al collodio umido (1854 - 1880 circa); in inglese: *Ambrotype*. Ambròtipo è la singola lastra. Ambròtipico è l'aggettivo riferibile al processo.

Amfitipia: processo fotografico a positivo diretto unico su lastra di vetro all'albume (1856 - 1860 ca.); in inglese: *Amphitype*.

Analogica: modalità di registrazione chimico-fisica proporzionale al fenomeno: gli alogenuri d'argento scuriscono in relazione alla quantità di luce ricevuta.

Autochrome: processo fotografico diapositivo a colori brevettato dai fratelli Auguste e Louis Lumière (1907 - 1935); in italiano anche detto autocromia.

Avoriotipìa: procedimento fotografico a trasferimento di positivo su lastra in vetro con coloritura manuale (1855 - 1862 circa); in inglese *Ivorytype*.

Bois durci: materiale plastico costituito da un impasto di sostanze organiche che imita l'ebano (inventato nel 1855 dal francese F. C. Lepage).

Bosco, sistema: processo fotografico a positivo diretto unico su lastra di ferro per la fotografia automatica (1895 - 1913).

Calotipìa: processo fotografico a stampa positiva su carta salata da negativo in carta cerata. In inglese *Calotype*; brevettato con la denominazione di *Talbotype* (1841 - 1857 circa).

Camera obscura: apparecchio ottico-meccanico per la registrazione, a ricalco manuale in ambiente oscurato, di un'immagine esterna proiettata all'interno del dispositivo stesso.

Carte de visite (CdV): piccola immagine stampata su carta fotografica sottile ed incollata su supporto rigido in cartone; dimensioni circa 6x9 oppure 6x10 cm. In italiano anche 'formato carta da visita'.

Cianotipia: procedimento di stampa fotografica positiva ai sali ferrici di intonazione blu; processo di qualità fotografica modesta, ma popolare ed economico; in inglese: *Cyanotype*.

Cornice: intelaiatura di montaggio e presentazione per le immagini. Nelle immagini montate in astuccio è un telaio in ottone per la chiusura e la protezione dei bordi delle lastre. In inglese: *preserver*.

Crystalphoto: stampa fotografica positiva, eventualmente colorata a mano, montata con il lato emulsione in adesione permanente su lastra di vetro.

Crystoleum: processo di stampa e trasferimento di positivo su vetro con sfondo di contrasto su vetro colorato accoppiato; vengono impiegati appositi vetri sottili a lieve bombatura.

Curt-Tone: orotone di Edward Sheriff Curtis, famoso per le riprese etnografiche degli Indiani d'America.

Cuscinetto: elemento di salvaguardia ed abbellimento all'interno dell'anta di chiusura di un astuccio fotografico; a coperchio chiuso va a poggiare sul vetro di protezione dell'immagine. In inglese: *pad*.

Dagherrotipìa: processo fotografico a positivo diretto unico su lastra di rame argentato (1839 - 1860 circa); in inglese *Daguerreotype*. Dagherròtipo è la singola lastra. Dagherròtipico è l'aggettivo riferibile al processo.

Definizione: nitidezza soggettiva dei minuti dettagli di un'immagine.

Diaframma: dispositivo di regolazione dell'apertura attraverso cui la luce passa per raggiungere il materiale fotosensibile all'interno della fotocamera.

Diapositiva: immagine su supporto in pellicola o vetro adatta alla proiezione oppure alla visione per trasparenza. In riferimento alle lastre d'epoca, in inglese: *lantern-slide*.

Digitale: modalità di registrazione elettromagnetica con espressione numerica in relazione al fenomeno fisico: i fotosensori digitali producono segnali memorizzati in forma binaria.

Diorama: teatro a scene e proiezioni con movimenti, colore ed effetti tridimensionali; ideato da Louis Jacques Mandé Daguerre e De Dion Bouton nel 1823.

Doratura: decorazione di impreziosimento ornamentale con stesura, in lamina o polveri, d'oro o materiali di identico aspetto.

Doré (miniature): orotone in confezione brevettata in astuccio (1900 circa).

Dufaycolor: processo fotografico diapositivo a colori (1909 - 1945).

Eburneum: processo di stampa carbone a trasferimento su supporto artificiale simile all'avorio (1865).

Emulsione: dispersione di sostanze fotosensibili in un fluido o gelatina.

Ferma-testa: supporto di appoggio per mantenere immobile la posizione del capo durante la posa.

Ferrotipìa: processo a positivo diretto su lastra in ferro laccato (1854 - 1910 circa); in inglese: *tintype*.

Finestra (di riquadro): apertura che delimita la visione di un'immagine.

Finlay Colour: processo fotografico diapositivo a colori (1929).

Fissaggio: trattamento chimico di eliminazione degli alogenuri d'argento non alterati dall'azione della luce.

Foglio di modellatura: foglio di carta ritagliato, piegato ed incollato in modo da seguire la sagoma di svasatura della finestra di riquadro, nei montaggi tipo french frame.

Fondo di contrasto: trattamento eseguito sul dorso di supporti fotografici trasparenti oppure elemento da accoppiare alle lastre per renderne opaco o riflettente il fondo.

Formato: misura commerciale del supporto di materiale fotosensibile di produzione industriale.

Fotocamera: apparecchio per la ripresa fotografica, macchina fotografica.

Fotone: particella elementare della radiazione elettromagnetica luminosa.

Fotosensore: elemento sensibile alla luce ed in grado di registrarne gli effetti.

Fototessera: ritratto fotografico in miniatura adatto per l'applicazione su documenti di identificazione.

French frame: tipo di confezione di una immagine in quadretto da esporre appeso a muro.

Galleria: Ambiente espositivo d'arte aperto al pubblico, studio fotografico con esposizione di opere.

Gelatina: materiale colloidale solido costituito da un liquido disperso ed incluso nella fase solida.

Grana: struttura delle particelle elementari che costituiscono la superficie dell'immagine.

Goffratura: impressione a rilievo, generalmente a caldo, su materiali che mantengono l'impronta.

Guarnizione: elemento di interposizione tra due parti accostate in pressione; in inglese: *pinch-pad*.

Guttaperca: materia termoplastica simile alla gomma naturale, di consistenza plastica variabile; in inglese: *Gutta-Percha* (denominazione commerciale).

Ivorytype: vedi avoriotipìa.

Lantern-slide: vedi diapositiva.

Lanterna magica: dispositivo ottico per la proiezione di lastre con immagini diapositive. In inglese: *magic-lantern*.

Lastra: piastra rigida di supporto primario del materiale fotosensibile.

Magic Lantern: vedi *lanterna magica*.

Marocchino: pelle pregiata da rivestimento decorativo a lavorazione particolarmente fine.

Maschera (di presentazione): riquadro a finestra, ad elementi sovrapposti, per la delimitazione dell'immagine nei montaggi tipo french frame.

Massa : numero che in una lastra per dagherrotipia fornisce l'indicazione della quantità di argento in rapporto allo spessore della piastra di rame. Mass 20, ad esempio, significa 1/20 di spessore argento su 19/20 di spessore rame. In inglese: *mass*.

Mat: riquadro di contorno a finestra che delimita la visione delle immagini in astuccio.

Melainotipìa: identifica il processo originale brevettato nel 1856 da H.L.Smith ed in seguito genericamente denominato ferrotipìa; in inglese: *Melainotype*.

Negativo: fotogramma a densità e colori invertiti rispetto al reale: i sali d'argento scuriscono alla luce.

Opalotipìa: procedimento di stampa fotografica positiva su vetro opalino (1857 - inizio Novecento).

Orotone: procedimento di stampa positiva su vetro, con fondo di contrasto dorato (1870 - 1920).

Otturatore: dispositivo meccanico di regolazione del tempo di esposizione alla luce del materiale o dell'elemento fotosensibile posto all'interno della fotocamera.

Pannotipìa: processo fotografico a positivo diretto su tessuto (1854-1858 circa); in inglese: *Pannotype*.

Papier-mâché: impasto collato e compresso a base di cellulosa; cartapesta.

Physionotrace: macchina per il rilevamento meccanico di ritratto in profilo; anche riferito all'immagine in stampa, eventualmente con ritocchi e coloritura manuale (fine Settecento - inizio Ottocento).

Photobooth: fotografia eseguita posando in un chiosco fotografico automatizzato. Esempi di denominazioni commerciali sono Photomatic e Photomaton. Fototessera automatica.

Pinch-pad: vedi guarnizione.

Posa: momento di immobilità della ripresa fotografica che presume un atteggiamento, fissato per un tempo determinato.

Positivo: fotogramma a densità e colori corrispondenti al reale: può essere il negativo di un negativo oppure un positivo diretto, eventualmente per inversione.

Post-mortem: ripresa fotografica che ritrae una persona deceduta.

Preserver: vedi cornice.

Profilo interno: nei montaggi tipo french frame è il foglio di carta, solitamente in colore nero o dorato, posto al centro della finestra svasata e sporgente di pochi millimetri. Elemento più interno del pacchetto di confezione dell'immagine.

Punzone: strumento per imprimere una marcatura permanente su una superficie metallica. Per estensione si intende anche l'impronta che risulta dal colpo di punzone. In inglese: *hallmark*.

Recto: faccia direttamente esposta, elemento frontale. Opposto a verso o dorso.

Registro (montaggio a): accoppiamento di elementi in perfetta sovrapposizione.

Réseau: struttura dell'immagine fotografica a retino o mosaico.

Riquadro: vedi mat.

Schermo: struttura fisica riflettente o filtrante in relazione alla proiezione di immagini luminose.

Sfocatura: effetto di diffusione dei singoli punti che costituiscono la struttura di un'immagine.

Sigillatura: sistema di chiusura e protezione delle lastre fotografiche.

Silhouette: profilo di figura riempito con ombra scura piena.

Sindone: antico telo di lino segnato dalla registrazione di una immagine umana con segni compatibili con la narrazione della Passione di Gesù; è custodito a Torino nel Duomo.

Smaltatura: procedimento di lucidatura a caldo di immagini fotografiche in gelatina; conferisce brillantezza e indurimento superficiale; in inglese: *ferrotyping*.

Smalto: o fotosmalto, è una fotografia stampata su supporto ceramico, vetro o porcellana e smaltata successivamente a fuoco per renderla permanentemente resistente.

Stampa: produzione di immagini con restituzione da matrice a nuovo supporto.

Stenopèico (foro): minuscolo foro regolare su lamina sottile che funziona come un obiettivo.

Stereoscopia: sistema di ripresa o stampa secondo il principio della visione binoculare tridimensionale.

Supporto: base fisica di appoggio dell'immagine; supporto primario è il supporto fisico fondamentale.

Sviluppo: trattamento chimico che rende visibile l'immagine latente prodotta dall'azione della luce.

Talbotipia: Vedi calotipia; in inglese *Talbotype* (1841 - 1857 circa).

Termoplastica (resina): materiale modellabile quando viene riscaldato; a temperatura ambiente torna rigido, mantenendo la forma in cui è stato foggiato.

Thames Colour Screen: processo fotografico diapositivo a colori a schermo con mosaico colore (1908).

Tissue (stereoscopia): stereoscopia all'albume, colorata a mano sul dorso e foderata in carta velina; l'osservazione avviene in parte per riflessione dell'immagine frontale in bianconero ed in parte per trasparenza, attraverso le aree colorate sul dorso del supporto fotografico.

Trasporto: tecnica fotografica che prevede il distacco dello strato in gelatina in cui è incorporata l'immagine ed il trasferimento da un supporto ad un altro.

Union Case: astuccio fotografico in resina termoplastica.

Uvachrom: processo fotografico diapositivo a mordente colore. Anni 1916 - 1935.

Vignettatura: effetto di progressiva riduzione di luminosità e leggibilità, dal centro verso i bordi, di una immagine; in inglese: *vignette*.

Ritratto femminile su dagherrotipo tinto da ¹/6 di lastra.
Cenni di colore sui fiori nel cesto, coloritura dei gioielli e del volto.
Gote e labbra assumono un aspetto più vivace grazie alla maggiore densità di pigmento.
Le caratteristiche ossidazioni iridescenti prodotte dall'azione degli agenti ambientali in corrispondenza
del mat in ottone, a contatto con la lastra, possono sembrare effetti estetici deliberatamente ricercati.

Effetti di abbellimento grafico e vignettatura apparente possono essere prodotti su un dagherrotipo dalle modificazioni che si producono con il trascorrere del tempo. Le ossidazioni, in corrispondenza delle aree di contatto con il riquadro mat, danno luogo a margini scuri e iridescenti. Le alterazioni chimiche introdotte dall'ambiente, a causa del deterioramento dei sigilli originali o addirittura della loro assenza, possono causare intonazioni localizzate che talvolta sembrano deliberatamente ricercate.

Dagherrotipo francese da ¼ di lastra, confezionato in montaggio tipo *french frame*, con passepartout in vetro dipinto sul dorso a sfumature marezzate in arancione e rosso cupo, con filo di contorno color oro.
La maschera di riquadro a finestra svasata si chiude all'interno con un profilo anch'esso in color oro, mentre nei montaggi con passepartout nero oppure bianco, il profilo interno è generalmente in carta nera.
La cornice in legno è guarnita da elementi ornamentali, che in questo esemplare sono in *bois durci,* prodotti in serie per poter essere successivamente applicati mediante incollaggio.
Altre cornici simili venivano arricchite da decorazioni in gesso e poi laccate. Sebbene i dagherrotipi confezionati per essere esposti appesi abbiano verosimilmente subìto a lungo l'azione della luce, non appaiono particolarmente sbiaditi, rispetto agli esemplari conservati in astuccio.
Si consideri inoltre che i dagherrotipi in astuccio possono essere sigillati in modo molto più efficace.

Cartolina postale francese con finestra per fototessera. L'editore G. Gossens, Champigny, Seine, ne produceva diversi modelli. Questa, interessante esempio di corrispondenza tra adolescenti, è datata 20 aprile 1923. Interamente scritta sul verso, la cartolina è poi stata completata sul recto.

Cartolina postale con finestra per photobooth. I fotoritratti automatici venivano applicati sul verso e fissati con un foglio di carta sottile. Si trattava di cartoline a colori cromolitografiche.

Riferimenti bibliografici - 9.1.0
Bibliografia

Storia

A concise history of photography: third revised edition, Helmut Gernsheim
(Dover Publications -1986) pp.134, ISBN: 0486251284, 978-0486251288

A New History of Photography, Michel Frizot
(Konemann - 1998) pp.775, ISBN: 3829013280, 978-3829013284

America and the Daguerreotype, John Wood
(University of Iowa Press - 1999) pp. 274, ISBN: 0877456755, 978-0877456759

Daguerreotypie in Deutschland, Fritz Kempe
(Herring Verlag - Seebruck 1979) pp.270, ISBN: 377635190X, 978-3776351903

Dokumenty po Istorii Izobretenija Fotografai, Kravets T. P,
(Mosca, 1949) (Corrispondenza di Niépce in francese e russo).

Fotografi e fotografia in Italia, 1839-1880 - Piero Becchetti
(Quasar, Roma – 1978) pp.320, ISBN: 8885020097, 978-8885020092

Fotografia italiana dell'Ottocento, Marina Miraglia, Daniela Palazzoli, Italo Zannier
(Electa/Alinari, Milano - 1979) pp.130

Fox Talbot & the invention of photography, Gail Buckland
(David R Godine Pub – 1980) pp.216, ISBN: 0879233079, 978-0879233075

French Daguerreotypes, Janet Buerger
(University of Chicago Press - 1989) pp.280, ISBN: 0226079856, 9780226079851

Herschel: appunti, manoscritto originale conservato presso lo Science Museum di Londra

Herschel sull'iposolfito: Edinburgh Philosophical Jour., 1:8-29 1819. Herschel-Talbot:
Schultze, 62; Gernsheim, «Talbot », 136. Talbot-Biot: Comptes rendus, 8:341 1839

Historique et descriptions des procédés du Daguerréotype et du Diorama,
Louis Jacques Mandé Daguerre (Susse frères, Parigi – 1839) pp.104

History of Photography, Josef Maria Eder
(Dover Publications Inc. – 1978) pp. 860, ISBN: 0486235866, 978-0486235868

History of Photography: from 1839 to the present, Beaumont Newhall
(Bulfinch, 1982) pp. 320, ISBN: 0892367016, ASIN: B000WZTWRK

L'immagine latente. Storia dell'invenzione della fotografia, Beaumont Newhall
(Zanicchelli 1969) pp.139

L. J. M. Daguerre: the history of the diorama and the daguerreotype, Helmut Gernsheim,
Alison Gernsheim (Dover Publications – 1969) pp.236, ISBN: 048622290X, 978-0486222905

Note per una storia della fotografia italiana : 1839-1911.
In: Storia dell' arte italiana, Marina Miraglia (Einaudi, Torino – 1979)

Quand j'étais photographe - Félix Nadar
(Actes Sud - 1999) pp.317, ISBN: 2742717978, 978-2742717972

Storia della fotografia italiana, Italo Zannier
(Laterza – 1986) pp.419, ISBN 884202778

Storia Sociale della Fotografia, Ando Gilardi
(G.Feltrinelli editore, Milano - 1976) pp. 464

Talbot's and Herschel's Photographic Experiments in 1839, Helmut & Alison Geernsheim.
In "Image", 8, 133-37, 1959.

The American Daguerreotype, Floyd & Marion Rinhart
(University of Georgia Press - 1981) pp.448, ISBN: 0820305499, 978-0820305493

The camera and the pencil or the heliographic art, Marcus Aurelius Root
(Kessinger Publishing - 2008) pp.464, ISBN: 1437272207, 978-1437272208

The Daguerrean Process. The Photographic Times and American Photographer.
(New York) Vol. 19, No. 403 (7 June 1889) pp. 279-281. (The Daguerreian Society - 1996)

The Daguerreotype in America, Beaumont Newhall
(Dover Publications - 1976) pp.272, ISBN: 0486233227, 978-0486233222

The First Negatives, Londra, Thomasa D. B. (Monografia dello Science Museum, Londra -1964)

The History and practice of the art of photography - Henry H. Snelling - Pub. G. P. Putnam,
155 Broadway, 1849. (Morgan & Morgan - 1970) pp. 228, ISBN: 0871000148, 978-0871000149

The History of Photography, Beaumont Newhall
(New York Graphic Society - 1982) pp.320, ISBN: 0870703803, 978-0870703805

The History of Photography – Helmut & Alison Gernsheim
(Thames & Hudson Ltd - 1969) pp.600, ISBN: 0500010609, 978-0500010600

The history of the discovery of photography, Georges Potonniée
(Arno Press - 1973). pp.272, ISBN 0405049293

The Magic Image, Gail Buckland & Beaton
(Penguin -1990) pp.304, ISBN: 1851453431, 978-1851453436

Fox Talbot & the invention of photography, G. Buckland (London Scholar Press - 1980)

The Prehistory of photography: five texts, Robert A. Sobieszek
(Ayer Co Pub - 1979) pp. 257, ISBN: 0405096615, 978-0405096617

Truth concerning the invention of photography, Nicéphore Niépce : his life, letters, and works
Traduzione di: La Vérité sur l'invention d ela photographie, Nicé¬phore Niepce, sa vie, ses essais,
ses travaux, Victor Fouque (Librairie Ferran, Chalon-sur-Saône – 1867)
(Ristampa inglese: Ayer Co Pub) pp.163, ISBN: 0405049072, 9780405049071

William Henry Fox Talbot pioneer of photography and man of science, Arnold H. J. P. A.
(Hutchinson Benham - 1977) pp.383, ISBN: 0091296005, 978-0091296001

Tecnica

A dictionary of the photographic art, Henry Hunt Snelling;
E. Anthony (Reprint of the 1854 ed. published by H.H. Snelling, New York)
(Arno Press, New York – 1979) pp.56, ISBN: 0405096232, 9780405096235

American Hand Book of the Daguerreotype, Samuel Dwight Humphrey (1823-1883). Include:
A System of Photography (1849), The American Hand Book of the Daguerreotype (1853)
and A Practical Manual of the Collodion Process (1857)
(Dodo Press - 2009) pp.140, ISBN: 1409925870, 9781409925873

American Photographic Patents, The Daguerreotype & Wet Plate Era 1840-1880, Janice G. Schim-
melman (Carl Mautz Publishing, Nevada, 2002) pp.128, ISBN: 1887694218, 978-1887694216

Application de l' héliographie aux arts céramiques, aux émaux, à la joaillerie et aux vitraux
ou transformation des dessins photographiques en peintures vitrifiées, lafon De Camarsac A.
(Paris, Charles Chevalier – 1855) pp. 30.

Cassell's cyclopedia of photography, Bernard E. Jones
(Ayer Co Pub - 1973) pp.572, ISBN: 0405049226, 978-0405049224

Encyclopedia of Nineteenth-Century Photography - John Hannavy
(Routledge - 2007) pp.1736, ISBN: 0415972353, 978-0415972352

Guide du peintre-coloriste comprenant l'enluminage des gravures et lithographies, le coloris du
daguerreotype des vues sur verre pour stereoscope et la retouche de la photographie a l'aqua-
relle, la gouache et a l'huile / par Casimir Lefebvre. - Paris : Renauld, 1876. – pp.45

Historic photographic processes: a guide to creating handmade photographic images, Richard
Farber (Allworth Press - 1998) pp.256, ISBN: 1880559935, 978-1880559932

Le Vocabulaire Technique de la Photographie, Anne Cartier-Bresson
(Marval - 2007) pp.495, ISBN: 2862344001, 978-2862344003

L'età del Collodio - William Crawford (Cesco Ciapanna Ed.- 1981) pp.327

Looking at photographs: a guide to technical terms - Gordon Baldwin
(Oxford University Press, 1991) pp.88, ISBN: 0892361921, 978-0892361922

Manipulations in the scientific arts - Part 3: Photogenic manipulation - George Thomas Fisher
Jun.; London 1843, published by George Knight and soons

Opalotypes: their evolution, tecnology and care - Lydia Egunnike
(George Eastman House - 2005) pp. 87

Painted Photograph, 1839–1914, The Origins, Techniques, Aspirations - Heinz K. Henisch, Bridget Ann Henisch (Pennsylvania State Univ - 1996) pp.252, ISBN: 0271015071, 978-0271015071

Photographic Possibilities - Robert Hirsch
(Focal Press - 1991) pp.242, ISBN: 0240800478, 978-0240800479

Photography: the importance of its applications in preserving pictorial records.
Containing a practical description of the Talbotype process, F. A. S. Marshall
(London: Hering & Remington; Peterborough, T. Chadwell & J. Clarke, 1855).

Plain directions for obtaining photographic pictures by the calotype and energiatype,: also, upon albumenized paper and glass, by collodion and albumen, etc., etc. Including a practical treatise on photography, with a supplement, containing the heliochrome process. - John H. Croucher, Gustave Le Gray (Thomas & Richard Willats, 1853) pp.210

Portraits photographiques sur émail vitrifiés et inaltérables comme les peintures de Sèvres, Lafon De Camarsac (Paris, Chez l'auteur, 1868) pp.28

Procédés nobles en photographie: procédés photographiques basés sur sensibilité à la lumièere des sels de fer, platine-palladium, ziatype, cyanotype, kallitype, argyrotype - Roger Kockaerts (Éditions pH7 - Bruxelles 2001) pp.78

The Book of Alternative Photographic Processes - Christopher James (Delmar Thomson Learning) pp. 386, ISBN: 0766820777, 978-0766820777

The Calotype familiarly explained, Photography: including the Daguerreotype, Calotype & Chrysotype, W.R. Baxter (H. Renshaw, Londra - 1842)

The Focal Encyclopedia of Photography, Michael R. Peres (Focal Press - 2007) pp.880, ISBN: 0240807405, 978-0240807409

The keepers of the light - A history and working guide to early photographic processes, William Crawford (Morgan & Morgan - 1979) pp.318, ISBN: 0871001586, 978-0871001580

The Manufacturer and Builder. (New York) Vol. 1, No. 2 (February 1869) pp. 51-52. (The Daguerreian Society - 1996)

Montaggio

American Miniature Case Art, Floyd & Marion Rinhart (A.S. Barnes: Cranbury NJ 1969) pp. 205, ISBN: 0498068676, 978-0498068676

Cartes de visite in Nineteenth Century photography, William Culp Darrah (Stan Clark Military Books - 1981) pp. 221, ISBN: 091311605X, 978-0913116050

Case Histories, Victorian Photographic Portrait 1840-1875, John Hannavy (Antique Collectors Club Dist A/C - 2006) pp.144, ISBN: 1851494812, 978-1851494811

Framing Photography, Library of Professional Picture Framing Vol. 6, Allan R. Lamb (Columba Pub Co - 2006) pp. 96, ISBN: 0938655051, 978-0938655053

Il dagherrotipo a colori. Tecniche e conservazione, Michael G. Jacob (Nardini - 1992) pp. 160, ISBN: 8840440208, 9788840440200

Nineteenth Century Photographic Cases and Wall Frames, Paul K. Berg (Huntington Valley Press, CA - 1995) pp.426, ISBN: 096596700X, 978-0965967006

Photographic cases: Victorian design sources 1840-1870, Adele Kenny (Schiffer Publishing- 2001) pp.176, ISBN: 0764312677, 9780764312670

Union Cases: a collector's guide to the art of america's first plastics. Clifford Krainik, Carl Walvoord (Centennial Photo Service: Grantsburg WI 1988) p.232, ISBN: 0931838126, 978-0931838125

Victorian Cartes-de-Visite, Robin and Carol Wichard (Shire Publications - 2008) pp.112, ISBN: 0747804338, 978-0747804338

Cultura

American victorian costume in early photographs, Priscilla Harris Dalrymple
(Dover Pubblications, N.Y. - 1991) pp. 108, ISBN: 0486265331, 978-0486265339

Children's fashions of the past in photographs, Alison Maeger
(Alison Maeger - 1978) pp.89, ISBN: 0486236978, 9780486236971

Dressed for the Photographer. Ordinary Americans and Fashion, 1840-1900, Joan L. Severa
(Kent State University Press - 1997) pp. 303, ISBN: 0873385128, 978-0873385121

Fotografia e società, Gisèle Freund (Einaudi, 2007) pp.184

La camera chiara. Nota sulla fotografia, Roland Barthes
(Einaudi - 2003) pp. 130, ISBN: 880616497X, 978-8806164973

La fotografia italiana dall'età del collodio al pittorialismo. In: Segni di luce, Italo Zannier
(Longo, Ravenna – 1993)

La fotografia. Usi e funzioni sociali di un'arte media, Pierre Bourdieu
(Guaraldi - 2004) pp. 352, ISBN: 8880492977, ISBN-13: 978-8880492979

Mirror Image: The Influence of the Daguerreotype on American Society, Richard Rudisill
(University of New Mexico Press - 19971) pp.342, ISBN: 0826301983, 978-0826301987

Sulla fotografia. Realtà e immagine nella nostra società, Susan Sontag
(Einaudi - 2004) pp. 179, ISBN: 8806169068, ISBN-13: 978-8806169060

The Photographic Experience: 1839-1914, Images and Attitudes, Henisch, Heinz K., and Bridget
A. Henisch (Pennsylvania State Univ Pr - 1994) pp. 472, ISBN: 0271009306, 978-0271009308

Victorian and edwardian fashion: a photographic survey, Alison Gernsheim
(Dover Pubblications, N.Y. - 1982) pp. 240, ISBN: 0486242056, 978-0486242057

Victorian Fashion in America: 264 Vintage Photographs, Kristina Harris
(Dover Pubblications, N.Y. - 2002) pp. 88, ISBN: 0486418146, ISBN-13: 978-0486418148

Women's albums and photography in victorian england, Patrizia Di Bello
(Ashgate Publishing - 2007) pp.183, ISBN: 0754658554, ISBN-13: 978-0754658559

Conservazione

A guide to the preventive conservation of photograph collections, Bertrand Lavedrine
(Getty Publications, 2003) pp. 304, ISBN: 0892367016, 978-0892367016

An ounce of preservation : a guide to the care of papers and photographs, Craig A.Tuttle
(Rainbow Books - 1995) pp. 111, ISBN: 1568250215, 978-1568250212

Care and Identification of Nineteenth Century Photographic Prints, James M. Reilly
(Eastman Kodak Co - 1986) pp. 116, ISBN: 0879853654, 978-0879853655

Chimica e biologia applicate alla conservazione degli archivi, AA.VV.
(Ministero dei Beni e delle Attività Culturali, Roma 2002) pp.575, ISBN 88-7125-236-5

Collecting and preserving old photographs, Martin, Elizabeth, Peter Ride
(William Collins & Sons & Co. Ltd, London - 1988) pp.160, ISBN: 0004121422, 978-0004121420

Collector's guide to early photographs, O. Henry Mace
(Krause Publications, 1999) pp.214, ISBN: 0873417208, 978-0873417204

Collectors' guide to Nineteenth Century photographs, William B.Welling
(Macmillan Pub Co - 1976) pp.204, ISBN: 0020009607, 978-0020009603

Dating Old Photographs 1840-1929, H.Moorshead, J.Chapman
(Moorshead Magazines Ltd - 2000) pp.96, ISBN: 0968507638

Family photographs 1860-1945: a guide to researching, dating, contextuallising family photographs
Robert Pols (Public Record Office Publications - 2002) pp. 176, ISBN: 1903365201, 978-1903365205

Fotografia, storia e riconoscimento dei procedimenti fotografici, Lorenzo Scaramella
(Edizioni De Luca - 1999) pp.255, ISBN: 8880163272, 978-8880163275

Il restauro della fotografia. Materiali fotografici e cinematografici, analogici e digitali
a cura di Barbara Cattaneo (Nardini - 2013) pp.240, ISBN: 9788840442242

Il ritratto fotografico nell'Ottocento, G.Chiesa e P.Gosio
(Lulu.com - 2009) pp.90, ISBN: 1409258335, 978-1409258339

La fotografia, tecniche di conservazione e problemi di restauro, Luisa Masetti Bitelli e Riccardo
Vlahov (Edizioni Analisi, Bologna 1987)

L'archivio fotografico. Manuale per la conservazione e la gestione della fotografia antica e moderna. S. Berselli e L. Gasparini (Zanichelli - 2000) pp.224, ISBN: 9788808097910

More dating old photographs, Halvor Moorshead
(Moorshead Magazines Ltd - 2004) pp.120, ISBN: 0973130342, 978-0973130348

Photographers: a sourcebook for historical research, Richard Rudisill, Peter E. Palmquist, Jeremy
Rowe (Carl Mautz Pub - 2000) pp.154, ISBN: 188769417X, 978-1887694179

Photographs from the 19th century: a process identification guide, William E. Leyshon
(Hall Museum Archives, Prescott 1984) pp.184

Preserving your family photographs: how to organize, present, and restore your family images,
Maureen A.Taylor (Betterway Books - 2001) pp. 246, ISBN: 1558705791, ISBN-13: 978-1558705791

Through the eyes of your ancestors: A Step-by-Step Guide to Uncovering Your Family's History,
Maureen A.Taylor (Sandpiper - 1999) pp.96, ISBN: 039586982x, 978-0395869826

Uncovering your ancestry through family photograph, Maureen A.Taylor
(Family Tree Books - 2005) pp. 144, ISBN: 1558707247, 978-1558707245

Unlocking the secrets in old photographs, Karen Frisch-Ripley
(Ancestry.com - 1991) pp.202, ISBN: 0916489507, 978-0916489502

Victorian and Edwardian Photographs. Collector's Guide, Margaret F.Harker
(Pub Marketing Enterprises - 1982) pp. 80, ISBN: 0850973694, 978-0850973693

Victorian photography: an introduction for collectors and connoisseurs, B.E.C. Howarth-Loomes
(Martin's Press, N.Y.– 1974) pp. 100

Windows on the Past: Identifying, Dating, and Preserving Photographs, Diane Vanskiver Gagel
(Heritage Books - 2007) pp.95, ISBN: 0788416200, 9780788416200

Sommario - 10.1.0

Indice

1.0.0 Prefazione

Nota introduttiva degli autori ....pag. 5

1.1.0 Dal dagherrotipo al digitale

Impressione ed immagine ....pag. 7

Tavola cronologica di alcuni processi fotografici ....pag. 8

1.2.0 Origini della fotografia

Le origini della fotografia ....pag. 9

1.3.0   Il ritratto meccanico ....pag. 17

1.4.0   Il processo fotografico...pag. 25

1.5.0   La coloritura nei processi antichi ....pag. 43

1.6.0   Il positivo unico ....pag. 47

1.7.0   I processi a supporto cartaceo ....pag. 55

1.8.0   Lo studio fotografico ....pag. 69

2.1.0 La dagherrotipia

Dagherrotipia: Daguerreotype ....pag. 81

2.2.0   Il ritratto su dagherrotipo ....pag. 95

2.3.0   La dagherrotipia ed il colore ....pag. 103

2.4.0   Miglioramenti ed abbellimenti ....pag. 117

    2.4.1   Vignettatura: Vignette ....pag 119

    2.4.2   Carboncino: Crayon ....pag. 121

    2.4.3   Dagherrotipo Illuminato: Illuminated Daguerreotype...........................pag. 123

    2.4.4   Sfondo Magico: Magic Background ....pag. 125

3.1.0 Collodio e processi alle gelatine

Ambrotipia: Ambrotype ....pag. 129

    3.1.1   Tipologie di sfondo di contrasto...pag. 135

    3.1.2   Tipologie di supporto: Ruby Ambrotype ....pag. 141

    3.1.3   Montaggi di presentazione ....pag. 145

3.2.0   Pannotipia: Pannotype ....pag. 149

3.3.0   Ferrotipia: Tintype ....pag. 157

    3.3.1   Pennellograph ....pag. 171

Chioschi fotografici

3.3.1   Il ritratto automatico: Photo-booth ....pag. 173

3.3.2   Sistema Bosco ....pag. 177

3.3.3   Photomaton e Photomatic ....pag. 181

4.1.0   Stampe e trasporti

Eburneum ....pag. 185

4.2.0   Ivorytype ....pag. 187

4.3.0   Crystoleum ....pag. 203

4.4.0   Orotone ....pag. 209

      4.4.1   Miniature doré ....pag. 219

      4.4.2   Positivi accoppiati a lastra dorata ....pag. 223

4.5.0   Crystalphoto ....pag. 227

4.6.0   Opalotipia: Opalotype ....pag. 233

4.7.0   Fotografia a smalto ....pag. 239

4.8.0   Montaggi ornamentali ....pag. 243

5.1.0   I primi processi positivi a colori

Princìpi e cenni storici ....pag. 245

5.2.0   Autochrome ....pag. 247

5.3.0   Uvachrom ....pag. 255

5.4.0   Paget - Finlay Colour ....pag. 257

5.5.0   Dufaycolor ....pag. 259

6.1.0   Montaggio e presentazione

L'astuccio fotografico: Case..pag. 261

6.2.0   I cuscinetti: Pad..pag. 269

      6.2.1   Campioni di cuscinetti ....pag. 270

6.3.0   I riquadri: Mat..pag. 273

      6.3.1   Tipologie di profilo delle finestre mat ....pag. 274

      6.3.2   Campioni di riquadri mat in carta ....pag. 275

      6.3.3   Campioni di riquadri mat in ottone ....pag. 276

6.4.0   Le cornici: Preserver ....pag. 279

6.5.0   I biglietti promozionali ....pag. 281

6.6.0   I montaggi da parete ....pag. 283

      6.6.1   Esempi di passepartout e maschere di riquadro ......pag. 286

      6.6.2   Esempi di confezioni per french frame ....pag. 287

      6.6.3   Montaggi europei da parete: french frame ....pag. 288

Esempi di disassemblaggio

6.6.4 Disassemblaggio di confezione french frame: I ....pag. 290

6.6.5 Disassemblaggio di confezione french frame: II ....pag. 291

6.6.6 Disassemblaggio di confezione french frame: III ....pag. 292

6.6.7 Disassemblaggio di confezioni french frame: IV e V ....pag. 293

6.7.0 Dorsi pubblicitari, timbri e note...pag. 295

7.1.0 Classificazione e valorizzazione

Cenni sulla ricerca ....pag. 297

7.2.0 Identificazione e documentazione...pag. 299

7.3.0 Formati fotografici ....pag. 307

7.4.0 Interventi conservativi ....pag. 311

7.5.0 Punzoni: Hallmark ....pag. 321

7.6.0 Classificazione dei punzoni ....pag. 325

8.1.0 Repertorio dei termini

Glossario essenziale ....pag. 349

9.1.0 Riferimenti bibliografici

Bibliografia ....pag. 357

10.1.0 Indice

Indice ....pag. 363

Finito di stampare nel mese di Novembre 2014
per conto di Youcanprint *self - publishing*

www.ingramcontent.com/pod-product-compliance
Lightning Source LLC
LaVergne TN
LVHW070945180726
843512LV00013B/950